高等教育"十四五"机电类规划教材

单片机
原理与工程应用

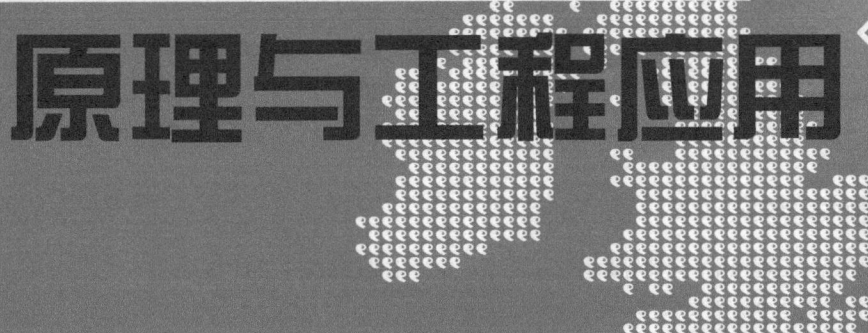

向　敏　朱智勤　唐晓铭　郭　鹏　屈琴芹　编著

电子工业出版社
Publishing House of Electronics Industry
北京·BEIJING

内 容 简 介

本书以经典的 MCS-51 单片机为主线，全面介绍了单片机基础知识，MCS-51 单片机的内部结构、指令系统、内部集成功能部件和接口扩展技术，单片机在工程应用中的设计与开发方法，单片机应用系统仿真设计方法，基于 MCS-51 单片机和 32 位单片机的工程应用案例。本书在章节安排上充分考虑了内容的前后连贯性，内容突出实用性和典型性，给出了大量硬件设计、汇编或 C 语言程序代码，以及新型器件、多种软件工具和基于不同单片机的应用实例，并给出了硬件电路和软件的参考设计方案。

本书可以作为电气工程、电子信息、通信工程、物联网和自动控制等专业的教材，也可供相关工程人员参考。

未经许可，不得以任何方式复制或抄袭本书之部分或全部内容。
版权所有，侵权必究。

图书在版编目（CIP）数据

单片机原理与工程应用 / 向敏等编著. —北京：电子工业出版社，2021.3
高等教育"十四五"机电类规划教材
ISBN 978-7-121-40648-5

Ⅰ. ①单… Ⅱ. ①向… Ⅲ. ①单片微型计算机—高等学校—教材 Ⅳ. ①TP368.1

中国版本图书馆 CIP 数据核字（2021）第 034557 号

责任编辑：刘志红　　　特约编辑：王　纲
印　　刷：北京七彩京通数码快印有限公司
装　　订：北京七彩京通数码快印有限公司
出版发行：电子工业出版社
　　　　　北京市海淀区万寿路 173 信箱　邮编　100036
开　　本：787×1 092　1/16　印张：16.75　字数：428.8 千字
版　　次：2021 年 3 月第 1 版
印　　次：2024 年 5 月第 6 次印刷
定　　价：69.00 元

凡所购买电子工业出版社图书有缺损问题，请向购买书店调换。若书店售缺，请与本社发行部联系，联系及邮购电话：(010) 88254888，88258888。
质量投诉请发邮件至 zlts@phei.com.cn，盗版侵权举报请发邮件至 dbqq@phei.com.cn。
本书咨询联系方式：(010) 88254479，lzhmails@phei.com.cn。

前　言

　　单片机作为微型计算机的一个分支，具有集成度高、使用方便的特点，应用领域非常广泛。为适应学科专业的发展，自动化、电子信息、物联网、仪器仪表、通信工程等专业的学生有必要掌握单片机的基本原理、接口技术及工程应用开发技术。本书以经典的MCS-51 单片机为主线，全面介绍了单片机基础知识，MCS-51 单片机的内部结构、指令系统和内部集成功能部件，并给出了 8 位和 32 位单片机在工程应用中的解决方案，具体包括单片机基础知识、MCS-51 单片机的基本结构、MCS-51 单片机的指令与程序设计、MCS-51 单片机的中断系统、MCS-51 单片机的定时器/计数器、MCS-51 单片机的串行通信技术、MCS-51 单片机的扩展技术、MCS-51 单片机与 A/D 和 D/A 转换器的接口技术、MCS-51 单片机系统的键盘及显示技术、单片机应用系统设计与开发、单片机应用系统仿真设计和单片机应用案例设计。

　　本书力求理论和实践相结合，在指导学生掌握单片机基本原理的基础上，引导学生学习和使用多种软件工具解决单片机在工程应用中所遇到的问题，从而培养学生的学习兴趣和动手能力，进一步培养学生解决实际工程问题和综合应用的能力。

　　本书在章节安排上充分考虑了内容的前后连贯性，内容突出实用性和典型性。本书给出了硬件设计、汇编及 C 语言程序代码多方面的大量应用实例；以及新型器件、多种软件工具和单片机在不同工程应用案例中的解决方案，包括硬件电路、仿真电路及其完整的程序代码。

　　本书在编写过程中，得到了重庆邮电大学及兄弟院校多位教师的大力支持，同时还得到了电子工业出版社的大力支持和帮助，在此表示衷心的感谢。

　　由于编者水平有限，书中一定有不少疏漏和不妥之处，敬请读者批评指正。

编者
2020 年 12 月

目 录

第1章 单片机基础知识 ·· 001
  1.1 单片机概述 ·· 001
    1.1.1 单片机的发展 ·· 002
    1.1.2 单片机的硬件组成 ·· 003
    1.1.3 单片机的体系结构 ·· 005
    1.1.4 单片机常用术语 ··· 006
  1.2 单片机的主要特点及应用 ··· 008
    1.2.1 单片机的主要特点 ·· 008
    1.2.2 单片机的应用领域 ·· 008
  1.3 总线技术 ·· 009
    1.3.1 总线的性能指标与分类 ·· 009
    1.3.2 单片机并行总线 ··· 009
    1.3.3 单片机常用的串行总线 ·· 010
  本章小结 ··· 012
  思考题与习题 ·· 013

第2章 MCS-51单片机的基本结构 ·· 014
  2.1 MCS-51单片机的组成 ·· 014
    2.1.1 引脚定义 ··· 016
    2.1.2 CPU ··· 019
    2.1.3 存储器 ·· 021
  2.2 MCS-51单片机时钟电路与总线时序 ··· 026
    2.2.1 时钟电路 ··· 026
    2.2.2 总线时序 ··· 026
  2.3 复位电路 ·· 027
  2.4 MCS-51单片机的最小系统 ·· 028
  本章小结 ··· 029
  思考题与习题 ·· 029

第3章 MCS–51 单片机的指令与程序设计 031

3.1 MCS-51 单片机汇编指令格式和寻址方式 031
3.2 MCS-51 单片机指令介绍 035
3.2.1 数据传送指令 035
3.2.2 算术运算指令 038
3.2.3 移位与逻辑运算指令 040
3.2.4 控制转移指令 041
3.2.5 位操作指令 043
3.3 MCS-51 单片机汇编语言程序设计 044
3.3.1 MCS-51 单片机常用伪指令 044
3.3.2 MCS-51 单片机汇编语言程序的基本结构 046
3.4 MCS-51 单片机的 C 程序设计 049
3.4.1 C51 语言与标准 C 语言的简单比较 049
3.4.2 MCS-51 单片机的软件开发工具与程序设计 050
本章小结 055
思考题与习题 055

第4章 MCS–51 单片机的中断系统 058

4.1 中断的基本概念 058
4.1.1 中断定义 058
4.1.2 中断应用 059
4.1.3 中断优先级 060
4.1.4 中断分类 060
4.1.5 中断处理过程 061
4.2 MCS-51 单片机中断的概念与结构 063
4.3 MCS-51 单片机的中断处理 064
4.3.1 MCS-51 单片机的中断控制 064
4.3.2 MCS-51 单片机外部中断的触发方式 068
4.3.3 MCS-51 单片机中断服务程序的设计 069
4.4 MCS-51 单片机中断处理实例 071
本章小结 076
思考题与习题 077

第5章 MCS–51 单片机的定时器/计数器 078

5.1 定时器/计数器的结构 078
5.1.1 TCON 079
5.1.2 TMOD 079
5.2 定时器/计数器的工作方式 080

  5.2.1 工作方式 0 ··· 080
  5.2.2 工作方式 1 ··· 081
  5.2.3 工作方式 2 ··· 082
  5.2.4 工作方式 3 ··· 082
  5.2.5 8052 单片机定时器/计数器 2 ··· 083
 5.3 定时器/计数器的编程与应用 ··· 085
  5.3.1 毫秒级定时 ·· 085
  5.3.2 超出最大范围定时/计数 ··· 088
  5.3.3 8052 单片机 T2 的应用 ··· 089
本章小结 ·· 090
思考题与习题 ··· 090

第 6 章 MCS–51 单片机的串行通信技术 ··· 092

 6.1 串行通信的基本知识 ··· 092
  6.1.1 串行通信的概念 ·· 092
  6.1.2 串行通信的工作方式 ·· 093
  6.1.3 串行通信总线的电气标准 ·· 094
 6.2 MCS-51 单片机的串行口 ··· 096
  6.2.1 基本结构 ·· 096
  6.2.2 寄存器 ··· 097
  6.2.3 工作模式 ·· 098
 6.3 单片机多机通信与通信协议 ··· 101
  6.3.1 多机通信原理 ·· 101
  6.3.2 多机通信实例 ·· 102
  6.3.3 串口通信协议 ·· 104
 6.4 MCS-51 单片机串行通信应用实例 ·· 106
本章小结 ·· 112
思考题与习题 ··· 112

第 7 章 MCS–51 单片机的扩展技术 ·· 113

 7.1 MCS-51 单片机的 I/O 接口扩展技术 ··· 113
  7.1.1 用 8255 扩展并行 I/O 接口 ··· 113
  7.1.2 用 74 系列芯片扩展并行 I/O 接口 ·· 120
 7.2 存储器及 MCS-51 单片机的存储器扩展技术 ···································· 122
  7.2.1 存储器简介 ··· 122
  7.2.2 存储器容量的扩展 ··· 126
  7.2.3 单片机存储器的扩展 ·· 131
本章小结 ·· 137
思考题与习题 ··· 137

第8章 MCS-51 单片机与 A/D 和 D/A 转换器的接口技术 ··· 139

8.1 A/D 转换器 ··· 139
8.1.1 A/D 转换器基本原理 ··· 139
8.1.2 A/D 转换器主要结构 ··· 140
8.1.3 A/D 转换器主要性能指标 ··· 141
8.1.4 A/D 转换器应用实例 ··· 141

8.2 D/A 转换器 ··· 149
8.2.1 D/A 转换器基本原理 ··· 149
8.2.2 D/A 转换器主要结构 ··· 150
8.2.3 D/A 转换器输出信号类型 ··· 152
8.2.4 D/A 转换器性能指标 ··· 152
8.2.5 D/A 转换器应用实例 ··· 153

本章小结 ··· 157

思考题与习题 ··· 158

第9章 MCS-51 单片机系统的键盘及显示技术 ··· 159

9.1 MCS-51 单片机应用系统中键盘的设计 ··· 159
9.1.1 键盘的工作特点 ··· 159
9.1.2 独立按键接口设计 ··· 161
9.1.3 矩阵键盘接口设计 ··· 166

9.2 LED 数码显示接口电路设计 ··· 173
9.2.1 LED 数码显示结构与原理 ··· 173
9.2.2 LED 数码显示接口技术 ··· 174

9.3 LCD 接口电路设计 ··· 177
9.3.1 LCD 结构及原理 ··· 177
9.3.2 LCD1602 简介及应用 ··· 178

本章小结 ··· 180

思考题与习题 ··· 181

第10章 单片机应用系统设计与开发 ··· 182

10.1 单片机应用系统的总体设计 ··· 182
10.2 硬件设计 ··· 183
10.2.1 主控电路核心器件选型 ··· 183
10.2.2 电源设计 ··· 184
10.2.3 数字量输入/输出保护设计 ··· 186
10.3 软件设计 ··· 188
10.3.1 驱动程序设计 ··· 189
10.3.2 应用程序设计 ··· 191

本章小结 194
思考题与习题 194

第11章 单片机应用系统仿真设计 196

11.1 单片机应用系统仿真设计的目的 196
11.2 硬件仿真设计 197
    11.2.1 模拟电路仿真 197
    11.2.2 数字电路仿真 199
11.3 软件仿真设计 204
11.4 控制算法仿真设计 207
    11.4.1 MATLAB软件 207
    11.4.2 PID控制算法的基本原理 208
    11.4.3 PID控制算法的MATLAB仿真 209
本章小结 219
思考题与习题 219

第12章 单片机应用案例设计 221

12.1 基于MCS-51单片机的物流车运行轨迹监测节点 221
    12.1.1 总体设计 221
    12.1.2 硬件设计 222
    12.1.3 软件设计 223
12.2 基于MCS-51单片机的温度测量与控制装置 229
    12.2.1 总体设计 229
    12.2.2 硬件设计 230
    12.2.3 软件设计 232
    12.2.4 仿真设计 240
12.3 基于32位单片机的电机控制器 240
    12.3.1 总体设计 240
    12.3.2 硬件设计 241
    12.3.3 软件设计 244
本章小结 256
思考题与习题 256

参考文献 257

第 1 章　单片机基础知识

本章教学基本要求

1. 掌握单片机的定义，了解国内外单片机的发展及现状。
2. 掌握单片机的组成及功能。
3. 掌握单片机常用术语。
4. 了解单片机的主要特点及应用场景。
5. 掌握单片机总线的特点。

重点与难点

1. 单片机的组成。
2. 单片机总线的组成及特点。

1.1　单片机概述

单片微型计算机（Single Chip Microcomputer，SCM）简称单片机，利用大规模集成电路技术把中央处理单元（Center Processing Unit，CPU）、数据存储器（RAM）、程序存储器（ROM）及其他 I/O 接口部件集成在一块芯片上，构成一个最小的计算机系统。根据单片机在不同应用场合所承担的主要功能，有微控制器（Micro Controller Unit，MCU）和微处理器（Micro Processor Unit，MPU）之分，二者主要是计算能力有差异。MCU 通常运行较为单一的任务，执行对硬件设备的管理/控制功能，对运算处理能力要求不高；MPU 通常有一个计算功能强大的 CPU，能够运行比较复杂的、运算量大的程序和任务，通常需要大容量的存储器。随着单片机技术的发展，其应用领域越来越广泛，单片机通常分为专用型和通用型。

专用型：指用途比较专一，出厂时程序已经一次性烧写好、不能再修改的单片机。专用型单片机通常采用大批量生产，成本很低，如果达不到足够的批量，成本反而会高。

通用型：指可由开发人员设定其功能的单片机。这种单片机应用于不同的接口电路，编写不同的应用程序就可实现不同的功能，其应用十分广泛。一般所说的单片机都是指通用型单片机。

1.1.1 单片机的发展

1946年第一台电子计算机诞生至今,微电子技术和半导体技术已有长足发展,芯片从电子管、晶体管发展到集成电路、大规模集成电路,现在一块芯片上可以集成几千万甚至上亿只晶体管,功能和性能显著增强。特别是近20年,随着通信技术、网络和图形图像处理技术的飞速发展,单片机在工业、科研、教育、国防和航空航天等领域获得了广泛的应用,单片机技术已经是一个国家现代科技水平的重要标志。

1. 国外单片机发展

1976年Intel公司推出了8位的MCS-48单片机,具有体积小、功能较全、价格低的特点,为单片机的发展奠定了基础,成为了单片机发展史上重要的里程碑。在MCS-48的带领下,国外多家半导体公司相继研制和发展了自己的单片机,如Intel公司的MCS-51系列,Motorola公司的6801和6802系列,Rockwell公司的6501及6502系列等。随着技术的提升,后续各大国外公司研发的单片机大多集成了CPU、RAM、ROM、数目不等的I/O接口、多个中断源,甚至还有一些带有A/D转换器,功能越来越强大,RAM和ROM的容量也越来越大,寻址空间也越来越大,促使单片机在多个领域得到了广泛应用。

1982年以后,16位单片机问世,代表产品是Intel公司的MCS-96系列,16位单片机比起8位机,数据宽度增加了一倍,实时处理能力更强,主频更高,集成度达到了12万只晶体管,RAM增加到了232B,ROM则达到了8KB,并且有8个中断源,同时配置了多路A/D转换通道、高速I/O处理单元,适用于更复杂的控制系统。

1985年,Roger Wilson和Steve Furber设计了第一代32位的处理器,用它设计了一台RISC(Reduced Instruction Set Computing,精简指令集计算)计算机,简称ARM(Acorn RISC Machine),这也是ARM这个名字的由来。ARM内核主要有ARM7、ARM9、ARM10、ARM11。

2004年,ARM公司的经典处理器ARM11以后的产品改用Cortex命名,并分成A、R和M三类,旨在为各种不同的市场提供服务。

2. 国内单片机发展

国内微电子技术和半导体技术起步较晚,整体发展与国外还有一定差距。20世纪80年代初,北京工业大学电子厂开始了TP801单板机(将微处理器、一定容量的程序/数据存储器、输入/输出接口、辅助电路通过总线全部安装在一块印制电路板上的单板式微型计算机)开发热潮,利用国外的微处理器Z80实现了信息输入和显示。同期,上海和江苏等地开发了MCS-51的单片机开发系统。1986年10月,复旦大学举行了第一次全国单片机学术交流会,这标志了我国单片机事业的开始,也推动了我国在CPU核心技术上的研究工作。随着国际形势的重大变化,我国的科技工作者认识到了微电子产业在国民经济建设和国家安全中的重要性,进而加速进行微处理器核心技术的研发。2002年8月10日诞生的"龙芯一号"是我国首枚拥有自主知识产权的通用高性能微处理芯片。"龙芯一号"是一颗32位的处理器,主频达到266MHz,采用了0.18μm CMOS工艺制造,具有良好的低功耗性,平均功耗为0.5W,在片内提供了一种特别设计的硬件机制,可以抵抗缓冲区溢出类攻击。

近20年来,我国出现了较多知名的MCU制造商,如中颖电子、北京君正、东软载波、兆易创新等,分别研发了具有自主知识产权的8位、16位、32位和64位的通用和专用处理器,其产品在家电、电网、交通、工业、通信及网络等领域得到了广泛应用,这也进一步促进了我国在单片机核心技术领域的快速发展。

1.1.2 单片机的硬件组成

单片机的硬件主要由中央处理单元（Central Processing Unit，CPU）、存储器（RAM 和 ROM）、I/O 接口及总线组成，如图 1-1 所示。

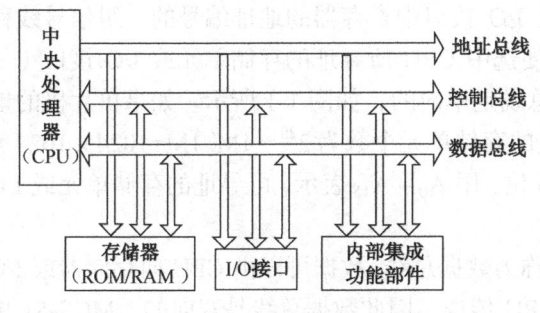

图 1-1 单片机的硬件组成

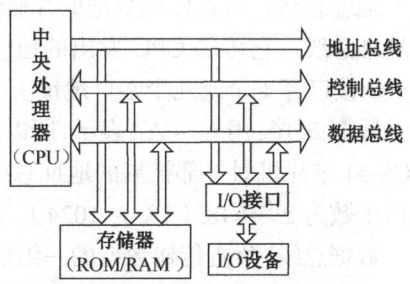

图 1-2 通用计算机的硬件组成

单片机是单芯片式微型计算机，与通用计算机（图 1-2）相比，自身不带软件，没有输入/输出（I/O）设备。简单来讲，单片机是将多种功能部件集成到一块芯片上，而通用计算机是一台机器，是一套硬件系统的集合。单片机的组成部分介绍如下。

1. 中央处理器

中央处理器具有算术运算、逻辑运算和控制操作的功能，是单片机或通用计算机的核心部分。它主要由 3 部分组成：算术逻辑单元、寄存器组、控制器。

① 算术逻辑单元（Arithmetic Logic Unit，ALU）。用来执行基本的算术运算和逻辑运算。

② 寄存器（Register）组。CPU 中有多个寄存器，用来存放操作数、中间结果以及反映运算结果的状态标志位等。

③ 控制器（Control Unit）。控制器具有指挥整个系统操作的功能。它按一定的顺序从存储器中读取指令，进行译码，在时钟信号的控制下，发出一系列的操作命令，控制 CPU 以及整个系统有条不紊地工作。

2. 存储器

存储器（程序/数据存储器）的主要功能是存放程序和数据，程序是单片机或通用计算机操作的依据，数据是单片机或通用计算机操作的对象。不管是程序还是数据，在存储器中都用二进制的"0"或"1"表示，统称信息。为实现自动计算，这些信息必须预先放在存储器中。存储器由寄存器组成，可以看成一个寄存器堆。存储器被划分成许多小单元，称为存储单元。每个存储单元相当于一个缓冲寄存器。为了便于存入和取出，每个存储单元必须有一个固定的地址，称为单元地址，单元地址用二进制编码表示。每个存储单元的地址只有一个，固定不变，而存储在其中的信息可以是二进制的"0"或"1"组合的任何编码。为了减少存储器向外引出的地址线，存储器内部自带地址译码器。向存储单元存放或取出信息，都称为访问存储器。访问存储器时，先由地址译码器将送来的单元地址进行译码，找到相应的存储单元，再由读/写控制电路根据送来的读/写命令确定访问存储器的方式，完成读出或写入操作。

3. 总线

总线是单片机把各部分有机地连接起来的一组导线，是各部分之间进行信息交换的公共通道。在单片机中，连接 CPU、存储器和各种 I/O 设备并使它们之间能够相互传送信息的信号线和控制线统称总线。总线包括地址总线（Address Bus，AB）、数据总线（Data Bus，DB）和控制总线（Control Bus，CB）。

地址总线：负责传输数据的存储位置或 I/O 接口中寄存器的地址编号的一组信号线称为地址总线。它传送 CPU 发出的地址，以便选中 CPU 所寻址的存储单元或 I/O 接口（一个 I/O 接口有 1 个或几个端口地址），地址总线是单向的，如图 1-1 所示。如果单片机的地址总线有 20 位，用 $A_0 \sim A_{19}$ 表示，所以可寻址的存储单元个数为 2^{20} = 1M（1M=1024×1024）；MCS-51 单片机对外部扩展的地址总线为 16 位，用 $A_0 \sim A_{15}$ 表示，可寻址的存储单元或 I/O 端口个数为 2^{16}=64K（1K 为 1024）。

数据总线：负责传输数据的一组信号线称为数据总线。数据可以由 CPU 向存储器或 I/O 接口发送，也可以由存储器或 I/O 接口向 CPU 传送，因此数据总线是双向的。MCS-51 单片机对外部扩展的数据总线是 8 位的，用 $D_0 \sim D_7$ 表示，即字长为 8 位。通常所说的多少位 CPU，是指该 CPU 内部数据总线的位数。

控制总线：在传输与交换数据时起控制作用的一组信号线称为控制总线。它传送各种信息，有的是 CPU 到存储器或 I/O 接口的控制信号，如读信号、写信号、地址锁存允许信号（Address Latch Enable，ALE）、中断响应信号（Interrupt Acknowledge，INTA）等；有的是 I/O 接口到 CPU 的信号，如可屏蔽中断请求信号（INTR）等。控制信号线有的是高电平有效，如 ALE、INTR 等；有的是低电平有效，如 INTA 等。由于控制总线既可以由 CPU 向存储器或 I/O 接口发送控制命令，也可以侦听存储器或 I/O 设备的状态信息，因此控制总线也是双向的。

总线是连接 CPU 各功能部件的公共数据通道，其性能直接关系到单片机的整体性能。总线的性能主要表现为它所支持的数据总线位数和总线工作时钟频率。数据总线位数越多，总线工作时钟频率越高，总线的信息吞吐率就越高，单片机的性能就越强。

4. I/O 接口

在微型计算机或单片机系统中，输入/输出（Input/Output，I/O）接口是 CPU 与外部设备交换信息不可缺少的组成部分。I/O 接口是 CPU 和外设进行衔接的部件，它的一端通过总线和 CPU 相连，另一端通过控制器和外设相连。通过接口可以传送外设向 CPU 输入的信息，或者传送 CPU 输出到外设的信息。I/O 外设是输入设备和输出设备的统称，向 CPU 输入信息的设备称为输入设备，接收 CPU 信息的设备称为输出设备。

I/O 接口主要有三大功能。一是外部设备大多数都是机电设备，传送数据的速度远远低于单片机，因而需要 I/O 接口做数据缓存。二是外部设备表示信息的格式与单片机不同，例如，USB、模拟信号等首先须用 I/O 接口进行信息格式的转换。三是 I/O 接口还可以向 CPU 报告设备运行的状态，传达 CPU 的命令等。CPU 与外设间的数据交互是由 I/O 接口完成的。I/O 接口中通常包含三类信息：数据信息、状态信息和控制信息。

1）数据信息

CPU 与外设交换的基本信息就是数据信息。在输入过程中，数据信息由外设经过与接口之间的数据线进入接口，再到达系统的数据总线，送给 CPU；在输出过程中，数据信息从 CPU 经过数据总线进入接口，再通过接口和外设间的数据线送到外设。从信息表示的物理特性上，数据信息大致可以分为两类：数字量和模拟量。

（1）数字量。

数字量通常是二进制形式的数据或以 ASCII 码表示的数据及字符，还有可能是一位二进制数（"0"或者"1"）表示的开关量。

（2）模拟量。

在使用单片机进行测控的场合中，多数情况下，输入信息就是现场的连续变化的物理量，如温度、湿度、位移、压力等，这些物理量一般通过传感器转换成电压或电流，再经过放大器放大。这样的电流和电压仍然是连续变化的模拟量，而单片机无法直接接收和处理模拟量，因此，需要经过模拟量向数字量的转换（A/D），变成数字量才能送入计算机。反过来，单片机输出的数字量要经过数字量向模拟量的转换（D/A），变成模拟量后才能进行相关控制。

在单片机运算与处理过程中，数据全部以二进制方式表示，这里所提到的数字量和模拟量仅是从物理信息本身特性进行分类的，并不是 CPU 能直接识别和处理的信息。

2）状态信息

状态信息是一种反映外设当前工作状态的信息，通常是外设经接口送往 CPU 的信息。CPU 根据这种状态信息，随时了解外设当前的工作情况。对于输入设备，常用"准备就绪"（READY）信号来表明待输入的数据是否已经准备就绪。如果准备就绪，CPU 就可以读这个数据；对于输出设备，常用"忙"（BUSY）信号来表示输出设备是否处于空闲状态，如为空闲状态，则可接收 CPU 送来的信息，否则 CPU 要等待。

3）控制信息

控制信息是 CPU 通过接口传送给外设的，CPU 通过发送控制信息控制外设的工作。如外设的启动信号和停止信号就是常见的控制信息。实际上，控制信息往往随着外设的具体工作原理不同而有不同的含义。

5. 内部集成功能部件

在单片机应用的诸多领域中，会用到通用功能部件，因此各个单片机厂商在芯片内部已经集成了多种功能部件，主要包括定时器、中断控制器和通信控制器等部件。x86 系列的通用微型计算机的 CPU 需要通过 I/O 接口进行这些功能部件的外部扩展。目前，大量 32 位单片机的 CPU 内部集成了更多的功能部件，如 A/D、D/A 和多种外部通信接口。

1.1.3 单片机的体系结构

单片机的硬件组成中，根据程序存储器和数据存储器的差异，其体系结构可分为冯·诺伊曼结构（Von Neumann Architecture）和哈佛结构（Harvard Architecture）。

冯·诺伊曼结构也称普林斯顿结构（Princeton Architecture），是一种将程序指令存储器和数据存储器合并在一起的概念结构，程序指令存储地址和数据存储地址指向同一个存储器的不同物理位置，因此程序指令和数据的位数相同，如 Intel 公司的 8086 处理器的程序指令和数据都是 16 位的。冯·诺伊曼结构的处理器必须具备一个存储器、一个控制器、一个运算器和输入/输出设备。由于冯·诺伊曼结构的程序指令和数据存储在同一个存储器中，形成系统对存储器的过分依赖，导致其运行效率相对较低，典型的 x86、ARM7 处理器采用该结构。

哈佛结构是一种将程序指令存储和数据存储分开的存储器结构。中央处理器首先到程序指令存储器中读取程序指令，解码后得到数据地址，再到相应的数据存储器中读取数据，并进行下一步的操作（通常是执行）。程序指令存储和数据存储分开，数据和程序指令的存储可以同时进行，可以使程序指令和数据有不同的位数，如 Microchip 公司的 PIC16 芯片的程序指令是 14 位的，而数据是 8 位的；MCS-51、ARM9、ARM10 和 ARM11 等采用哈佛结构。

由于数据存储器与程序指令存储器采用不同的总线，因而较大地提高了存储器的带宽，使其数字信号处理性能更加优越，CPU 运行效率相对更高。

1.1.4 单片机常用术语

1. 位（bit）

位是计算机所能表示的最基本、最小的数据单元。计算机采用二进制数，所以位就是一个二进制位，它有两种状态——"0"和"1"。不同的二进制位组合就可以表示不同的数据、字符等信息。

2. 字（Word）和字长

字是计算机内部进行数据处理的基本单位，通常它与计算机内部的寄存器、算术逻辑单元、数据总线位数一致。计算机的每一个字所包含的二进制位数称为字长。

3. 字节（Byte）

相邻的 8 位二进制数称为字节。字节长度是固定的，但不同计算机的字长是不同的。8 位计算机的字长等于 1 字节，而 16 位计算机的字长等于 2 字节，32 位计算机的字长等于 4 字节。目前为了表示方便，常把 1 字节定为 8 位，把 1 个字定为 16 位，把 1 个双字定为 32 位。

4. 存储容量

存储容量是衡量内部存储器能存储二进制信息量多少的一个技术指标。通常把 8 位二进制代码称为一字节（Byte），16 位二进制代码称为一个字（Word），把 32 位二进制代码称为一个双字（DWORD）。存储器容量一般以字节为最基本的计量单位。一字节记为 1B，1024 字节记为 1KB，1024KB 记为 1MB，1024MB 记为 1GB，而 1024GB 记为 1TB。在表示存储容量时，大写字母"B"表示字节（Byte），小写字母"b"表示位（bit），比如 16B 实际表示 $16 \times 8bit=128bit$。

5. 指令（Instruction）

指令是规定计算机进行某种操作的命令。它是计算机自动控制的依据。计算机只能直接识别 0 和 1 组合的编码，这就是指令的机器码。计算机的机器码指令长度可以是 1 字节、2 字节，也可以是多字节，如 4 字节、6 字节等。

6. 程序（Program）

程序是指令的有序集合，是一组为完成某种任务而编制的指令序列。

7. 指令系统（Instruction Set）

指令系统是一台计算机所能执行的全部指令。

8. 指令流水线

指令流水线是为提高处理器执行指令的效率，把一条指令的操作分成多个细小的步骤，每个步骤由专门的电路完成的方式。

指令顺序执行时通常需要经过 3 个阶段：取指、译码、执行，每个阶段都要花费一个机器周期，如果没有采用流水线技术，那么执行这条指令需要 3 个机器周期；如果采用了指令流水线技术，那么当这条指令完成"取指"后进入"译码"时，下一条指令就可以进行"取指"了，这样就提高了指令的执行效率。

9. CISC 和 RISC

CISC（Complex Instruction Set Computer，复杂指令集计算机）指令能力强，但多数指令使用率低，进而增加了 CPU 的复杂度。它不仅带来了计算机结构上的复杂性，同时使程序设计更为复杂，致使出错的概率增加。此外，大量使用复杂的存储器操作指令，很难大幅提高计算机的效率。

RISC（Reduced Instruction Set Computer，精简指令集计算机）的最大特点是指令系统简单，使计算机的结构更加简单、更加合理，使系统达到最高的效率。为此，首先简化硬件设计，排除那些实现复杂功能的复杂指令，而保留能提高机器性能并且使用频率最高的指令。精简指令集计算机开始于 20 世纪 80 年代中后期。这是计算机体系结构发展的又一次重大变革，是计算机发展的必然趋势。RISC 技术的主要特点如下。

- 采用高效的流水线操作，使指令在流水线中并行地操作，从而提高处理数据和指令的速度。
- 指令格式的规格化和简单化：为与流水线结构相适应且提高流水线的效率，指令的格式必须趋于简单和固定的格式。此外，尽量减少寻址方式，从而使硬件逻辑部件简化且缩短译码时间，同时也提高了机器执行效率和可靠性。
- 采用面向寄存器堆的指令：RISC 结构采用大量的寄存器操作指令，使指令系统更为精简，控制部件更为简化，指令执行速度大大提高。
- 采用装入/存储指令结构：RISC 结构的指令系统中，只有装入/存储指令可以访问内存，而其他指令均在寄存器之间对数据进行处理。用装入指令从内存中将数据取出，送到寄存器；在寄存器之间对数据进行快速处理，并将数据暂存在那里，以便再有需要时，不必再次访问内存，提高了指令执行的速度。

10. 分时复用和多功能复用

单片机某些引脚具有分时复用功能，这些引脚在不同时段传输不同类型的信号，达到多路传输的目的。如 MCS-51 单片机 P0 端口的 8 个引脚具备地址/数据（AD0~AD7）分时复用功能，即这些引脚前一个时间段传输的是地址信号，后一个时间段传输的是数据信号。分时复用以时间作为信号分割传输的参量，故必须使各路信号在时间轴上互不重叠，从而使不同的信号在不同的时间内传送。

单片机某些引脚具有多功能复用功能，是指这些引脚具备多个功能，但在一个具体应用中，这些引脚只能选择其中一个功能，其他功能被禁止。

11. 统一编址和独立编址

统一编址是指把 I/O 接口中有关的 I/O 端口（寄存器）与存储单元同等看待，将它们与存储单元一起统一编排地址，即对 I/O 端口的访问就如同对存储单元的访问一样。访问端口时，没有专用的 I/O 指令，所使用的是 CPU 对存储器的读/写操作指令，如 MCS-51 单片机外部扩展的 I/O 接口和 RAM 存储器统一编址，均采用 MOVX 指令进行访问。通常在整个地址空间中划分出一小块连续的地址分配给 I/O 端口；被分配给 I/O 端口的地址，存储器不能使用，存储器只能使用其他地址段。

独立编址是指 I/O 端口的地址和存储器的地址各自独立，分别编排，二者的地址空间是相互独立的。因此，必须有专门的 I/O 指令对端口进行操作。如 8086 系统中，对于 I/O 端口，CPU 有专门的 I/O 指令去访问，如 8086 系统的 I/O 读写专用指令为 IN/OUT 指令。

1.2 单片机的主要特点及应用

1.2.1 单片机的主要特点

单片机的存储器 ROM 和 RAM 是严格区分的。ROM 称为程序存储器，只存放程序、固定常数及数据表格。RAM 则为数据存储器，用作工作区及存放用户数据。这样的结构主要是考虑到单片机用于控制系统中，有较大的程序存储器空间，把开发成功的程序固化在 ROM 中，而把少量的随机数据存放在 RAM 中。这样，小容量的数据存储器能以高速 RAM 形式集成在单片机内，加快了单片机程序的执行速度。单片机的主要特点如下。

- 单片机的 I/O（输入/输出）引脚通常是多功能复用的。由于单片机的引脚数目有限，为了解决实际引脚数少和需要的信号线多的矛盾，采用了引脚功能复用的方法。引脚处于何种功能，可由指令来设置或由机器状态来区分。
- 单片机的外部扩展能力强。在内部的功能不能满足应用需求时，均可在外部进行扩展（如扩展 ROM、RAM，I/O 接口，定时器/计数器等），给应用系统设计带来极大的方便和灵活性。
- 体积小，成本低，运用灵活，易于产品化，它能方便地组成各种智能化的控制设备和仪器，做到机电一体化。
- 抗干扰能力强，适用温度范围大，在各种恶劣的环境下都能可靠地工作，这是通用计算机无法比拟的。
- 可以方便地实现多机和分布式控制，使整个控制系统的效率和可靠性大大提高。

1.2.2 单片机的应用领域

工业控制：单片机可以构成各种工业控制系统、数据采集系统等，如数控机床、自动生产线控制、电机控制、温度控制等。

仪器仪表：如智能仪器、医疗器械、数字示波器等。

智慧城市：智能交通、智能安防、智能环境、智能家居等物联网应用。

计算机外部设备与智能接口：如图形终端机、传真机、复印机、打印机、绘图仪等。

商用产品：如自动售货机、电子收款机、电子秤等。

家用电器：如微波炉、电视机、空调、洗衣机、录像机、音响设备等。

1.3 总线技术

总线技术在单片机中非常重要，协助CPU控制整个系统工作，各种外扩芯片或外接设备都需要和总线打交道。总线与接口非常相似，一般来说，接口不具备多个设备的选择功能，根据不同设备，CPU总线往往具有多个设备寻址、选择功能，能对一条总线上的多个设备进行寻址与操作。

1.3.1 总线的性能指标与分类

总线就是单片机内部各个功能部件之间以及与外部设备进行传递信息的一组信号线的集合，为各部件间提供标准信息通路。一个单片机系统由CPU、存储器、输入/输出等部分组成，单片机的各个部件均通过总线来连接。单片机总线主要有如下指标。

① 总线宽度。总线宽度是指数据总线一次操作可以传输的数据位数，通常微型计算机系统的总线宽度不会超过其CPU的外部数据总线宽度。

② 总线频率。总线通常都有一个基本时钟，这个时钟是总线工作的最高频率时钟。

③ 单个数据传输周期数。传输方式不同，每个数据传输所用的时钟周期数也不同。

根据信息传输方式可以将总线分为并行总线和串行总线。

并行总线是CPU与外设之间传输数据的通道。采用并行传送方式在单片机与外部设备之间进行数据传送的接口称为并行接口。它有两个主要特点：一是同时并行传送的二进制位数就是数据宽度；二是在单片机与外设之间采用应答式的联络信号来协调双方的数据传送操作，这种联络信号又称握手信号。早期采用并行总线传输数据是提高数据传输速率的重要手段，但由于并行传送方式的前提是用同一时序传播信号，用同一时序接收信号，而过分提升时钟频率将难以让数据传送的时序与时钟合拍，布线长度稍有差异，数据就会以与时钟不同的时序送达。另外，提升时钟频率还容易引起信号线间的相互干扰，导致传输错误。因此，并行方式难以实现高速化。从制造成本的角度来说，增加位宽会导致电路板的布线数目随之增加，成本随之攀升。

串行总线中的数据是一位紧接一位在通信介质中进行传输的。在传输过程中，每一位数据都占据一个固定的时间长度。串行总线将外部设备与CPU之间联系起来，使它们能够通过串行传送方式互相传送和接收信息。由于串行总线接口简单，且传输速率已有很大提高，目前多数单片机具有多种串行总线，使用场合非常多。

1.3.2 单片机并行总线

并行总线在同一时刻可以传输多个二进制位，主要性能参数有总线位宽、总线频率、总线带宽。

总线位宽是指总线能同时传送的二进制数据的位数，或数据总线的位数，即8位、16位、32位、64位等。总线位宽越大，数据传输速率越大。

总线频率是指总线的工作时钟频率，以MHz为单位，工作频率越高，总线工作速度越快，总线带宽越大。

总线带宽指总线在单位时间内可以传输的数据总量，它与总线位宽和总线频率密切相关，其计算方式如下：

$$总线带宽=总线位宽×总线频率÷8$$

例如，对于 64 位、800MHz 的前端总线，它的数据传输速率= 64bit × 800MHz ÷ 8 (Byte) = 6.4GB/s。因此，常说的总线带宽就是指总线的数据传输速率。

通用计算机中常用的并行总线有 PC/XT、ISA（AT）、EISA、PCI 及 AGP 等总线。

单片机的并行总线是指片内的总线。近十几年来，单片机发展迅速，片内总线的位数及频率均有很大提高。目前，单片机的并行总线以 8 位、16 位、32 位为主，少数采用 64 位并行总线。需要注意的是，目前多数 16 位或 32 位单片机的并行总线在片内和片外有差异，主要原因是单片机集成了多种功能部件，片外扩展器件较少，因此部分单片机片内并行总线没有或只有部分引到片外。

1.3.3 单片机常用的串行总线

1. USB（Universal Serial Bus，通用串行总线）

USB 是一种应用于计算机或单片机领域的新型串行通信技术。USB 是 Intel、Compaq、Microsoft、IBM、DEC、Northern Telecom、NEC 七家公司共同制定的串行接口标准。1994 年 11 月制定了第一个草案，1996 年 2 月公布了 USB 规范版本 1.0.1998，在进一步对以前版本的标准进行阐述和扩充的基础上，发布了 USB 1.1。USB 2.0 发布于 1999 年，最高数据传输速率可以达到 480Mbit/s。2008 年，USB 3.0 发布，USB 3.0 采用了四线制差分信号线，支持双向并发数据流传输，最大传输速率可达 5.0Gbit/s。

USB 的物理连接是一种分层的星形结构，集线器（Hub）是每个星形结构的中心，计算机是根集线器（Root Hub），外设或附加的 Hub 与之相连。USB 最多可支持 5 个 Hub 层、127 个外设。

USB 通过 4 线电缆传输数据和供电，其中 D+ 和 D− 是差模信号线，V_{cc} 为 +5V 电源，GND 为电源地，如图 1-3 所示。

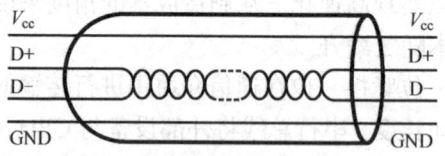

图 1-3 USB 信号的差分传输方式

USB 提供 12Mbit/s 高速模式和 1.5Mbit/s 低速模式进行数据传输，两种模式可并存于一个系统中。低速模式主要用于一些低速设备（如鼠标、键盘等）。高速模式用于系统中的高速设备（如磁盘、CD 刻录机等）。高速模式必须使用带屏蔽层的双绞线，最大长度为 5m。低速模式可用一般双绞线，最大长度为 3m。

USB 设备包括 Hub 和功能设备。功能设备又可分为定位设备和字符设备。一个 USB 设备可以分为三层：底层是总线用户接口，用于发送和接收包；中间层是逻辑设备，用于处理总线接口与不同端点之间的数据流通；最上层是功能层，即 USB 设备所提供的功能，如鼠标、键盘等。

USB 主机在 USB 系统中处于中心地位，对连接的 USB 设备进行控制。USB 主机控制所有 USB 设备的访问，一个 USB 设备只有在 USB 主机允许时才能访问 USB 总线。USB 主机包括：设备驱动程序、USB 系统软件、USB 主控制器。另外，USB 还有两个软件接口：USB 驱动接口（USBD）和主机控制驱动接口（HCD）。

2. SPI（Serial Peripheral Interface）总线

Motorola 公司的 SPI 总线的基本信号线为 3 根传输线，即 MOSI、MISO、SCK。传输速率由主片发出的 SCK 频率决定，MOSI 为主片数据输出和从片数据输入，MISO 为从片数据输出和主片数据输入。SPI 总线的系统结构如图 1-4 所示，它包含了一个主片和多个从片，主片通过发出片选信号 $\overline{CS}$ 来选择与哪个从片进行通信。当某个从片的 $\overline{CS}$ 信号有效时，能通过 MOSI 接收指令、数据，并通过 MISO 发回数据，而未被选中的从片的 MISO 端处于高阻状态。

主片在访问某一从片时，必须使该从片的片选信号 $\overline{CS}$ 有效；主片在 SCK 信号的同步下，通过 MOSI 发出指令、地址信息；如要将数据输出，则接着写指令，由 SCK 同步在 MOSI 上发出数据；如要读回数据，则接着读指令，由主片发出 SCK，从片根据 SCK 的节拍通过 MISO 发回数据。

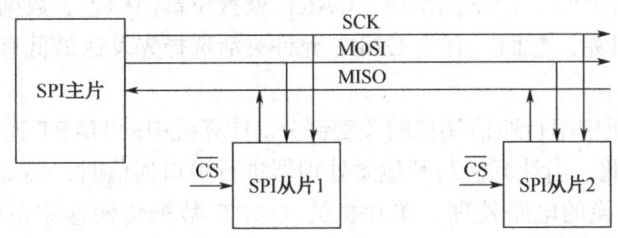

图 1-4　SPI 总线的系统结构

对具有 SPI 接口的从片器件来讲，SCK、MOSI 是输入信号，MISO 是输出信号。SCK 用于主片和从片通信的同步。MOSI 用于将信息传输到器件，输入的信息包括指令、地址和数据，且指令、地址和数据的变化在 SCK 的低电平期间进行，并由 SCK 信号的上升沿锁存。MISO 用于将信息从器件传出，传出的信息包括状态和数据，信息在 SCK 信号的下降沿送出。

3. I^2C 总线

I^2C 总线是由 Philips 公司开发的两线式串行总线，用于连接微控制器及其外围设备，是微电子通信控制领域广泛采用的一种总线标准。它是同步通信的一种特殊形式，具有接口线少、控制方式简单、器件封装尺寸小、通信速度较大等优点。I^2C 总线主要特点如下。

① 只需要两条总线线路：一条串行数据线 SDA，一条串行时钟线 SCL。

② 每个连接到总线的器件都可以通过唯一的地址访问，主机可以作为发送器或接收器。

③ 它是一个真正的多主机总线，如果两个或更多主机同时初始化，可以通过冲突检测和仲裁防止数据被破坏。

④ 串行的 8 位双向数据传输速率在标准模式下可达 100kbit/s，快速模式下可达 400kbit/s，高速模式下可达 3.4Mbit/s。

由于连接到 I^2C 总线的器件有不同种类的工艺（CMOS、NMOS、双极性），逻辑 0（低和逻辑1（高）的电平不是固定的，它由电源 V_{cc} 的相关电平决定，每传输一个数据位就产生一个时钟脉冲。SDA 线上的数据必须在时钟的高电平周期内保持稳定。数据线的高或低电平状态只有在 SCL 线的时钟信号是低电平时才能改变。

4. UART（Universal Asynchronous Receiver/Transmitter）

UART 是一种通用串行数据总线，用于异步通信。该总线双向通信，可以实现全双工发送和接收。在嵌入式设计中，UART 用于主 CPU 与辅助设备 CPU 通信。

UART 在发送时，首先将并行数据转换成串行数据，再按二进制位进行传输。在 UART 通信协议中规定信号线上的状态位高电平代表"1"，低电平代表"0"。当两个设备使用 UART 串口通信时，必须先约定好统一的传输速率和帧格式。如果通信双方速率不同，会导致接收方和发送方的数据位错位，出现收/发数据不一致。帧格式通常为起始位、数据位、停止位，其中数据位的长度通常是 8 位或 9 位，其中，9 位数据通常包含一个奇偶校验位。接收器发现起始位时知道对方准备发送数据，并尝试与发送器时钟频率同步。如果选择了奇偶校验位，UART 就在数据位后面加上奇偶校验位，可以用该位进行校验。

在接收过程中，UART 从接收的串行数据中去掉起始位和结束位，对收到的数据进行奇偶校验，并将数据字节从串行转换成并行。UART 也产生额外的信号来指示发送和接收的状态。例如，如果产生一个奇偶错误，UART 就置位奇偶标志。数据传输可以首先从最低有效位（LSB）开始。然而，有些 UART 允许灵活选择先发送最低有效位或最高有效位（MSB）。

UART 是单片机中串行通信端口的关键部分。计算机中的 UART 连接到产生 RS232 规范信号的电路，因此，当计算机与其他微处理器进行串口通信时，需要进行 TTL 电平与 RS232 电平相互转换的电路处理。单片机的 UART 数据传输速率范围为每秒几百位到 1.5Mbit。UART 通信速率通常受发送和接收线距离长短的影响。

近几年，单片机串口 UART 有新的扩展，如 STM32F10x 系列的 32 位单片机中串口通信描述为 USART（Universal Synchronous Asynchronous Receiver and Transmitter），即通用同步/异步收发器。从名字上可以看出，USART 在 UART 基础上增加了同步功能，即 USART 是 UART 的增强型。当串口进行异步通信时，USART 与 UART 没有区别，但用在同步通信时，USART 与 UART 的区别之一就是能提供主动时钟。如 STM32F10x 系列单片机的 USART 可与支持 ISO 7816 标准的智能卡接口直接通信。

本章小结

本章对单片机的定义、发展历程、硬件组成及体系架构进行了介绍，其中硬件主要包括 CPU、存储器、总线、I/O 接口和内部集成功能部件，单片机的体系架构分为冯·诺伊曼结构和哈佛结构。

本章还介绍了单片机的主要特点及应用领域，最后对单片机的并行总线和常用串行总线进行了详细介绍。

思考题与习题

1.1 简述单片机的定义。

1.2 分析单片机硬件组成和微型计算机硬件组成的异同点。

1.3 单片机常用串行总线有哪些？各自的应用场景有何特点？

1.4 查阅资料，阐述单片机引脚分时复用功能和多功能复用功能的使用差异。

1.5 结合自己所查阅的资料，举例说明单片机在国内的行业应用现状，并分析单片机的技术发展对于国家经济、国防、军工和工业有何作用？

第 2 章　MCS-51 单片机的基本结构

本章教学基本要求

1. 掌握 MCS-51 单片机的内部结构及功能，熟悉 MCS-51 单片机 P0~P3 端口的特性，掌握 MCS-51 单片机的存储器的结构。
2. 了解 MCS-51 单片机的时钟电路、复位电路和总线时序。

重点与难点

1. MCS-51 单片机 P0~P3 端口的特性及使用方法。
2. MCS-51 单片机的存储器的结构及使用方法。

2.1　MCS-51 单片机的组成

MCS-51 单片机是美国 Intel 公司生产的一系列单片机的总称，这一系列单片机包括许多品种，如 8031、8051、8751、8032、8052、8752 等，其中 8051 是最早、最典型的产品，该系列其他单片机在 8051 的基础上进行了功能的增加或减少，所以人们习惯于用 8051 来称呼 MCS-51 单片机。

MCS-51 单片机采用哈佛结构，采用超大规模集成电路技术把具有数据处理能力的中央处理器（CPU）、数据存储器（RAM）、程序存储器（ROM）、多种 I/O 端口和中断系统、定时器/计数器等功能集成到一块硅片上构成了一个小而完善的计算机系统，其内部结构如图 2-1 所示。

中央处理器（CPU）：是整个单片机的核心，具有 8 位数据宽度，能处理 8 位二进制数据。CPU 负责整个单片机的正常工作，完成算术运算、逻辑运算、输入/输出控制、中断处理等操作。

程序存储器：一般大小为 4KB，主要用于存放程序代码和一些原始数据或表格。

定时器/计数器：两个 16 位定时器/计数器可实现定时或计数功能。有些单片机还有第三个定时器，用于特殊用途，如自动重装载、波特率设置等。

并行 I/O 端口：4 组 8 位 I/O 端口（P0、P1、P2 和 P3），用于实现与外部设备的数据交换和控制。

全双工串行口：内置一个全双工串行口，用于与其他芯片或设备的串行数据传送，该串行口既可以用作异步通信收发器，也可以用作同步移位器。

中断系统：有 5 个中断源，分别为两个外部中断、两个定时器/计数器中断和一个串口通信中断，并具有 2 级的优先级别。

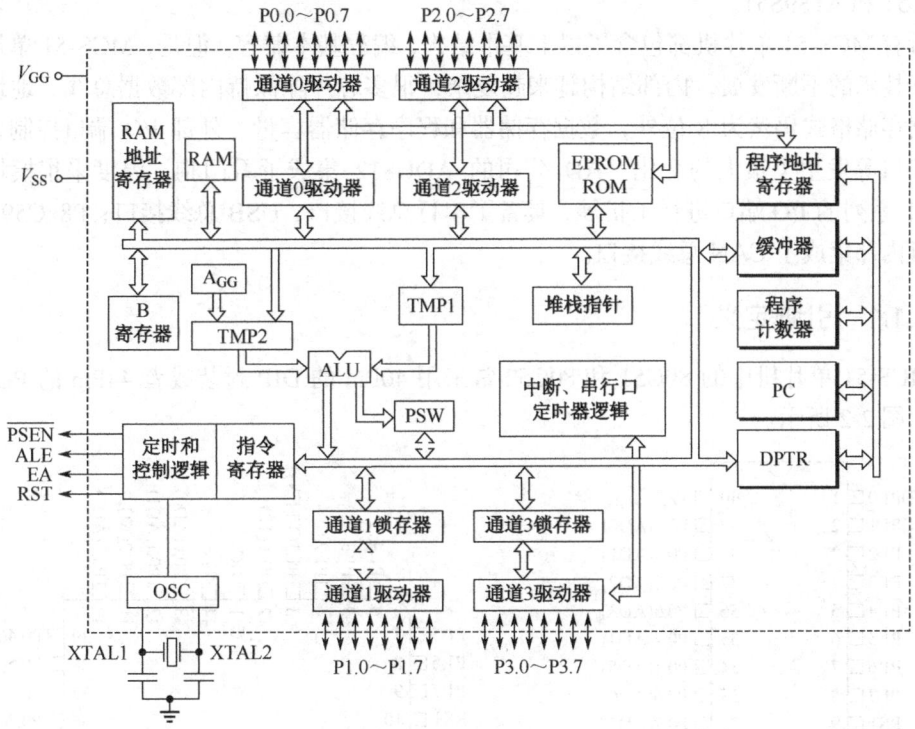

图 2-1　MCS-51 单片机的内部结构

时钟电路：用于产生整个单片机运行的脉冲时序，MCS-51 单片机多数须外接振荡电容，但部分 MCS-51 单片机内置了时钟电路，片外不用配置振荡电容。

数据存储器（RAM）：有 128 个 8 位用户数据存储单元和 128 个专用寄存器单元，它们是统一编址的，专用寄存器只能存放控制指令，用户只能访问，不能存放用户数据。所以，用户能使用的 RAM 只有 128 个单元，可存放读/写的数据、运算的中间结果或用户定义的字型表。数据存储器结构见表 2-1。

表 2-1　数据存储器结构

分　区		地　址　范　围
工作寄存器区	工作寄存器区 0	00H～07H
	工作寄存器区 1	08H～0FH
	工作寄存器区 2	10H～17H
	工作寄存器区 3	18H～1FH
位寻址区		20H～2FH（位地址 00～7F）
用户数据区		30H～7FH
专用寄存器		80H～FFH

MCS-51 单片机包含 51 子系列和 52 子系列，如 8051、8052 等，其中 52 系列比 51 系列功能多一些，除基本结构相同外，不同之处主要体现在：数据存储器容量为 256 字节（51

系列为 128 字节）；程序存储器容量为 8~32KB；有 3 个 16 位定时器/计数器；有 6 个中断源。在本书给出的 MCS-51 单片机的电路连接图或参考程序中，没有严格区分单片机 AT89C51 和 AT89S51。

所有 MCS-51 单片机都包含了以上基本结构，编程基本兼容。但是，MCS-51 单片机随着芯片技术的不断发展，内部结构越来越复杂，很多芯片除保持内部数据总线、地址总线和数据存储格式仍然为 8 位外，数据存储器和程序存储器容量、外部 I/O 端口控制、外部总线接口等发生了很大的变化。AD 公司的 ADU812 集成了看门狗、温度采集模块等；C8051F 系列的 I/O 端口进行了扩展，具备了串行总线接口、USB 总线接口；P8xC591 系列单片机内部集成了 CAN 总线接口。

2.1.1 引脚定义

MCS-51 单片机中的 80C51 和 80C52 常采用 40Pin 的 DIP 封装或者 44Pin 的 PLCC 封装，如图 2-2 所示。

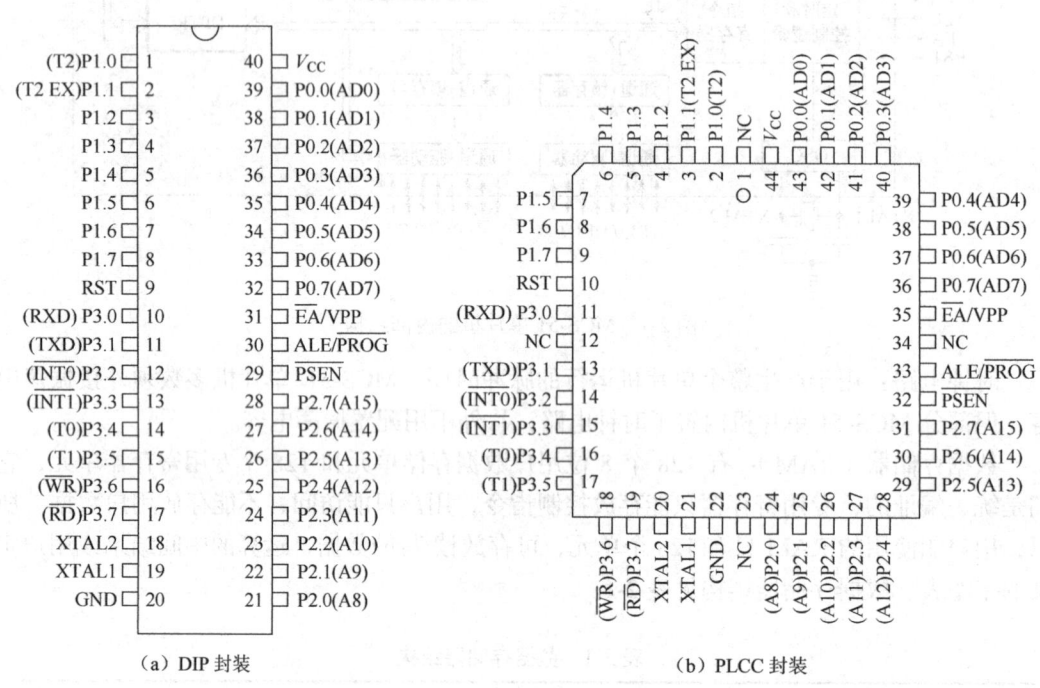

图 2-2 80C51/80C52 的引脚分布与封装图

1. 电源及时钟信号引脚

V_{cc}：正常工作或对内部 EPROM 烧写程序时，接+5V 电源。
GND：地。
XTAL1：时钟信号输入引脚，内部振荡电路的输入端。
XTAL2：时钟信号输出引脚，内部振荡电路的输出端。

2. 输入/输出引脚

MCS-51 单片机有 4 组 8 位 I/O 端口：P0、P1、P2 和 P3 端口，P1、P2 和 P3 为准双向端口，P0 端口则为双向三态输入/输出端口。在 DIP 封装中，引脚 39~32 为 P0.0~P0.7 输入/输出引脚，引脚 1～8 为 P1.0～P1.7 输入/输出引脚，引脚 21～28 为 P2.0～P2.7 输入/输出引脚，引脚 10～17 为 P3.0～P3.7 输入/输出引脚。

MCS-51 单片机的 P0 端口可以作为地址总线低 8 位和数据总线，P2 端口可作为地址总线高 8 位，其逻辑结构如图 2-3 所示。电路中包含一个数据输出锁存器和两个三态数据输入缓冲器，还有一个数据输出的驱动和控制电路。这两组线用作 CPU 与外部存储器（程序/数据）和 I/O 端口扩展时的数据总线和地址总线，其中 P0、P2 端口可以构成 16 位地址总线。此外，在读取外部存储器数据时，P0 端口既作为低 8 位地址总线，也作为 8 位数据总线使用，即地址总线与数据总线采用分时复用，这一特点与 8086 微处理器的 AD0～AD15 相同。CPU 输出地址时，由地址锁存信号 ALE 通知地址锁存芯片（如 74LS573/74LS373）锁存 P0.0～P0.7 引脚上的地址信息。

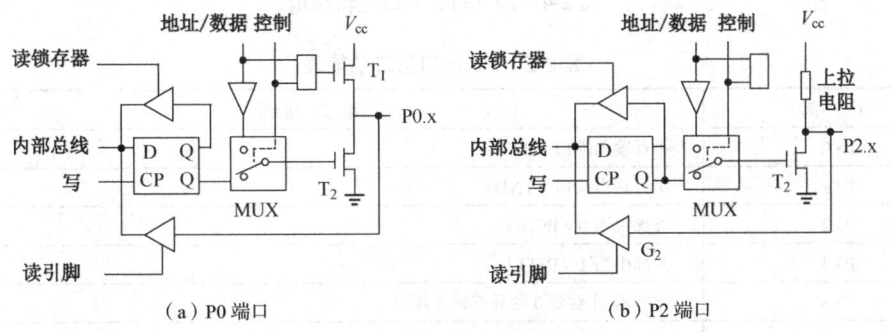

图 2-3 P0 与 P2 端口的逻辑结构

P2 端口作为外部数据存储器或程序存储器的地址总线的高 8 位输出（A8～A15），选通高位地址。P0 端口作为低 8 位地址总线的输出，选通低位地址。当读取外部存储器数据时，P0 端口送出低 8 位地址，同时 P2 端口送出高 8 位地址，合成 16 位地址信息。此时，ALE 控制时序，先将低 8 位地址锁存，等外部存储器获取到地址信息后，P0 端口随即送出或者读取 8 位数据。外部的程序存储器由 PSEN 信号选通，数据存储器则由 $\overline{WR}$ 和 $\overline{RD}$ 读/写信号选通。MCS-51 单片机有 16 根地址线，故最大可外扩 64KB 的程序存储器和数据存储器。

图 2-4 所示为 P1 和 P3 端口逻辑结构。P1 端口为 8 位准双向端口，每一位均可单独定义为输入或输出端口。当作为输入端口时，1 写入锁存器，Q（非）=0，T_2 截止，内上拉电阻将电位拉至"1"，此时该端口输出 1；当 0 写入锁存器，Q（非）=1，T_2 导通，输出 0。

作为输入端口时，锁存器置 1，Q（非）=0，T_2 截止，此时该位既可以把外部电路拉成低电平，也可由内部上拉电阻拉成高电平，因此 P1 端口称为准双向端口。作为输入端口使用时，有两种情况，一种是读锁存器的内容，进行处理后再写到锁存器中，这种操作是读→修改→写操作，如 JBC（逻辑判断）、CPL（取反）、INC（递增）、DEC（递减）、ANL（与逻辑）和 ORL（逻辑或）指令均属于这类操作。另一种是读 P1 端口状态时，打开三态门 G_2，将外部状态读入 CPU。

P3 端口为准双向端口。P3 端口的输入/输出、锁存器、中断、定时器/计数器、串行口与特殊功能寄存器有关。P3 端口的第一功能和 P1 端口一样，可作为输入/输出端口，同样具有字节操作和位操作两种方式，在位操作模式下，每一位均可定义为输入或输出。P3 端口第二功能表见表 2-2。在 MCS-51 单片机实际应用场合中，P3 端口的第二功能显得更为重要。

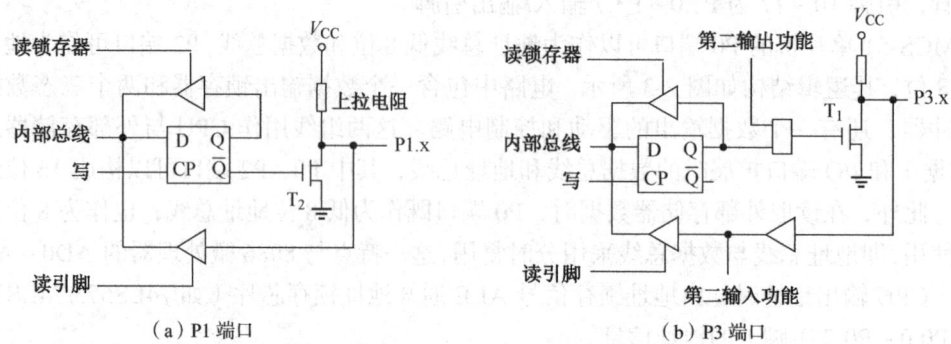

(a) P1端口　　　　　　　　　　　　　　(b) P3端口

图 2-4　P1 和 P3 端口逻辑结构

表 2-2　P3 端口第二功能表

引　脚	第　二　功　能
P3.0	串行输入端口（RXD）
P3.1	串行输出端口（TXD）
P3.2	外部中断 0（INT0）
P3.3	外部中断 1（INT1）
P3.4	定时器/计数器 0 的外部输入端口
P3.5	定时器/计数器 1 的外部输入端口
P3.6	外部数据存储器写选通（WR）
P3.7	外部数据存储器读选通（RD）

当 P3 端口工作为普通 I/O 端口时，第二功能信号线应保持高电平，与非门开通，以维持从锁存器到输出端口的数据输出通路畅通无阻；而使用 P3 端口的第二功能时，对应的锁存器置高电平，使与非门对第二功能信号的输出是畅通的，从而实现第二功能信号的输出。当 P3 端口的某个引脚为第二功能信号输入时，在输入通路增设一个缓冲器，输入的第二功能信号即从这个缓冲器的输出端取得，而作为 I/O 端口的输入端时，取自三态缓冲器的输出端。

3. 控制线

RST：复位信号复用引脚。当 89C51 芯片通电后，时钟电路开始工作，在 RST 引脚上出现 24 个时钟周期（或者两个机器周期）以上的高电平就可以实现复位操作，系统恢复到初始状态。通电时，考虑到有一定的起振时间，该引脚上的高电平必须维持 10ms 以上才能保证有效复位。初始化后，程序计数器指向 0000H，P0～P3 端口全部为高电平，堆栈指针写入 07H，指明堆栈的入口地址，其他专用寄存器被清 0。RST 由高电平下降为低电平后，系统即从 0000H 地址开始执行程序。

V_{CC} 掉电期间，该引脚如果接备用电源（+5V±0.5V），可用于保存片内 RAM 中的数据，当 V_{cc} 下降到某规定值以下，开始向片内 RAM 供电。

ALE/$\overline{PROG}$：地址锁存有效信号输出端。当访问外部程序存储器时，ALE（地址锁存）的输出用于锁存地址的低位字节。而访问内部程序存储器时，ALE 端将有一个 1/6 时钟频率的正脉冲信号，这个信号可以用于识别单片机是否工作，也可以当作一个时钟向外

输出。当外部程序存储器是 EPROM 时，在编程期间，$\overline{PROG}$ 将用于输入编程脉冲。

$\overline{PSEN}$：片外程序存储器读选通信号输出端，也称片外取指信号输出端，该信号在每个机器周期内两次有效。当访问外部程序存储器时，此脚输出低电平选通信号。8位或16位地址数据将出现在 P0 和 P2 端口上，外部程序存储器则把指令数据放到 P0 端口上，由 CPU 读入并执行。

EA/VPP：片外程序存储器的选用端，该引脚 EA 为低电平，则读取外部程序存储器指令。当 EA 为高电平并且程序地址小于 4KB 时，读取内部程序存储器指令，而超过 4KB 地址则读取外部指令。对内部无程序存储器的 8031 芯片，EA 保持接地。另外，在对单片机内部 EPROM 进行编程时，EA/VPP 引脚还要加上 12V 的编程电压。

2.1.2 CPU

MCS-51 单片机的 CPU 由运算器和控制器构成，是单片机的核心部分。它的组成和工作原理与多数 CPU 有相似之处，具体介绍如下。

1. 运算器

运算器以算术逻辑单元（ALU）为核心，包括累加器（A）、寄存器（B）、暂存寄存器、程序状态字寄存器（PSW）等部件。它的功能是完成算术和逻辑运算、位变量处理和数据传送等操作。

（1）算术逻辑单元由加法器和其他逻辑电路（如移位电路、控制门电路等）组成。它不仅能完成 8 位二进制数的加、减、乘、除、加1、减1 及 BCD 加法的十进制调整等算术运算，还能对 8 位变量进行与、或、异或、循环移位、求补、清零等逻辑运算，并具有数据传送、程序转移以及位处理（布尔操作）等功能。

（2）累加器是一个 8 位寄存器，是 CPU 中使用最频繁的寄存器。通过暂存器与 ALU 相连，向 ALU 提供操作数并存放运算结果。

（3）寄存器是为 ALU 进行乘、除法运算而设置的，在乘、除法运算时用来存放一个操作数，也用来存放运算后的一部分结果，不进行乘、除法运算时，还可作为通用寄存器使用。

（4）暂存寄存器暂时存储数据总线或其他寄存器送来的操作数，作为 ALU 的数据源，向 ALU 提供操作数。

（5）程序状态字寄存器是一个 8 位的特殊寄存器，它保存 ALU 运算结果的特征和处理状态，以供程序查询和判别。其中各位状态信息通常是指令执行过程中自动形成的，也可以由用户根据需要加以改变。PSW 各位见表 2-3。

表 2-3 PSW 各位

CY	AC	F0	RS1	RS0	OV	—	P

① CY（PSW.7）：进位标志。无符号数运算中，当加法或减法运算最高位有进位或借位时，CY=1；进行加法或减法运算时，最高位无进位或借位，CY=0。CY 主要用在多字节的加减法运算中，CY 可以写成 C。

② AC（PSW.6）：辅助进位标志。无符号数运算中，进行加法或减法运算时，低 4 位向高 4 位有进位或借位，AC=1；低 4 位向高 4 位无进位或借位，AC=0。AC 常作为计算机

进行BCD码修正的判断依据。

③ F0（PSW.5）：用户标志位，无特别意义，供用户自定义。通过软件置位或清0，并根据F0=1或0来反映系统某一种工作状态，决定程序的执行方式。

④ RS1、RS0（PSW.4、PSW.3）：工作寄存器组选择位，可用软件置位或清0，用于选定当前使用的4个工作寄存器组中的某一组，具体对应关系见表2-4。

表2-4　RS1、RS0取值与工作寄存器组（R0~R7）的对应关系

RS1	RS0	R0~R7 的工作区
0	0	工作寄存器组0
0	1	工作寄存器组1
1	0	工作寄存器组2
1	1	工作寄存器组3

⑤ OV（PSW.2）：溢出标志位，主要用于有符号数运算，运算结果超出范围时，OV=1；否则，OV=0。如为8位运算，结果超过了8位补码所能表示的范围时，OV=1。

⑥ P（PSW.0）：奇偶标志位。在执行指令后，单片机根据累加器的8位二进制数中"1"的个数的奇偶，自动给该标志置位或清0。若累加器的8位二进制数中"1"的个数为奇数，则P=1；若累加器A中"1"的个数为偶数，则P=0。该标志对串行通信的数据传输非常有用，通过奇偶校验可检验传输的可靠性。

2. 控制器

控制器由程序计数器、指令寄存器、指令译码器、数据地址指针（DPTR）、堆栈指针等组成。其功能是对来自程序存储器中的指令进行译码，通过定时控制电路，在规定的时刻发出各种操作所需的内部和外部的控制信号，使各部分协调工作，完成指令所规定的功能。

1）程序计数器（Program Counter，PC）

PC是一个16位的专用寄存器，并具有自动加1的功能。当CPU要取指令时，PC的内容送到地址总线上，从而指向程序存储器中存放当前指令的单元地址，以便从程序存储器中取出指令，加以分析、执行。同时PC自动加1，指向下一条指令，以保证程序按顺序执行。也可以通过控制转移指令改变PC的值，实现程序的转移。

2）指令寄存器（Instruction Register，IR）

指令寄存器是一个8位寄存器，用于暂存待执行的指令，等待译码。指令译码电路是对指令寄存器中的指令进行译码，将指令转变为执行此指令所需要的电信号，再经定时控制电路定时产生执行该指令所需要的各种控制信号。

3）指令译码器（Instruction Decoder，ID）

指令译码器将指令寄存器中的指令进行译码，产生一定序列的控制信号，完成指令所规定的操作。

4）数据地址指针（DPTR）

数据地址指针（DPTR）是一个16位的专用地址指针寄存器，它由DPH和DPL这两个特殊功能寄存器组成。DPH是DPTR的高8位，DPL是DPTR的低8位。

DPTR用于存放16位地址，可对外部数据存储器RAM 64KB（0000H~0FFFFH）地址

空间寻址。

5）堆栈指针（Stack Pointer，SP）

在计算机或单片机中处理子程序调用和中断操作等问题时，通常需要保存返回地址和保护现场信息。在 MCS-51 单片机中，堆栈用来保存返回地址和保护现场信息，堆栈是在 RAM 中专门开辟的一个特殊的存储区。堆栈区域的位置就由堆栈指针指定。堆栈的访问原则是先进后出、后进先出，即先进入堆栈的数据后移出堆栈，后进入堆栈的数据先移出堆栈。堆栈一端的地址是固定的，称为栈底；另一端的地址是动态变化的，称为栈顶。堆栈有两种操作方式：数据进栈和数据出栈。进栈和出栈都在栈顶进行。

堆栈主要用来暂时存放数据，有两种情况：一种是 CPU 自动使用堆栈，当调用子程序或响应中断、处理中断服务程序时，CPU 自动将返回地址存放到堆栈中，通过堆栈传递参数。另一种是程序员使用堆栈，用堆栈暂时存放数据。堆栈指针中为栈顶的地址，即指向栈顶。堆栈指针具有自动加 1、自动减 1 功能，当数据进栈时，先自动加 1，然后 CPU 将数据存入；当数据出栈时，CPU 先将数据送出，然后自动减 1。

2.1.3 存储器

Intel 公司的 MCS-51 单片机的存储器体系采用哈佛结构。在 MCS-51 单片机中，不仅在片内预留了一定容量的程序存储器、数据存储器以及众多的特殊功能寄存器（SFR），而且还具备外部存储器扩展功能，程序存储器和数据存储器的最大寻址空间均可达 64KB，寻址和操作简单方便，其存储器结构如图 2-5 所示。

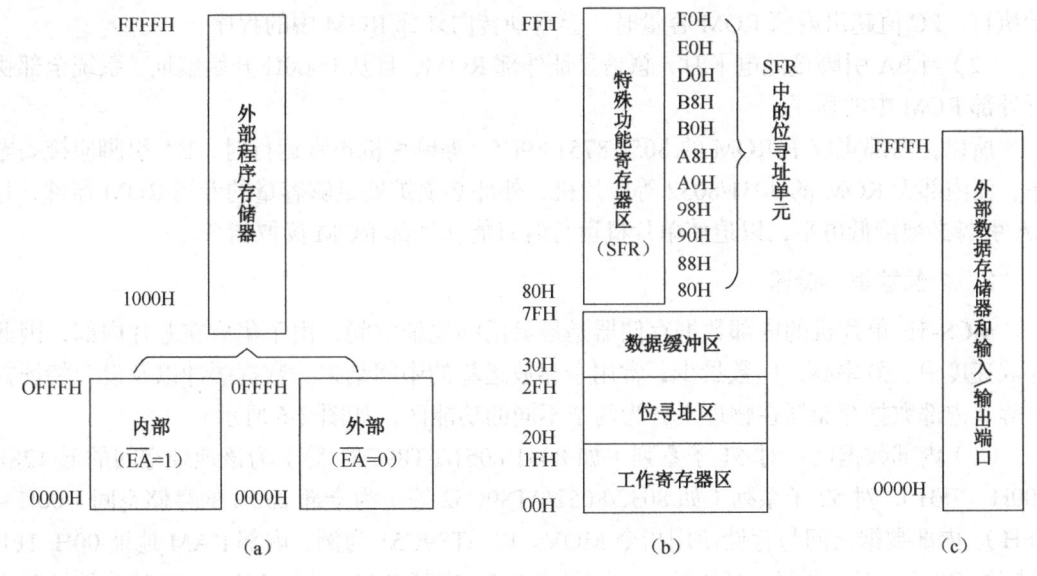

图 2-5 MCS-51 单片机存储器结构

由图 2-5 可见，MCS-51 单片机的存储器在物理上设有四个空间，即内部程序存储器、外部程序存储器、内部数据存储器和外部数据存储器。但由于内、外部程序存储器统一寻址，事实上只有 3 个逻辑空间，即内、外部统一寻址的 64KB 程序存储器地址空间、内部 256B 数据存储器地址空间和外部 64KB 的数据存储器地址空间，通过指令区分访问内部数据存储器还是外部数据存储器。在访问这 3 个逻辑空间时，应分别采用不同形式的指令，如 MOVC（访问程序存储器）、MOV（访问内部数据存储器）和 MOVX（访问外部数据存储器）等。内部数据存储器空间在物理上又包含两部分：对于 51 子系列单片机（如 8031），从 00H～7FH 共 128 字节是真正的内部 RAM 空间，而 80H～FFH 仅其中 20 余字节用作特殊功能寄存器（SFR）空间，访问其他字节是无意义的；对于 52 子系列的单片机（如 8032 或 8052），00H～7FH 的含义与 51 子系列相同，而 80H～FFH 是内部数据存储器高端地址和特殊功能寄存器（SFR）端口地址的重叠区域。

1. 程序存储器

程序存储器（Program Memory）主要用于存放应用程序、表格和常数。由于 MCS-51 单片机采用 16 位的程序计数器和 16 位的地址总线，因而程序存储器可扩展的地址空间为 64KB，并且这 64KB 地址在空间分布范围上是连续和统一的。

单片机应用系统中的程序存储器一般采用半导体只读存储器，即 ROM。这种存储器在计算机运行时只能对其执行读操作，即使整机掉电后存于其中的信息也不会丢失，显然适合于存放用户程序、常数和表格等。

MCS-51 单片机的程序存储器为固定的只读存储器（ROM）。如 8051 中含有 4KB 容量的掩膜 ROM，8751 中含有 4KB 容量的 EPROM，89C51 中含有 4KB 容量的 FlashROM。而 8031/8032 中不设程序存储器，使用过程中必须外扩 ROM。

MCS-51 单片机的整个程序存储器可以分为内部和外部两部分，CPU 访问外部 ROM 时，PSEN 引脚上产生选通信号。CPU 读取内/外部的指令由 EA 引脚所接的电平决定。

（1）当 EA 引脚接高电平时，CPU 可访问内部和外部 ROM，并且程序自内部 ROM 开始执行，PC 值超出内部 ROM 容量时，会自动转向外部 ROM 中的程序。

（2）当 EA 引脚接低电平时，总是寻址外部 ROM，且从 0000H 开始编址，系统全部执行外部 ROM 中的程序。

所以，内部集成了 ROM 的 8051/8751/89C51 等单片机正常运行时，EA 引脚应接高电平；而内部无 ROM 的 8031/8032 等单片机，外部必须扩展足够容量的专用 ROM 器件，且 EA 引脚必须接低电平，以迫使单片机运行时只能从外部 ROM 读取指令。

2. 内部数据存储器

MCS-51 单片机的内部数据存储器是最灵活的地址空间，由于集成在芯片内部，因此存取速度快、效率高，但数量少，常用于存放运算的中间结果、数据缓冲以及设置特征标志等。内部数据存储器在物理上分为两个不同的功能区，如图 2-6 所示。

（1）内部数据区：对 51 子系列（如 8031/8051/AT89C51 等）为该地址空间的低 128B（00H～7FH），对 52 子系列（如 8032/8052/AT89C52 等）为全部 256B 的存储空间（00H～FFH）。内部数据访问与存储使用指令 MOV。以 AT89C51 为例，内部 RAM 地址 00H～1FH 分配给 R0~R7 寄存器组，具体地址分配见表 2-5；内部 RAM 地址 20H~2FH 的位地址对应关系见表 2-6。

（2）特殊功能寄存器（Special Function Register，SFR）区：地址空间的高 128 字节（80H～FFH）。对于 52 子系列，高 128 字节 RAM 区与 SFR 区是重叠的，访问时要通过不同的寻址方式加以区别，即访问高 128 字节 RAM 区时使用间接寻址方式，而访问 SFR 区时，则应使用直接寻址方式。对于 51 子系列，高 128 字节 RAM 区仅为 SFR 区。8051 和 8052 系列单片机的主要特殊功能寄存器符号与含义见表 2-7。

第 2 章 MCS-51 单片机的基本结构

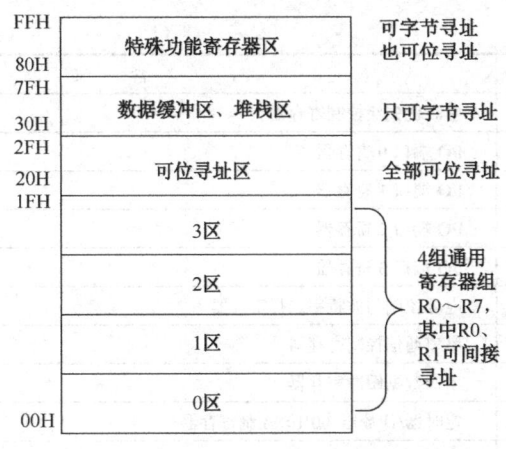

图 2-6 MCS-51 单片机内部 RAM 结构

表 2-5 工作寄存器组（R0~R7）与内部 RAM 地址对应关系

寄存器组	地址			
	工作寄存器区 0	工作寄存器区 1	工作寄存器区 2	工作寄存器区 3
R0	00H	08H	10H	18H
R1	01H	09H	11H	19H
R2	02H	0AH	12H	1AH
R3	03H	0BH	13H	1BH
R4	04H	0CH	14H	1CH
R5	05H	0DH	15H	1DH
R6	06H	0EH	16H	1EH
R7	07H	0FH	17H	1FH

表 2-6 内部 RAM 地址 20H~2FH 的位地址对应关系

地址 20H~2FH	D7	D6	D5	D4	D3	D2	D1	D0
20H	07H	06H	05H	04H	03H	02H	01H	00H
21H	0FH	0EH	0DH	0CH	0BH	0AH	09H	08H
22H	17H	16H	15H	14H	13H	12H	11H	10H
…	…	…	…	…	…	…	…	…
2EF	77H	76H	75H	74H	73H	72H	71H	70H
2FH	7FH	7EH	7DH	7CH	7BH	7AH	79H	78H

表 2-7 8051 和 8052 系列单片机主要特殊功能寄存器符号与含义

符号	地址	含义
ACC	0E0H	累加器
B	0F0H	寄存器
PSW	0D0H	程序状态寄存器
SP	81H	堆栈指针
DPTR	82H, 83H	数据指针寄存器，16 位，分为高 8 位和低 8 位：DPH、DPL
IE	0A8H	中断允许控制寄存器

续表

符 号	地 址	含 义
IP	0B8H	中断优先级控制寄存器
P0	80H	I/O 端口 0 寄存器
P1	90H	I/O 端口 1 寄存器
P2	0A0H	I/O 端口 2 寄存器
P3	0B0H	I/O 端口 3 寄存器
PCON	87H	电源控制与波特率选择寄存器
SCON	98H	串口通信控制寄存器
SBUF	99H	串口数据缓冲寄存器
TCON	88H	定时器/计数器（0/1）控制寄存器
TMOD	89H	定时器/计数器（0/1）工作模式控制寄存器
TL0	8AH	定时器/计数器 0 低 8 位
TH0	8CH	定时器/计数器 0 高 8 位
TL1	8BH	定时器/计数器 1 低 8 位
TH1	8DH	定时器/计数器 1 高 8 位
T2CON	0C8H	定时器/计数器 2 控制寄存器，89C51 不具备该寄存器
T2MOD	0C9H	定时器/计数器 2 工作模式控制寄存器，89C51 不具备该寄存器
RCAP2L	0CAH	定时器/计数器 2 捕获寄存器低字节，89C51 不具备该寄存器
RCAP2H	0CBH	定时器/计数器 2 捕获寄存器高字节，89C51 不具备该寄存器
TL2	0CCH	定时器/计数器 2 计数器低字节，89C51 不具备该寄存器
TH2	0CDH	定时器/计数器 2 计数器高字节，89C51 不具备该寄存器

如果将 DPTR 寄存器拆分为两个独立的 8 位寄存器 DPH 和 DPL，则 MCS-51 单片机主要有 27 个特殊功能寄存器，其中 8051 系列有 11 个寄存器具有位寻址功能，8052 系列单片机由于扩展了一个定时器/计数器，则有 12 个寄存器具有位寻址功能，这些寄存器中的每一位都具有位地址，具有定义的位可以直接按位访问，可进行位寻址的 SFR 的分布见表 2-8 所列。需要注意的是，PC 不占据 RAM 单元，在物理上是独立的，因此是不可寻址的寄存器。对专用寄存器只能使用直接寻址方式，编写程序的时候既可使用寄存器符号，也可使用寄存器单元地址。内部 RAM 及特殊功能寄存器各存储单元之间的数据传送用 MOV 指令。

表 2-8 8051 和 8052 系列单片机中可进行位寻址的 SFR 的分布

SFR	位地址/位定义								字节地址
B	0F7H	0F6H	0F5H	0F4H	0F3H	0F2H	0F1H	0F0H	0F0H
	*	*	*	*	*	*	*	*	
ACC	0E7H	0F6H	0E5H	0E4H	0E3H	0E2H	0E1H	0E0H	0E0H
	*	*	*	*	*	*	*	*	
PSW	0D7H	0D6H	0D5H	0D4H	0D3H	0D2H	0D1H	0D0H	0D0H
	CY	AC	F0	RS1	RS0	OV	—	P	
T2CON	0CFH	0CEH	0CDH	0CCH	0CBH	0CAH	0C9H	0C8H	0C8H
	TF2	EXF2	RCLK	TCLK	EXEN2	TR2	C/T2	CP/RL2	

第 2 章 MCS-51 单片机的基本结构

续表

SFR	位地址/位定义								字节地址
IP	0BFH	0BEH	0BDH	0BCH	0BBH	0BAH	0B9H	0B8H	B8H
	—	—	PT2	PS	PT1	PX1	PT0	PX0	
P3	0B7	0B6	0B5	0B4	0B3	0B2	0B1	0B0	0B0H
	P3.7	P3.6	P3.5	P3.4	P3.3	P3.2	P3.1	P3.0	
IE	0AFH	0AEH	0ADH	0ACH	0ABH	0AAH	0A9H	0A8H	0A8H
	EA	—	ET2	ES	ET1	EX1	ET0	EX0	
P2	0A7H	0A6H	0A5H	0A4H	0A3H	0A2H	0A1H	0A0H	0A0H
	P2.7	P2.6	P2.5	P2.4	P2.3	P2.2	P2.1	P2.0	
SCON	9FH	9EH	9DH	9CH	9BH	9AH	99H	98H	98H
	SM0	SM1	SM2	REN	TB8	RB8	TI	RI	
P1	97H	96H	95H	94H	93H	92H	91H	90H	90H
	P1.7	P1.6	P1.5	P1.4	P1.3	P1.2	P1.1	P1.0	
TCON	8FH	8EH	8DH	8CH	8BH	8AH	89H	88H	88H
	TF1	TR1	TF0	TR0	IE1	IT1	IE0	IT0	
P0	87H	86H	85H	84H	83H	82H	81H	80H	80H
	P0.7	P0.6	P0.5	P0.4	P0.3	P0.2	P0.1	P0.0	

注：表 2-8 中 "—" 表示该位没有使用，不能用指令进行读写操作；"*" 表示该二进制位没有特殊含义，仅仅代表该寄存器的某一个二进制位，可以通过指令读写该位数据。

表 2-5 中，R0~R7 寄存器组在汇编程序中可以通过设置 RS1、RS0 两个位，将寄存器分配到不同工作寄存器区，不同工作寄存器区的通用寄存器 Rn（n=0~7）尽管编号 n 相同，但具有不同的 RAM 地址，因此通用寄存器共有 8×4=32 个。

表 2-7 中，寄存器 T2CON、T2MOD 、RCAP2L 、RCAP2H 、TL2、TH2 是 8052 系列单片机扩展的定时器/计数器 2 的寄存器，在 8051 系列单片机中不存在。

由表 2-8 可知，能够按位访问的 SFR 其字节地址均为 8 的倍数，且每个 SFR 的字节地址为该寄存器最低位的位地址。比如：P2 寄存器的字节地址为 0A0H，最低位 P2.0 的位地址也是 0A0H。由表 2-6 和表 2-8 可知，MCS-51 单片机可以按位访问的位地址范围为 00H~0F7H，其中位地址 0AEH、0BEH、0BFH 和 0D1H 共计 4 个位单元没有定义，读写操作没有意义；而 ET2（0ADH）、PT2（0BDH）和 T2CON 的 8 个位适合具备定时器/计数器 2 的 8052 系列单片机，8051 没有定时器/计数器 2，读写操作没有意义。

3. 外部数据存储器

由于 MCS-51 单片机内部数据存储器只有 128B，往往不够用，这就需要扩展外部数据存储器。外部数据存储器最多可以扩到 64KB，16 位数据指针寄存器作为间接寻址的寄存器的地址指针，其寻址范围为 64KB。当外部数据存储器小于 256B 时，可用 R1、R0 作为间接寻址寄存器的地址指针。访问外部数据存储器或扩展 I/O 口可用 MOVX 指令。

2.2 MCS-51 单片机时钟电路与总线时序

无论是通用微型计算机还是单片机，CPU 所有的工作都是在时钟信号控制下进行的，每执行一条指令，CPU 的控制器就要发出一系列特定的控制信号，这些控制信号在时间上的先后次序就是 CPU 的工作时序。

2.2.1 时钟电路

MCS-51 单片机的时钟连接有两种方式，一种是内部时钟方式，但须在 XTAL1 和 XTAL2 引脚外接石英晶体（2～24MHz）和振荡电容，电容 C_1 和 C_2 对频率有微调作用，电容量的选择范围为 5～30pF，如图 2-7（a）所示。另一种是采用外部时钟方式，即将 XTAL2 引脚悬空，外部时钟信号（外部振荡器提供的信号）从 XTAL1 引脚输入，如图 2-7（b）所示。

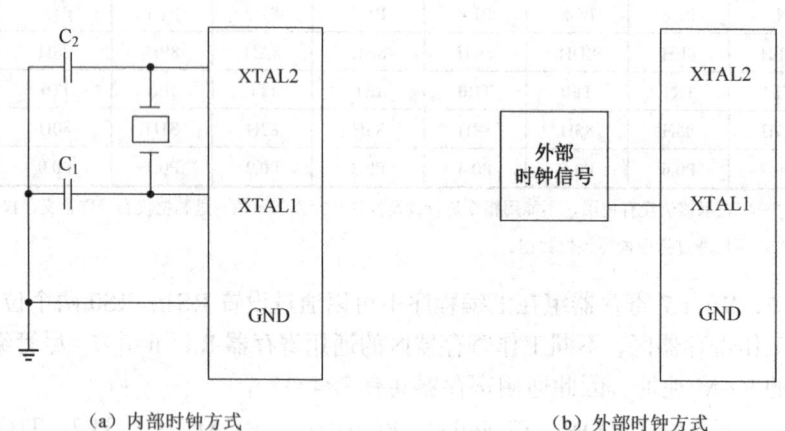

(a) 内部时钟方式　　　　　　　　　(b) 外部时钟方式

图 2-7　MCS-51 单片机的时钟连接方式

在单片机应用电路设计中，时钟电路器件应该尽可能靠近 CPU 对应引脚。如果 CPU 无法正常工作，可通过示波器检测 CPU 时钟引脚是否有一定幅值的时钟信号，如果有，则时钟电路正常。

2.2.2 总线时序

MCS-51 单片机的振荡频率经过内部二分频以后得到的信号周期，称为状态周期，即一个状态周期包括两拍的时钟周期。机器周期就是计算机完成一种基本操作所需的时间。MCS-51 单片机的机器周期由 6 个状态周期组成，即 $S_1 \sim S_6$，而每个状态又分为两拍，称为 P_1 和 P_2，因此一个机器周期中的 12 个振荡周期常可表示为 S_1P_1、S_1P_2、…、S_6P_1、S_6P_2。若采用 12MHz 的晶体振荡器，则每个机器周期为 $12\times10^6/(12\times10^6)=1\mu s$，若采用 6MHz 晶体振荡器，则每个机器周期为 $2\mu s$。

在 MCS-51 单片机指令系统中，有单字节指令、双字节指令和三字节指令。每条指令的执行时间分别占用 1 个或几个机器周期。单字节指令和双字节指令都可能是单机器周期和双机器周期的，而三字节指令都是双机器周期的，只有乘、除法指令占用 4 个机器周期。

每一条指令的执行都包括取指令和执行指令两个阶段。在取指令阶段，CPU 从程序存

储器中取出指令操作码及操作数，然后执行这条指令的逻辑功能。对于绝大部分指令，在整个指令执行过程中，ALE 是周期性的信号，如图 2-8 所示。在每个机器周期中，ALE 信号出现两次：第一次在 S_1P_2 和 S_2P_1 期间，第二次在 S_4P_2 和 S_5P_1 期间。ALE 信号的有效宽度为 1 个 S 状态。每出现一次 ALE 信号，CPU 就进行一次取指令操作。

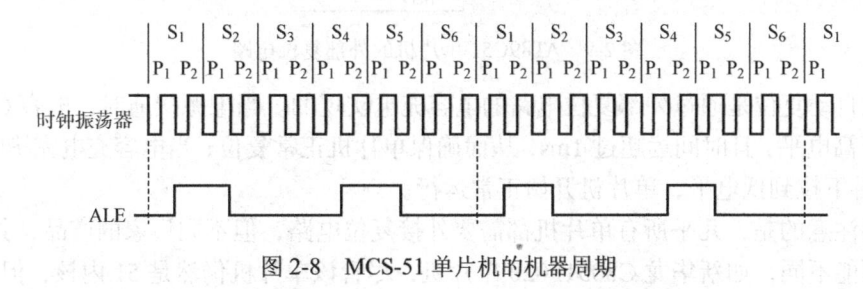

图 2-8 MCS-51 单片机的机器周期

对于单机器周期指令，从 S_1P_2 开始把指令码读到指令寄存器。如果是双字节指令，则在同一个机器周期的 S_4 读入第二字节。对单字节指令，在 S_4 仍有一次读指令码的操作，但读入的内容被忽略（不处理），并且程序计数器不加 1，这种无效的读取称为假读。在下一个机器周期的 S_1 才真正读取此指令码。

2.3 复位电路

复位是单片机的初始化操作，如对 AT89C51 单片机的复位引脚 RST 加上大于 24 个时钟振荡周期的高电平就可使其正常复位。

当 AT89C51 单片机进行复位时，PC 初始化为 0000H，使 AT89C51 单片机从程序存储器的 0000H 单元开始执行程序。除了进入系统的正常初始化，当程序运行出错或操作错误使系统处于死锁状态时，也须按复位键让 RST 引脚置为高电平，使 AT89C51 单片机摆脱"跑飞"或"死锁"状态而重新启动。

除 PC 外，复位操作还对其他一些寄存器有影响，主要寄存器复位时的状态见表 2-9。

表 2-9 主要寄存器复位时的状态

寄存器	复位状态	寄存器	复位状态
PC	0000H	TMOD	00H
Acc	00H	TCON	00H
PSW	00H	TH0	00H
B	00H	TL0	00H
SP	07H	TH0	00H
DPTR	0000H	TL0	00H
P0~P3	0FFH	SCON	00H

AT89C51 单片机的复位是由外部的复位电路实现的。复位电路通常采用上电自动复位和按钮复位两种方式，如图 2-9 所示。

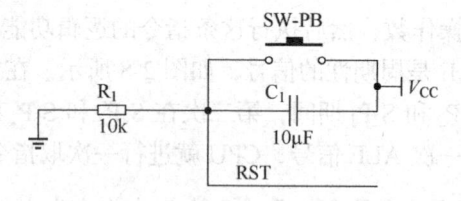

图 2-9 AT89C51 单片机的外部复位电路

上电自动复位是通过外部复位电路的电容充电实现的。当电源接通时，电容 C_1 充电，RST 处于高电平，且时间远超过 1ms，从而确保单片机正常复位；当电容充电完毕时，RST 被电阻 R_1 下拉到低电平，单片机开始正常运行。

需要注意的是，几乎所有单片机都需要外接复位电路，但不同厂家的产品，其复位逻辑电平可能不同，如新华龙 C8051F020 单片机，尽管该单片机仍然是 51 内核，但 CPU 采用低电平复位，即 RST 引脚接低电平时单片机复位，该引脚接高电平时为正常运行状态。

2.4 MCS-51 单片机的最小系统

MCS-51 单片机硬件资源较为丰富，单个芯片配合一定的外围电路就能构成一个最小系统，实现简单的应用，图 2-10 是 MCS-51 单片机的最小系统电路图。一般来说，单片机的最小系统包括电源部分（电源正、电源地）、晶振部分（11.0592MHz、12MHz、6MHz）、复位电路。将以上三个电路正确连接，单片机就能正常工作。EA 有两种接法，一是接高电平，此时单片机采用内部程序存储器，不使用外部程序存储器，最小系统在启动后执行单片机内部程序存储器中的程序；另一种是接低电平，单片机采用外部程序存储器，此时就不是一个最小系统，而是单片机扩展系统了。

最小系统中主要电路构成介绍如下。

（1）电源电路。引脚 V_{cc}（引脚 40）接+5V 电源，引脚 GND（引脚 20）接地线。为提高电路的抗干扰能力，1 个瓷片电容和 1 个电解电容通常被接在引脚 V_{cc} 和接地线之间。

（2）程序存储器选择电路。如前所述，Atmel 公司生产的 8051 兼容芯片具有多种容量的内部程序存储器，因此在使用中不需要再扩展外部程序存储器，这样在单片机应用电路中，引脚 EA（引脚 31）接高电平，单片机在复位后从内部 ROM 的 0000H 开始执行程序。

（3）时钟电路和时序。系统时钟是一切微处理器、微控制器内部电路工作的基础。AT89C51 芯片的时钟频率为 2~24MHz。单片机内部有 1 个可以构成振荡器的电路。在这个放大电路的引脚 XTAL2 和 XTAL1 接上晶体电容就可以构成单片机的时钟电路。常用时钟电路有内部时钟方式和外部振时钟方式。图 2-10 中的时钟电路由晶体 Y_1 和电容 C_2 与 C_3 组成。单片机的时钟频率取决于晶体 Y_1 的频率。电容 C_2 与 C_3 的取值范围为 20~30pF。

（4）复位电路。对于 AT89C51 单片机，只要复位引脚 RST 保持 24 个时钟周期的高电平，就可以完成复位。为了保证应用系统可靠地复位，通常将复位电路中引脚 RST 保持 10ms 以上的高电平。

第 2 章　MCS-51 单片机的基本结构

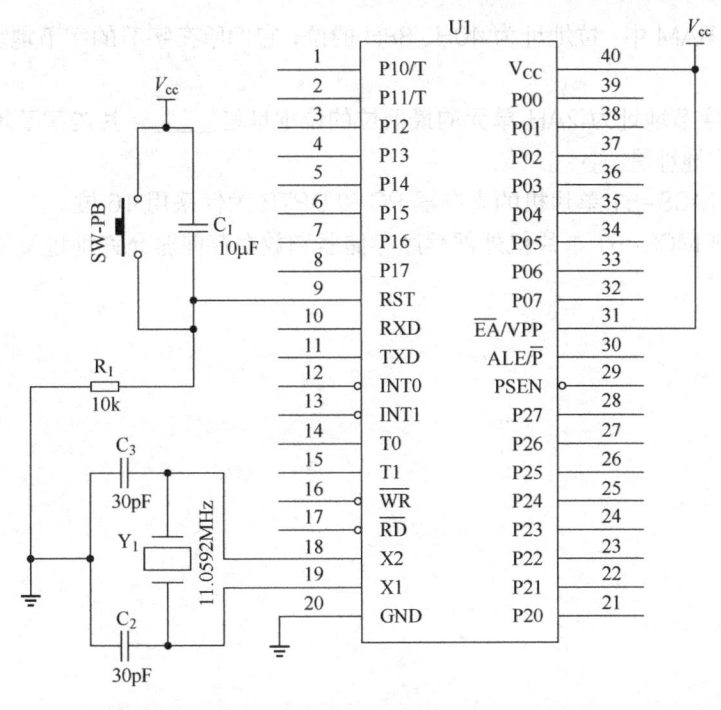

图 2-10　MCS-51 单片机的最小系统电路图

最小系统是单片机能够正常运行程序的最低条件，在实际应用中，通常需要进行功能扩展，扩展电路在最小系统基础上使用 P0～P3 端口的普通 I/O 功能或 P3 端口的特殊功能，只要电路设计和程序编写正确，系统就能正常工作。

本章小结

本章首先介绍了 MCS-51 单片机的组成结构及主要功能部件，详细介绍了引脚功能与特性，着重讨论了存储器的结构，特别是数据存储器的结构和功能，最后介绍了 MCS-51 单片机的时钟电路、复位电路、总线工作时序及最小系统的电路组成。

思考题与习题

2.1　简述 MCS-51 单片机各引脚的名称和作用。
2.2　阐述 MCS-51 单片机程序存储器的配置，并说明 EA 引脚的连接电平与访问程序存储器的关系。
2.3　阐述 MCS-51 单片机数据存储器的配置，如何区别内部和外部数据存储器？
2.4　阐述 P0、P1、P2、P3 端口的功能。
2.5　在 AT89C51 单片机中，如果采用 6MHz 晶振，一个机器周期为_____。
2.6　AT89C51 单片机的一个机器周期等于_____个时钟振荡周期。

2.7 内部 RAM 中，位地址为 40H、88H 的位，它们所在字节的字节地址分别为＿＿＿和＿＿＿。

2.8 片内字节地址为 2AH 单元的最低位的位地址是＿＿＿，片内字节地址为 88H 单元的最低位的位地址是＿＿＿。

2.9 阐述 MCS-51 单片机的寄存器 PC 和 DPTR 为何采用 16 位。

2.10 为何 MCS-51 单片机外部程序存储器和数据存储器允许地址重复？

第 3 章　MCS-51 单片机的指令与程序设计

本章教学基本要求

1．掌握 MCS-51 单片机汇编语言的特点和格式。
2．掌握 MCS-51 单片机汇编指令的 7 种寻址方式和指令的使用方法。
3．掌握 MCS-51 单片机汇编程序的设计方法。
4．掌握 MCS-51 单片机 C 程序的设计方法。

重点与难点

1．汇编指令的寻址方式与指令的使用方法。
2．汇编程序和 C 程序的结构设计。

无论是 x86 处理器还是 MCS-51 单片机，其指令都是能被 CPU 识别并执行的命令，CPU 执行一条指令，只能够完成某一种操作。CPU 要完成各种复杂操作，就需要各种与之配套的指令。MCS-51 单片机指令的基本工作原理与其他 CPU 相似，但有不同之处。MCS-51 单片机指令系统是为 8 位控制应用优化的，为访问内部 RAM，它提供了多种快速寻址方式，以便于在小数据结构上的字节操作。MCS-51 单片机指令系统设计了一种位变量，作为一种独立的数据类型，提供扩展支持，以允许在要求布尔处理的控制与逻辑系统中直接进行位操作。AT89C51 单片机的指令具有 MCS-51 单片机指令的特点，下面以该单片机的指令为例进行讲解。

3.1　MCS-51 单片机汇编指令格式和寻址方式

AT89C51 单片机的基本指令共 111 条，按指令在程序存储器所占的字节来分，可分为以下 3 种：

（1）单字节指令，共 49 条；
（2）双字节指令，共 45 条；
（3）三字节指令，共 17 条。

按指令的执行时间来分，可分为以下 3 种：

（1）1 个机器周期（12 个时钟振荡周期）的指令，共 64 条；

（2）2 个机器周期（24 个时钟振荡周期）的指令，共 45 条；

（3）只有乘、除两条指令的执行时间为 4 个机器周期（48 个时钟振荡周期）。

1. 指令格式

MCS-51 单片机的指令格式与 8086 类似，一条指令通常由两部分组成：操作码和操作数。AT89C51 单片机的汇编语言指令的书写格式如下：

标号： 操作码 操作数； 注释

例如，一条数据传送指令：

MOV A，4CH；将地址为4CH存储单元的内容送到累加器A中

其中，MOV 是操作码，A 和 4CH 是操作数，";"后面的内容是注释。

需要注意的是，在汇编程序中使用的";"":"和","为英文的分号、冒号和逗号，而非中文下的";"":"和","。

1）操作码

操作码是由助记符表示的字符串，它规定了指令的操作功能。操作码是指令的核心，不可缺少。

2）操作数

操作数是指参加操作的数据或数据的地址。MCS-51 单片机的指令系统中指令的操作数个数可以是 0~3。不同功能的指令，操作数的个数和作用有所不同。例如，传送类指令多数有两个操作数。紧跟在操作码后面的第一操作数称为目的操作数，表示操作结果存放的地址；后面的第二操作数称为源操作数，给出操作数或操作数的来源地址。

3）标号

标号即用符号代表其后面指令的首地址。标号由 1~8 个字符组成，第一个字符必须是字母，其余字符可以是字母、数字或其他特定符号，标号放在操作码前面，与操作码之间必须用":"隔开。标号起标记作用，在指令中是可选项，一般用在一段功能程序的第一条指令前面。

4）注释

注释是为了便于阅读该条指令所做的说明，注释是可选项，即可有可无。为了提高程序可读性，多数程序需要进行适当注释。

5）其他

由指令格式可见，操作码与操作数之间必须用空格分隔；操作数与操作数之间必须用","分开；注释与指令之间必须用";"分开。操作码和操作数有对应的二进制代码，指令代码由若干字节组成。不同的指令字节数不一定相同，MCS-51 单片机的指令系统中有单字节、双字节和三字节指令。

2. 寻址方式

寻址方式就是在指令中说明操作数所在地址的方法。AT89C51 单片机的指令系统有以下 7 种寻址方式。

1）寄存器寻址方式

寄存器寻址方式就是操作数在寄存器中，因此指定了寄存器就能得到操作数。例如，指令

```
MOV  A, Rn;   (Rn)→A,  n=0～7，表示Rn可用R0～R7中的任意一个
```

表示把寄存器 Rn 的内容传送到累加器中，由于操作数在 Rn 中，因此在指令中指定了从寄存器 Rn 中取得源操作数，所以称为寄存器寻址方式。寄存器寻址方式的寻址范围包括：

① 4组通用工作寄存器区，共 32 个工作寄存器组。但只能寻址当前工作寄存器区的 8 个工作寄存器组，因此指令中的寄存器名称只能是 R0～R7。

② 部分特殊功能寄存器，如累加器、寄存器以及数据指针寄存器等。

2）直接寻址方式

在直接寻址方式中，指令中直接以单元地址的形式给出操作数。该单元地址中的内容就是操作数。例如，指令

```
MOV  A, 26H
```

表示把内部 RAM 地址为 26H 单元的内容传送到累加器。源操作数采用的是直接寻址方式。

直接寻址的操作数在指令中以存储单元的形式出现，因为直接寻址方式只能使用 8 位二进制数表示的地址，因此，直接寻址方式的寻址范围只限于：

① 内部 RAM 的 128 个单元。

② 特殊功能寄存器。

特殊功能寄存器除了以单元地址的形式给出，还可以用寄存器符号的形式给出。例如，指令

```
MOV  A, 90H
```

表示把 P1 端口（地址为 90H）的内容传送给 A，也可写为

```
MOV  A, P1
```

这也表示把 P1 端口（地址为 90H）的内容传送给 A，两条指令是等价的。

直接寻址方式是对所有特殊功能寄存器读写的唯一寻址方式。

3）寄存器间接寻址方式

前述的寄存器寻址方式，在寄存器中存放的是操作数，而寄存器间接寻址方式在寄存器中存放的是操作数的地址，即先从寄存器中找到操作数的地址，再按该地址找到操作数。由于操作数是通过寄存器间接得到的，因此称为寄存器间接寻址。为了区别寄存器寻址和寄存器间接寻址，在寄存器间接寻址方式中，应在寄存器名称前面加前缀标志"@"。例如，指令

```
MOV  A, @Ri;   i=0或1
```

其中，Ri 中的内容为 26H，即从 Ri 中找到源操作数所在单元的地址 26H，把该地址中的内容传送给 A，即把内部 RAM 中地址为 26H 的单元的内容传送到 A。

4）立即寻址方式

立即寻址方式就是直接在指令中给出操作数。出现在指令中的操作数也称立即数。为了与直接寻址指令中的直接地址加以区别，须在操作数前面加前缀标志"#"。例如，指令

```
MOV  A, #55H
```

表示把立即数 55H 传送给 A，55H 这个常数是指令代码的一部分。采用立即寻址方式的指令是双字节的。第一字节是操作码，第二字节是立即数。因此，立即数就是放在程序存储器内的常数。

5) 基址寄存器加变址寄存器间接寻址方式

基址寄存器加变址寄存器间接寻址方式用于读出程序存储器中的数据到累加器中。该寻址方式是以 DPTR 或 PC 作为基址寄存器，以累加器作为变址寄存器，并以两者内容相加形成的 16 位地址作为操作数的地址，以达到访问数据表格的目的。例如，指令

```
MOVC  A, @A+DPTR
```

假设 A 的原有内容为 10H，DPTR 的内容为 0210H，该指令执行的结果是把程序存储器 0220H 单元的内容传送给 A。

下面对该寻址方式做如下说明。

① 该寻址方式只能对程序存储器进行寻址，寻址范围可达 64KB。

② 该寻址方式的指令只有 3 条：

```
MOVC  A, @A+DPTR
MOVC  A, @A+PC
JMP   A, @A+DPTR
```

其中，前两条指令是读程序存储器指令，最后一条指令是无条件转移指令。

6) 位寻址方式

AT89C51 单片机具有位处理功能，可以对数据位进行操作，因此就有相应的位寻址方式，而 8086 指令系统不具备该寻址功能。位寻址方式中可以直接使用位地址，例如，指令

```
MOV C, 55H
```

其功能是把位地址为 55H 的值传送到 C。位寻址方式的寻址范围包括如下两种情况。

(1) 内部 RAM 中的位寻址区。

单元地址为 20H~2FH，共 16 个单元，128 位，位地址是 00H~7FH，对这 128 位的寻址使用直接地址表示。寻址位有两种表示方法，一种是位地址，如 55H；另一种是单元地址加上位，如 "(2AH).5"，它指的是 2AH 单元中的第 6 位。55H 与 (2AH).5 是等价的。

(2) 特殊功能寄存器中的可寻址位。

可供位寻址的特殊功能寄存器见表 2-8，其中有 4 位没有定义。这些可寻址位在指令中有如下 4 种表示方法。

①直接使用位地址。例如，PSW 寄存器位 5 的位地址为 0D5H。

②位名称的表示方法。例如，PSW 寄存器位 5 是 F0 标志位，则可使用 F0 表示该位。

③单元地址加位数的表示方法。例如，0D0H 单元（即 PSW 寄存器）位 5，表示为 (0D0H).5。

④特殊功能寄存器符号加位数的表示方法。例如，PSW 寄存器的位 5 表示为 PSW.5。

7) 相对寻址方式

相对寻址方式是为解决程序转移而专门设置的，为转移指令所采用。在相对寻址的转移指令中，给出了地址偏移量，以 Rel 表示，即 PC 的当前值加上偏移量就构成了程序转移的目的地址。但这里的 PC 当前值是紧接在转移指令后的下一条指令的 PC 值，即转移指令

的 PC 值加上它的字节数。因此，转移的目的地址可用下式表示：

目的地址=转移指令所在的地址+转移指令的字节数+Rel

其中，Rel 是一个带符号的 8 位二进制数补码数，它所能表示的数的范围是–128～+127。因此，相对转移是以转移指令的下一条指令所在地址为基点，向地址增加方向最大可转移 127 个单元地址，向地址减少方向最大可转移 128 个单元地址。

AT89C51 单片机指令系统的 7 种寻址方式见表 3-1。

表 3-1 AT89C51 单片机指令系统的 7 种寻址方式

序 号	寻址方式	使用变量	寻址空间
1	寄存器寻址	R0～R7、A、B、DPTR	4 组通用工作寄存器区部分特殊功能寄存器
2	直接寻址		内部 RAM 128B 和特殊功能寄存器（除 A、B、DPTR 外）
3	寄存器间接寻址	@R0, @R1, SP, @DPTR	内部 RAM 和片外数据存储器
4	立即寻址	#data	—
5	基址寄存器加变址间接寻址	@A+DPTR, @A+PC	程序存储器
6	位寻址		内部 RAM 20H～2FH 的 128 个可寻址位，SFR 中的 83 个可寻址位
7	相对寻址	PC+偏移量	程序存储器

3.2 MCS–51 单片机指令介绍

在汇编程序指令编写和程序注释过程中，会用到一些特殊符号，具体含义如下。

Rn：当前工作寄存器组中的任一寄存器（n=0～7）。

Ri：当前工作寄存器组中的 R0 和 R1（i=0，1），Ri 常用作间接寻址寄存器。

@：寄存器间接寻址或变址寻址符号。

(Ri)：由 Ri 间接寻址指向的地址单元。用 DPTR 间接寻址时，含义相同。

((Ri))：由 Ri 间接寻址指向的地址单元中的内容。用 DPTR 间接寻址时，含义相同。

(XXH)：某内部 RAM 单元中的内容。

Direct：内部 RAM 单元（包括 SFR 区）的直接地址（也有的写成 dir）。

#Data：8 位数据。

#Data16：16 位数据。

Addr16：16 位地址。

Addr11：11 位地址。

Rel：由 8 位补码数构成的相对偏移量。

Bit：位地址，内部 RAM 和特殊功能寄存器的直接寻址位。

→：数据流向指示。

3.2.1 数据传送指令

数据传送指令共有 29 条，是指令系统中数量最多、使用非常频繁的指令。

1. 以累加器为目的操作数的指令（4条）

```
MOV  A,  Rn;    工作寄存器 Rn（R0～R7）的内容→A
MOV  A,  Direct; 直接地址 Direct 中的内容（Direct）→A
MOV  A,  @Ri;   间接地址@Ri 中的内容（(Ri)）→A，Ri=R0,R1
MOV  A,  #Data; 立即数 Data→A
```

【例3.1】 已知 R0=25H，(25H)=0AAH，下面指令执行后的结果分析如下。

```
MOV  A,  25H;   （25H）→A，(A)=0AAH
MOV  A,  #30H;  #30H→A，(A)=30H
MOV  A,  R0;    R0→A，(A)=25H
MOV  A,  @R0;   ((R0))→A 即（25H）→A，(A)=0AAH
```

2. 以寄存器 Rn 为目的操作数的指令（3条）

```
MOV Rn,  A;     累加器A中内容→Rn
MOV Rn,  Direct; 直接地址Direct中的内容→Rn
MOV Rn,  #Data; 立即数Data→Rn
```

【例3.2】 已知 A=26H，R5=75H，(62H)=0ACH，下面指令执行后的结果分析如下。

```
MOV R5,  A;     A→R5，(R5)=26H
MOV R5,  62H;   （62H）→R5，(R5)=0ACH
MOV R5,  #30H;  30H→R5，(R5)=30H
```

注意：当操作数中出现16进制数据的高4位为 A~F 等字母时，需要在前面加上数字0，如 ACH，需要在前面加上0，写为 0ACH，否则会出错。

3. 以直接地址 Direct 为目的操作数的指令（5条）

```
MOV Direct, A;      A→Direct
MOV Direct, Rn;     Rn→Direct
MOV Direct, Direct; （源Direct）→目的Direct
MOV Direct, @Ri;    ((Ri))→Direct
MOV Direct, #Data;  Data→Direct
```

【例3.3】 设 A=36H，(40H)=19H，(25H)=11H，R0=24H，(24H)=62H。下面指令执行后的结果分析如下。

```
MOV 25H, #22H;  #22H→25H，(25H)=22H
MOV 25H, 40H;   （40H）→25H，(25H)=19H
MOV 25H, A;     A→25H，(25H)=36H
MOV 25H, R0;    R0→25H，(25H)=24H
MOV 25H, @R0;   ((R0))→25H，(25H)=62H
```

4. 以间接地址 @Ri 为目的操作数的指令（3条）

```
MOV @Ri, A;     A→(Ri)，Ri=R0, R1
MOV @Ri, Direct; (Direct)→(Ri)，Ri=R0, R1
MOV @Ri, #Data; #Data→(Ri)，Ri=R0, R1
```

5. 16 位数据传送指令（1 条）

```
MOV DPTR, #Data16;    DataH→DPH, DataL→DPL
```

指令执行的操作是将 16 位的立即数#Data 传送到 16 位寄存器 DPTR 中。其中高 8 位的数据 DataH 送入 DPH，低 8 位的数据 DataL 送入 DPL。

例如：

```
MOV DPTR, #12BAH;   DPH=12H, DPL=0BAH
```

6. 外部数据传送指令（4 条）

在 MCS-51 单片机指令系统中，下面 4 条指令操作用于单片机对外部 RAM 或者外部 I/O 端口的数据传送。

```
MOVX  A,  @Ri;       ((Ri))→A，读操作，Ri=R0, R1
MOVX  A,  @DPTR;     ((DPTR))→A，读操作
MOVX  @Ri, A;        A→(Ri)，写操作，Ri=R0, R1
MOVX  @DPTR, A;      A→(DPTR)，写操作
```

上述四条指令中采用了两种指针对外部 RAM 或 I/O 端口进行间接寻址：8 位的工作寄存器 Ri 和 16 位的数据指针 DPTR，Ri 寻址外部 RAM 的 00H~0FFH 单元，共 256 字节单元；DPTR 寻址外部 RAM 或 I/O 端口的 0000H~0FFFFH 单元，共 64KB。

7. 访问 ROM 的指令（2 条）

```
MOVC A, @A+PC;       先PC+1→PC，后((A+PC))→A
MOVC A, @A+DPTR;     先PC+1→PC，后((A+DPTR))→A
```

这两条指令也称查表指令。编程时，预先在程序存储器中建立数据表格，以后程序运行时利用这两条指令查表。这两条指令都为单字节指令，不同的是，第一条指令的基本地址为程序计数器，偏移地址为 A；而第二条指令中，16 位数据指针 DPTR 和 A 既可以作为基本地址，也可以作为偏移地址，使用比较灵活。因此，可以看出第一条指令查找范围为 256B，而第二条指令查找范围可达整个 ROM 的 64KB。

8. 数据交换指令（5 条）

```
XCH   A, Rn;         A与Rn的内容交换，Rn=R0~R7
XCH   A, Direct;     A与Direct的内容交换
XCH   A, @Ri;        A与((Ri))的内容交换
XCHD  A, @Ri;        A的低四位与((Ri))低四位的内容交换
SWAP  A;             A自身的低4位与高4位交换
```

其中，进行的操作是 A 与 Rn（Rn=R_0~R_7）、Direct 和@Ri（Ri=R0、R1）所寻址的单元内容，以及自身半字节的内容进行互换。其中，前三条指令为字节交换，而后面两条指令进行的是半字节交换，XCHD 完成低 4 位的交换而高 4 位不变，SWAP 完成 A 自身的低 4 位与高 4 位的交换。

9. 堆栈操作指令（2 条）

```
PUSH Direct ;   先SP+1→SP，后(Direct)→((SP))
POP  Direct ;   先((SP))→Direct，后SP-1→SP
```

上述两条指令中，PUSH 为入栈指令，POP 为出栈指令，用于保护和恢复现场。它们都是双字节指令，都不影响标志位。

入栈操作时，栈指针 SP 首先上移一个单元，指向栈顶的上一个单元，接着将直接地址 Direct 单元内容压入当前 SP 指向的单元中。出栈操作时，首先将栈指针 SP 所指向的单元的内容弹出到 Direct 中，然后 SP 下移一个单元，指向新的栈顶。

堆栈操作的特殊性如下。

① 堆栈指令仅用于内部 RAM 的 128 字节单元或专用寄存器的操作；

② 堆栈操作必须遵循"先进后出"或者"后进先出"的原则，否则堆栈中的数据会出现混乱。

3.2.2 算术运算指令

算术运算指令共有 24 条，包括执行加、减、乘、除的指令和执行加 1、减 1、BCD 码的运算和调整的指令。虽然 MCS-51 单片机的算术逻辑单元（ALU）仅能对 8 位无符号整数进行运算，但利用进位标志 C，可进行多字节无符号整数的运算。此外，利用溢出标志，还可以对带符号数进行补码运算。需要指出的是，除加 1、减 1 指令外，其他指令的执行对程序状态字（PSW）有影响。

1. 加法指令（4 条）

```
ADD  A,  Rn;       A + Rn→A, Rn=R0~R7
ADD  A,  Direct;   A +（Direct ）→A
ADD  A,  @Ri;      A +（(Ri)）→A
ADD  A,  #Data;    A + #Data→A
```

加法指令将 Rn（R0~R7）、Direct、@Ri（Ri=R0，R1）及#Data 与 A 相加，运算结果保存在 A 中。上面 4 条指令的执行将影响标志位 AC、CY、OV、P。当和的第 3 位或第 7 位有进位时，分别将 AC、CY 标志位置 1，否则为 0。溢出标志位只有带符号数运算时才有用。OV=1 也可以理解为：由于进位破坏了符号位的正确性。

2. 带进位加指令（4 条）

```
ADDC  A,  Rn;       A + Rn + CY→A, Rn=R0~R7
ADDC  A,  Direct;   A +（Direct ）+ CY→A
ADDC  A,  @Ri;      A +（(Ri)）+ CY→A
ADDC  A,  #Data;    A+#Data+CY→A
```

这组指令完成的功能是将 Rn、Direct、@Ri 及#Data，连同进位标志位 CY，与 A 的内容相加，运算结果保存在 A 中。其他功能与 ADD 指令相同。

3. 带借位减法指令（4 条）

```
SUBB  A,  Rn;       A- CY - Rn→A, Rn=R0~R7
SUBB  A,  Direct;   A - CY -（Direct ）→ A
SUBB  A,  @Ri;      A - CY -（(Ri)）→ A, Ri=R0, R1
SUBB  A,  #Data;    A - CY - #Data → A
```

注意：没有不带借位标志的减法指令，所以当两个单字节或多字节最低位相减时，必

须先清除 CY。当两个不带符号位的数相减时，溢出与否与 OV 状态无关，而根据 CY 是否有借位来判断。

4. 十进制调整指令（1 条）

十进制调整指令用于对 BCD 码十进制数加法运算的结果进行修正。其指令格式为

```
DA    A
```

该指令的功能是对压缩的 BCD 码（一字节存放 2 位 BCD 码）的加法结果进行十进制调整。两个 BCD 码按二进制相加之后，必须经本指令的调整才能得到正确的压缩 BCD 码。对于十进制数（BCD 码）的加法运算，须借助于二进制加法指令。

5. 增 1 指令（5 条）

```
INC   A;            (A)+1→A
INC   Rn;           (Rn)+1→Rn,  Rn=R0～R7
INC   Direct;       (Direct)+1→Direct
INC   @Ri;          ((Ri))+1→(Ri),  Ri=R0, R1
INC   DPTR;         (DPTR)+1→DPTR
```

这 5 条指令将指令中的变量加 1，且不影响程序状态字 PSW 中的任何标志位。若变量原来为 0FFH，加 1 后将溢出为 00H（前 4 条指令），标志位也不会受到影响。第 5 条指令是 16 位数加 1 指令。指令首先对低 8 位指针 DPL 的内容执行加 1 操作，当产生溢出时，就对 DPH 的内容进行加 1 操作，也不影响标志位 CY 的状态。

6. 减 1 指令（4 条）

```
DEC   A;            (A)-1→A
DEC   Rn;           (Rn)-1→Rn,  Rn=R0～R7
DEC   Direct;       (Direct)-1→Direct
DEC   @Ri;          ((Ri))-1→(Ri),  Ri=R0, R1
```

这 4 条指令的功能是将指定的变量减 1。若原来为 00H，减 1 后下溢出为 0FFH，不影响标志位（P 标志位除外）。

7. 乘法指令（1 条）

```
MUL   AB;           A×B→BA
```

这条指令的功能是把 A 和 B 中的无符号 8 位整数相乘，其 16 位积的低 8 位在 A 中，高 8 位在 B 中。如果积大于 255，则溢出标志位 OV 置 1，否则 OV 清 0。进位标志位 CY 清 0。

8. 除法指令（1 条）

```
DIV   AB;           A/B, 商→A, 余数→B
```

该指令的功能是用 A 中 8 位无符号整数（被除数）除以 B 中 8 位无符号整数（除数），所得的商（为整数）存放在 A 中，余数存放在 B 中，且 CY 和溢出标志位 OV 清 0。如果 B 的内容为 "0"（即除数为 "0"），则存放结果的 A、B 中的内容不定，溢出标志位 OV 置 1。

【例 3.4】 (A)=0FBH，(B)=12H，执行指令

```
DIV    AB
```

结果为(A)=0DH，(B)=11H，CY=0，OV=0。

3.2.3 移位与逻辑运算指令

移位与逻辑运算指令共有 24 条，有左/右移位、清 0、取反、与、或、异或等逻辑操作。这类指令一般会影响奇偶标志位 P，循环指令会影响 CY。

1. 移位操作（4 条）

```
RL   A
RR   A
RLC  A
RRC  A
```

第一条指令的功能是 A 的 8 位向左循环移一位，第 7 位循环移入第 0 位，不影响标志位。

第二条指令的功能是 A 的内容向右循环移一位，第 0 位移入第 7 位。

第三条指令的功能是将 A 的内容和进位标志位 CY 一起向左循环移一位，A 的第 7 位移入进位标志位 CY，CY 移入 A 的第 0 位，不影响其他标志位。

第四条指令的功能是 A 的内容和 CY 一起向右循环移一位，A 的第 0 位移入 CY，CY 移入 A 的第 7 位。

2. 清零和取反（2 条）

```
CLR  A
CPL  A
```

第一条指令的功能是 A 清 0，不影响 CY、OV 等标志位。

第二条指令的功能是将 A 的内容按位逻辑取反，不影响标志位。

3. 逻辑与指令（6 条）

```
ANL   A, Rn;           (A)∧(Rn) → A, Rn =R0～R7
ANL   A, Direct;       (A)∧(Direct) → A
ANL   A, #Data;        (A)∧#Data → A
ANL   A, @Ri;          (A)∧((Ri)) → A,Ri =R0,R1
ANL   Direct, A;       (Direct)∧(A) → Direct
ANL   Direct, #Data;   (Direct)∧#Data → Direct
```

这组指令的功能是在指定的变量之间以位为基础进行"逻辑与"操作，结果存放到目的变量所在的寄存器或存储器中。

4. 逻辑或指令（6 条）

```
ORL   A, Rn;           (A)∨(Rn)→A,n=0～7
ORL   A, Direct;       (A)∨(Direct)→A
ORL   A, #Data;        (A)∨#Data→A
ORL   A, @Ri;          (A)∨((Ri))→A,i=0,1
ORL   Direct, A;       (Direct)∨(A)→Direct
ORL   Direct, #Data;   (Direct)∨#Data→Direct
```

这组指令的功能是在所指定的变量之间执行以位为基础的"逻辑或"操作，结果存到目的变量寄存器或存储器中。

5. 逻辑异或指令（6条）

```
XRL  A, Rn;            (A)⊕(Rn)→A, Rn=R0～R7
XRL  A, Direct;        (A)⊕(Direct)→A
XRL  A, @Ri;           (A)⊕((Ri))→A, i=0,1, 即Ri=R0, R1
XRL  A, #Data;         (A)⊕#Data→A
XRL  Direct, A;        (Direct)⊕(A)→Direct
XRL  Direct, #Data;    (Direct)⊕#Data→Direct
```

这组指令的功能是在所指定的变量之间执行以位为基础的"逻辑异或"操作，结果存到目的变量寄存器或存储器中。

3.2.4 控制转移指令

控制转移指令可以改变 PC 的内容，从而改变程序运行的顺序，将程序跳转到某个指定的地址，再执行下去。程序转移指令共有 17 条。所有指令的目标地址都应在 64KB 的程序存储器地址范围内。除 NOP 指令执行时间为 1 个机器周期外，其他指令的执行时间都是 2 个机器周期。

1. 无条件转移指令（1条）

```
AJMP  Addr11
```

该条指令是代码在 2KB 范围内的无条件跳转指令。AJMP 把 AT89C51 单片机的 64KB 程序存储器空间划分为 32 个区，每个区为 2KB 范围，转移目标地址必须与 AJMP 下一条指令的第一字节在同一 2KB 范围内（即转移的目标地址必须与 AJMP 下一条指令地址的高 5 位地址码相同），否则将引起混乱。执行该指令时，先将 PC 加 2（本指令为 2B），然后把 Addr11 送入 PC.10～PC.0，PC.15～PC.11 保持不变，程序转移到目标地址。

2. 相对转移指令（1条）

```
SJMP  Rel
```

这是无条件转移指令，其中 Rel 为相对偏移量，是一个单字节的带符号 8 位二进制补码数，因此它所能实现的程序转移是双向的。Rel 如为正，则向地址增大的方向转移；Rel 如为负，则向地址减小的方向转移。执行该指令时，在 PC 加 2（本指令为 2B）之后，把指令的有符号的偏移量 Rel 加到 PC 上，并计算出目标地址，因此跳转的目标地址可以在与这条指令相邻的下一条指令的前 128B 到后 127B（-128～+127）之间。用户在编写程序时，只需要在相对转移指令中直接写上要转向的目标地址标号就可以了，相对偏移量由汇编程序自动计算。例如：

```
LOOP:  MOV A, R6
       SJMP LOOP
```

程序在汇编时，转移到 LOOP 处的偏移量由汇编程序自动计算和填入。

3. 长跳转指令（1条）

```
LJMP  Addr16
```

这条指令执行时，把跳转的目标地址，即指令的第二和第三字节分别装入 PC 的高位和低位字节中，无条件地转向 Addr16 指定的目标地址。目标地址可以在 64KB 程序存储器地址空间的任何位置。

4. 间接跳转指令（1条）

```
JMP   @A+DPTR
```

这是一条单字节的转移指令，转移的目标地址由 A 中 8 位无符号数与 DPTR 的 16 位无符号数内容之和来确定。该指令以 DPTR 内容作为基址，A 的内容作为变址。因此，只要 DPTR 的值固定，而给 A 赋予不同的值，即可实现程序的多分支转移。

5. 条件转移指令（2条）

条件转移即程序的转移是有条件的。执行条件转移指令时，如指令中规定的条件满足，则进行转移；条件不满足，则顺序执行下一条指令。转移的目标地址在以下一条指令地址为中心的 256B 范围内（-128 ~ +127）。当条件满足时，PC 装入下一条指令的第一字节地址，再把带符号的相对偏移量 Rel 加到 PC 上，计算出要转向的目标地址，条件转移指令有两条。

```
JZ    Rel;    如果累加器内容为0，则执行转移
JNZ   Rel;    如果累加器内容非0，则执行转移
```

6. 比较不相等转移指令（4条）

```
CJNE  A,  Direct, Rel
CJNE  A,  #Data, Rel
CJNE  Rn, #Data, Rel
CJNE  @Ri,#Data, Rel
```

这组指令的功能是比较前面两个操作数的大小，如果它们的值不相等则转移，在 PC 加上下一条指令的起始地址后，把指令最后 1 字节的有符号的相对偏移量加到 PC 上，并计算出转向的目标地址。如果第一操作数（无符号整数）小于第二操作数（无符号整数），则进位标志位 CY 置 1，否则 CY 清 0。该指令的执行不影响任何一个操作数的内容。

7. 减 1 不为 0 转移指令（2条）

这是一组把减 1 与条件转移两种功能结合在一起的指令，共有两条指令：

```
DJNZ  Rn, Rel;         n=0~7 Rn=R0~R7
DJNZ  Direct, Rel;
```

这组指令将源操作数（Rn 或 Direct）减 1，结果回送到 Rn 或 Direct。如果结果不为 0 则转移。本指令允许程序员把 Rn 或内部 RAM 的 Direct 用作程序循环计数器。

这两条指令主要用于控制程序循环。如预先把 Rn 或内部 RAM 的 Direct 装入循环次数，则利用本指令，以减 1 后是否为 0 作为转移条件，即可实现按次数控制循环。

8. 调用子程序指令（2 条）

调用子程序指令包括短调用指令（ACALL）和长调用指令（LCALL）。

```
ACALL Addr11
LCALL Addr16
```

ACALL 指令也是 2KB 范围内的调用子程序的指令。执行时先把 PC 加 2（本指令为 2B），获得下一条指令地址，把该地址压入堆栈中保护，即堆栈指针 SP 加 1，PCL 进栈，SP 再加 1，PCH 进栈。最后把 PC 的高 5 位和指令代码中的 11 位地址 Addr11 连接，获得 16 位的子程序入口地址，并送入 PC，转向执行子程序。所调用的子程序地址必须与 ACALL 指令下一条指令的第一字节地址在同一个 2KB 区域内，否则将引起程序转移混乱。由于在执行调用操作之前 PC 先加了 2，因此如果 ACALL 指令正好落在区底的两个单元内，程序就转移到下一个区中了。

LCALL 指令可以调用 64KB 范围内程序存储器中的任何一个子程序。指令执行时，先把 PC 加 3，获得下一条指令的地址（断点地址），并把它压入堆栈（先低位字节，后高位字节），同时把堆栈指针加 2。接着把指令的第二和第三字节分别装入 PC 的高位和低位字节中，然后从 PC 指定的地址开始执行程序。

9. 子程序的返回指令

```
RET
```

执行本指令时，

```
(SP)→PCH，然后(SP)-1→SP
(SP)→PCL，然后(SP)-1→SP
```

其功能是从堆栈中退出 PC 的高 8 位和低 8 位字节，把堆栈指针减 2，从 PC 指定的地址开始执行程序。

10. 中断返回指令

```
RETI
```

其功能和 RET 指令相似，两条指令的不同之处在于该指令清除了在中断响应时被置 1 的 AT89C51 单片机内部中断优先级寄存器的中断优先级状态，其他操作均与 RET 指令相同。

11. 空操作指令

```
NOP
```

CPU 不进行任何实际操作，只消耗一个机器周期的时间，且只执行(PC)+1→PC 操作。NOP 指令常用于程序中的等待或时间延迟。

3.2.5 位操作指令

AT89C51 单片机内部有一个位处理机，其位操作指令共有 17 条。

1. 数据位传送指令（2 条）

```
MOV C, bit
```

```
        MOV    bit, C
```

这两条指令的功能是把由源操作数指定的位变量送到目的操作数指定的单元中。其中一个操作数必须为进位标志，另一个可以是任何直接寻址位。该指令不影响其他寄存器或标志位。

2. 位变量修改指令（6条）

```
    CLR    C;          CY位清0
    CLR    bit;        bit位清0
    CPL    C;          CY位取反
    CPL    bit;        bit位取反
    SETB   C;          CY位置1
    SETB   bit;        bit位置1
```

这6条指令实现对C（CY）或者bit中的内容进行清0、取反或置1。这些指令不影响除C以外的其他标志位。

3. 位变量逻辑与指令（2条）

```
    ANL    C, bit;     bit∧CY→CY
    ANL    C, /bit;    /bit∧CY→CY
```

这两条指令完成的是对C与bit中的内容或该位内容的取反进行逻辑与操作，结果返回C中。

4. 位变量逻辑或指令（2条）

```
    ORL    C, bit;     bit∨CY→CY
    ORL    C, /bit;    /bit∨CY→CY
```

这两条指令完成的是对C与bit中的内容或该位内容的取反进行逻辑或操作，结果返回C中。

5. 条件转移类指令（5条）

```
    JC     Rel;        进位位为1则转移
    JNC    Rel;        进位位为0则转移
    JB     bit,Rel;    直接地址位为1则转移
    JNB    bit,Rel;    直接地址位为0则转移
    JBC    bit,Rel;    直接地址位为1则转移，该位清0
```

这5条指令中，前4条指令根据C或者bit是否为1或0，满足条件则跳转，但这些指令执行完毕后C或bit本身不会改变；而第5条指令执行完毕后，如果(bit)=1，程序跳转到Rel并将bit清0，即(bit)=0。

3.3 MCS-51单片机汇编语言程序设计

3.3.1 MCS-51单片机常用伪指令

不同汇编程序允许的伪指令不尽相同。以下介绍的伪指令适用于 MCS-51 单片机，

MCS-51 单片机常用的伪指令分为以下三类。
（1）程序起始与结束伪指令：ORG、END。
（2）符号定义伪指令：EQU、DATA、BIT。
（3）数据表格存储格式定义伪指令：DB、DW、DS。

除此之外，还有 SET、BYTE、WORD 等伪指令，下面介绍一些 MCS-51 单片机常用的伪指令。

1. ORG

功能：指定其后的程序或程序段的起始地址。

格式：ORG 16 位地址

例：

```
            ORG  0000H
    START:  MOV  A,   #33H
            ADD  A,   #0AH
            MOV  20H, A
            …
```

ORG 0000H 表示该伪指令下面第一条指令的起始地址是 0000H，即"MOV A, #33H"指令的首字节地址为 0000H，或标号"START"代表的地址为 0000H。

2. END

功能：汇编操作结束标志。

格式：END

在 END 以后所写的指令，汇编程序不再处理。一个源程序只能有一个 END 指令，必须放在所有指令的最后。源程序中若没有 END 语句，汇编时将报错。

3. EQU

功能：将某个特殊数据或某个存储单元赋予一个符号名称。

格式：符号 EQU 数据或汇编符

EQU 将其右边的"数据或汇编符"用左边的符号名称命名，或者说用 EQU 指令可以给符号名称赋值。符号名称必须先赋值后使用，符号名称被赋值后，在程序中可以作为一个 8 位或 16 位的数据、地址或汇编符使用。EQU 伪指令要放在源程序的前面。

例如：

```
        Addr    EQU  01FAH
        Samp    EQU  37H
        RG1     EQU  R5
        ORG     0000H
        JMP     MAIN
MAIN:   MOV     DPTR, # Addr;  DPTR =01FAH
        MOV     A,    # Samp;  A =37H
        MOV     RG1,  #59H;    RG1 = R5 =59H
        MOV     A,    RG1;     A =59H
        END
```

上述程序段中，Addr　EQU 01FAH 将数据 01FAH 赋予字符名称 Addr；RG1　EQU　R5 将工作寄存器 R5 赋予字符名称 RG1。

4. DATA

功能：将一个 8 位或 16 位的数据或地址单元赋予一个符号名称。

格式：符号　DATA　表达式

DATA 的功能与 EQU 类似，是将其右边表达式的值赋给左边的符号名称。表达式可以是一个 8 位或 16 位的数据或地址，也可以是已定义的符号名称，但不可以是一个汇编符号（如 Rn 等）。

DATA 定义的字符名称不必先定义后使用。DATA 可以用在源程序的开头或末尾。

例如：InitData　DATA　29H；表示用 InitData 代表 29H。

5. DB

功能：从指定的地址单元开始，依次存放若干个 8 位格式的（字节）数据。

格式：[标号：]　DB 8 位数据表达式

例如：

```
ORG   0200H
TAB:  DB 14, 25H, 'MY', '3'
```

以上指令经汇编后，将对 0200H 开始的若干内存单元进行如下赋值：(0200H)=0EH，(0201H)=25H，(0202H)=4DH（M 的 ASCII 码），(0203H)=59H（Y 的 ASCII 码），(0204H)=33H（3 的 ASCII 码）。

6. DW

功能：从指定的地址单元开始，依次存放若干个 16 位格式的数据（字数据）。16 位数据的高 8 位存入低地址，低 8 位存入高地址；不足 16 位的数据，高位用 0 填充。

格式：[标号：]　DW 16 位数据表达式

3.3.2　MCS-51 单片机汇编语言程序的基本结构

MCS-51 单片机汇编语言程序的基本结构有顺序结构、分支结构、循环结构、子程序和中断服务程序。

1. 顺序结构

顺序结构程序是一种最简单、最基本的程序。它是一种无分支的线性程序，按照程序编写的顺序依次执行。

【例 3.5】　编写程序实现将内部 RAM 的 70H、71H 地址中的内容相加，结果送入内部 RAM 的 72H 地址和 C。

```
SUM1:   CLR C
        MOV R1, #70H
        MOV A, @R1
        INC R1
        ADD A, @R1
        INC R1
```

```
        MOV   @R1, A
        RET
        END
```

2. 分支结构

分支结构程序的特点是改变程序的执行顺序，跳过一些指令，去执行另外一些指令。每一个分支都要单独编写一段程序，每一个分支的开始地址应该赋予一个确定的标号。

在 MCS-51 单片机中可以直接用来判断分支条件的指令并不多，只有累加器为 0（或不为 0）、比较条件转移指令 CJNE 等，MCS-51 单片机还提供了位条件转移指令，如 JC、JB 等。把这些指令结合在一起使用，就可以完成各种各样的条件判断。

【例 3.6】 AT89C51 内部 RAM 的 63H 和 64H 单元中各有一无符号数，比较其大小，将大数存放于内部 RAM 的 70H 单元，小数存放于内部 RAM 的 71H 单元，如两数相等，则分别送往这两个单元。

```
           MOV   A, 63H
           MOV   71H, 64H
           CJNE  A, 64H, LOOP;   ((63H)!=(64H))→LOOP
           AJMP  LARGE;          (63H)=(64H)
   LOOP:   JNC   LARGE;          (63H)>(64H)
           XCH   A, 71H;         (63H)<(64H)
   LARGE:  MOV   70H, A
           SJMP  $
           END
```

3. 循环结构

循环结构程序一般由 4 部分组成。

（1）置循环初值。即设置循环过程中有关工作单元的初始值，如置循环次数、地址指针及工作单元清 0 等。

（2）循环体。即循环的工作部分，完成主要的计算或操作任务，是重复执行的程序段。

（3）循环修改。每循环一次，就要修改循环次数、数据及地址指针等。

（4）循环控制。根据循环结束条件判断是否结束循环。

如果循环体中不再包含循环程序，即单重循环程序。如果循环体中包含循环程序，那么这种现象就称为循环嵌套，这样的程序称为二重循环程序、三重或多重循环程序。在多重循环程序中，只允许外重循环嵌套内重循环程序，而不允许循环体互相交叉，也不允许从循环程序的外部跳入循环程序的内部。

【例 3.7】 将从首地址（0100H）开始的连续 100 个外部 RAM 单元清 0。

```
   START:  MOV   R0, #64H;       设置计数器初值
           MOV   DPTR, #0100H;   设置地址指针初值
           CLR   A;              累加器 A 清 0
   LOOP:   MOVX  @DPTR, A;       清除外部 RAM 单元
           INC   DPTR;           修改地址指针
           DJNZ  R0, LOOP;       循环控制
           SJMP  $
```

4. 子程序

在用汇编语言编程时，某些任务或功能需要多次使用，且该任务或功能相对较独立，则可以将其编写为一个程序段，需要时通过指令直接调用，这种程序段称为子程序。每个子程序都有唯一的标号，在使用时，有两个指令可以调用子程序：ACALL Addr11 和 LCALL Addrl6。指令中的地址为子程序的入口地址（即标号）。在执行这两条指令时，单片机将当前的 PC 值压入堆栈。子程序的最后是返回指令 RET，这条指令将堆栈的内容传入 PC 中，保证程序返回到调用的地方继续运行。

使用子程序还可以减少源程序和目标程序的长度，但从程序的执行来看，每调用一次子程序都需要附加保护断点、进栈和出栈等操作，增加程序的执行时间。在汇编语言源程序中使用子程序时，一般要注意两个问题：参数传递和现场保护。参数传递一般可采用以下方法。

① 传递数据。将数据通过工作寄存器 R0～R7 或累加器来传送。即主程序和子程序在交接处，上述寄存器和累加器存储的是同一参数。

② 传送地址。数据存放在数据存储器中，参数传递时只通过 R0、R1、DPTR 传递数据所存放的地址。

③ 通过堆栈传递参数。在调用之前，先把要传送的参数压入堆栈，进入子程序之后，再将压入堆栈的参数弹出到工作寄存器或者其他内存单元。

④ 通过位地址传送参数。在进入汇编子程序时，特别是进入中断服务子程序时还应注意现场保护问题，即对于那些不需要进行传递的参数，包括内存单元的内容、工作寄存器的内容，以及各标志的状态等都不应因调用子程序而改变。方法就是在进入子程序时，将需要保护的数据压入堆栈，而空出这些数据所占用的工作单元，供在子程序中使用。在返回调用程序之前，则将压入堆栈的数据弹出到原有的工作单元，恢复其原来的状态，使调用程序可以继续往下执行。由于堆栈操作是"先入后出"，因此，先压入堆栈的参数应该后弹出，才能保证恢复原来的状态。例如：

```
SUB_PROG: PUSH  ACC
          PUSH  PSW
          PUSH  B
          PUSH  R0
          POP   R0
          POP   B
          POP   PSW
          POP   ACC
          RET
```

5. 中断服务程序

中断服务程序是为响应某个中断源请求服务的独立子程序，该子程序独立于主程序之外，不会在主程序中被调用。中断服务程序返回指令为 RETI，而普通子程序返回指令为 RET。中断服务程序的设计步骤将在第 4 章讲解。

3.4 MCS-51 单片机的 C 程序设计

尽管汇编语言在控制底层硬件方面有着良好的性能且执行效率高，但其本身是一种低级语言，编程效率低，可移植性和可读性差，维护不方便。由于 C 语言可以采用模块化的思想进行编程，很多软件库、函数等编写好后可以重复利用，并且能方便地移植到其他工程中，因此采用 C 语言开发 MCS-51 单片机的软件，可以加快软件开发进度。

3.4.1 C51 语言与标准 C 语言的简单比较

针对 MCS-51 单片机软件开发的 C51 语言是标准 C 语言的扩展，使用专用的编译器，如 Keil 与 Franklin 等开发工具。尽管 C51 语言与标准 C 语言在语法格式上基本相同，但 C51 语言大多数扩展功能都是针对 MCS-51 单片机 CPU 的，主要有 5 类：存储类型及存储区域、存储模式、存储器类型声明、变量类型声明、位变量。

1. 存储类型及存储区域

MCS-51 单片机的程序存储器最大外扩 64KB，外部数据存储器最多可扩展 64KB，外部存储器地址范围均为 0000H ~ 0FFFFH。内部数据存储器可用以下关键字说明。

data：直接寻址区，为内部数据存储器的低 128 字节 00H ~ 7FH。
idata：间接寻址区，包括整个内部数据存储器的 256 字节 00H ~ 0FFH。
bdata：可位寻址区，20H ~ 2FH。

需要注意的是，MCS-51 单片机的程序存储器总共不超过 64KB，而数据存储器外部最多可以扩展 64K，同时内部的数据存储器也可以使用，只是访问指令不同（访问外部用 MOVX 指令，访问内部使用 MOV 指令），因此 MCS-51 单片机的数据存储器最多可以使用的空间为内部数据存储器+64KB。

2. 存储模式

MCS-51 单片机采用 C51 语言进行软件开发时，需要确定其存储模式。存储模式决定了没有明确指定存储类型的变量、参数等的默认存储区域，共有三种模式。

① Small 模式：所有默认变量、参数均装入内部数据存储器，优点是访问速度快，缺点是空间有限，只适用于小程序。

② Compact 模式：所有默认变量均位于外部数据存储器的一页（256B），具体哪一页可由 P2 端口指定，在 STARTUP.A51 文件中说明，也可用 pData 指定，优点是空间比 Small 模式宽裕，速度比 Small 模式慢，比 Large 模式快，是一种中间状态。

③ Large 模式：所有默认变量可放在多达 64KB 的外部数据存储器中，优点是空间大，可存变量多，缺点是速度较慢。

3. 存储类型声明

变量或参数的存储类型可由存储模式指定默认类型，也可由关键字直接指定。各类型分别用 code、Data、iData、xData、pData 说明，例：

```
Data unsigned int  iTemp=0; 变量iTemp存放在内部00H～7FH范围内。
xData unsigned char  cRece[10]; 数组cRece存放在外部数据存储器中。
```

4. 变量类型声明

C51 语言提供以下几种扩展数据类型。

① bit：位变量值，为 0 或 1；
② sbit：从字节中定义的位变量，值为 0 或 1；
③ sfr sfr：字节地址，0～255；
④ sfr16 sfr：字地址，0～65535。

其余数据类型（如 char、short、int、long、float 等）与标准 C 语言相同。

5. 位变量与声明

bit 型变量可用于变量类型、函数声明、函数返回值等，存储于内部数据存储器的 20H～2FH。位变量必须在 MCS-51 单片机内部可位寻址单元（20H～2FH 和 SFR）中，否则程序会出错。针对特殊功能寄存器，可做如下定义：

```
sbit P22=P2^2;
sbit Ac=PSW^6;
```

3.4.2 MCS-51 单片机的软件开发工具与程序设计

1. 开发工具

Keil 软件是单片机编程工具。Keil 集成开发环境可以对 MCS-51 单片机进行编程，如创建源程序、输出执行文件、代码测试、仿真等。

Keil 软件结构如图 3-1 所示，提供对 MCS-51 单片机的汇编程序、C 语言程序的编译、连接、重定位、HEX 文件创建、调试等功能，所有这些功能集成到 Windows 应用程序 μVision3 集成开发环境中，主要功能说明如下。

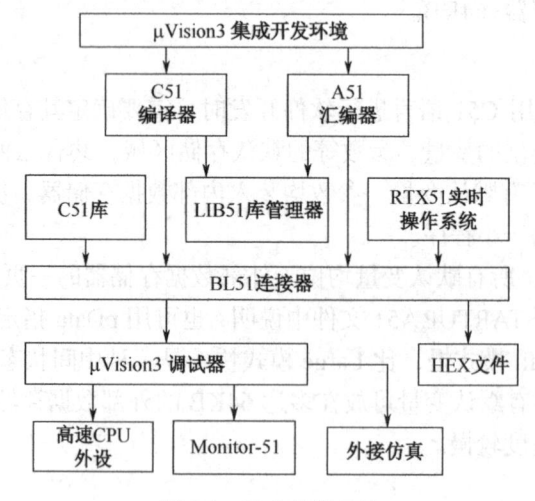

图 3-1 Keil 软件结构

1) μVision3 IDE

μVision3 IDE 集成了项目管理器、文件及代码编辑器、基本的设置选项、生成工具、在线帮助等。利用 μVision3 创建源代码（汇编文件或者 C 文件），并把这些文件添加到一个项目文件中，此时 μVision3 IDE 通过项目文件可以对源代码执行编译、汇编、连接等命

令，实现对应用程序的设计与开发。

2）C51 编译器和 A51 汇编器

程序源代码由 μVision3 IDE 创建，通过 C51 编译器进行编译（C 文件），或者 A51 汇编器进行汇编（汇编文件）。编译器和汇编器从源代码生成可重定位的目标文件。Keil C51 编译器完全遵照标准 C 语言，支持 C 语言的所有特性。另外，Keil A51 汇编器支持 51 系列单片机的全部指令集。

3）LIB51 库管理器

LIB51 库管理器允许从由编译器或汇编器生成的目标文件创建目标库，库是一种被特别地组织过并在以后可以被重复使用的对象模块。当连接器处理一个库时，只有那些被使用的目标模块才能被真正使用。

4）BL51 连接器

BL51 连接器利用从库中提取的目标模块和由编译器或汇编器生成的目标模块，创建一个绝对地址的目标模块，一个绝对地址目标模块或文件包含不可重定位的代码和数据，将编译生成的 OBJ 文件与库文件连接定位生成绝对目标文件（ABS 文件），所有的代码和数据被安置在固定的存储器单元中。此绝对地址目标文件可以用来写入 EPROM 或其他存储器件、由 μVision3 调试器用来模拟和调试、由仿真器用来测试程序。

经编译后，工程中的源程序包含的.c、.asm、.h 的多个模块分别生成各自的 OBJ 文件。连接时，这些文件全列于目标文件列表中，作为最后输入存储器的文件，如果还使用了库文件内容，则也要与库文件（LIB 文件）相连接，库文件也必须列在其后。Outputfile 为输出文件名，默认为第一模块名，后缀为.ABS。连接控制指令提供了连接定位时的所有控制功能。Commandfile 为连接控制文件，包括了目标文件列表、库文件列表及输出文件、连接控制命令。

5）OH51 目标文件转换器

OH51 目标文件转换器能够把编译、连接好的目标文件转换成能写入 EPROM 中的 HEX 文件，也就是最后生成的机器码文件。

6）μVision3 调试器

μVision3 调试器包含一个高速模拟器，能够模拟整个 51 系列单片机系统程序，包括片上外围器件和外部硬件。从选择器件开始，这个器件的特性将自动配置。μVision3 调试器为在实际目标板上测试程序提供了以下方法：

- 安装+Monitor-51 到目标系统，并且通过接口下载程序代码；
- 利用高级的 GDIAGDI 接口，把 μVision3 调试器绑定到目标系统。

7）Monitor-51

μVision3 调试器支持用 Monitor-51 进行目标板调试，此监控程序驻留在目标板的存储器里，它利用串口和 μVision3 调试器进行通信，利用 Monitor-51、μVision3 调试器可以对目标硬件实行源代码级的调试。Monitor-51 对硬件有如下要求：硬件系统只能为 51 系列单片机的 CPU。

带 5KB 外部程序存储器（从 0 地址开始），存放 Monitor-51 程序、256B 的外部数据存储器以及 5KB 的跟踪缓冲区。此外，外部数据存储器必须足够容纳所有应用程序代码及数据，并且所有外部数据存储器能一致访问 XDATA 与 Code 空间。要使用一个定时器作为波特率发生器供串口使用，6B 的空余堆栈空间提供给用户作为测试用。

8）RTX51 实时操作系统

RTX51 是一个用于 8051 系列处理器的多任务实时操作系统，RTX51 可以简化那些复杂且时间要求严格的软件设计工作，有两个 RTX51 版本：RTX51 Full 和 RTX51 Tiny。

RTX51 Full 使用四个任务优先权完成同时存在时间片轮转调度和抢先的任务切换，RTX51 工作在与中断功能相似的状态下，信号和信息可以通过邮箱系统在任务之间互相传递，可以从存储池中分配和释放内存，也可以强迫一个任务等待中断超时或者从另一个任务或中断发出信号或信息。

RTX51 Tiny 是 RTX51 的子集，它可以很容易地在没有任何外部存储器的单片 8051 系统上运行，RTX51 Tiny 仅支持时间片轮转任务切换和使用信号进行任务切换，不支持抢先式的任务切换，不包括消息历程，没有存储器池分配程序。

2. 程序设计

采用 Keil 软件进行程序开发的流程如下：首先，创建一个工程，从器件库中选择目标器件，进行工具设置；其次，用 C 语言或汇编语言编写源程序；然后，用工程管理器生成应用，修改源程序中的错误；最后，对代码进行测试、连接和应用。

本小节通过一个实例来说明 C51 程序的开发过程。使用 Keil 软件的步骤如下。

① 创建一个新工程，选择 Project→New Project 菜单命令，出现对话框，将工程的描述内容存放到 myproj.uv2 文件中，如图 3-2 所示。

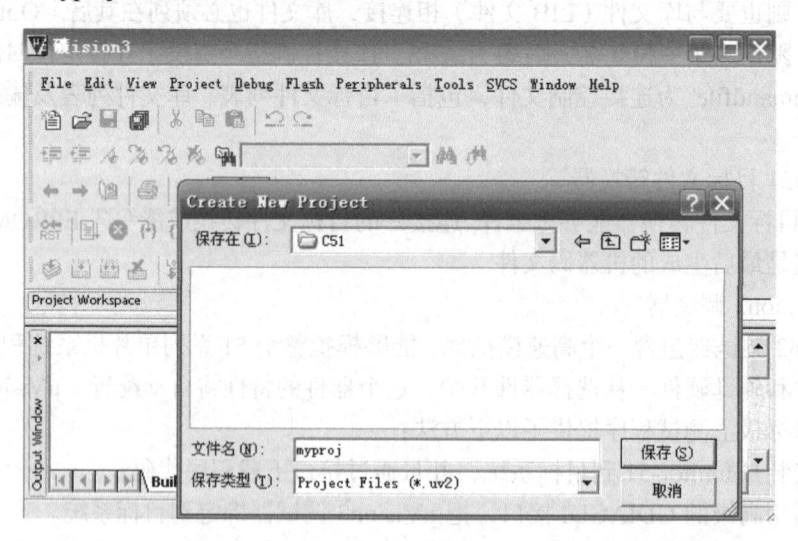

图 3-2 创建新工程

② 工程建立后，会出现一个器件选择对话框，如图 3-3 所示，大多数 MCS-51 单片机的内核和编程基本一致，都采用 Intel 公司的 51 单片机内核，因此这里选择 Atmel 公司的 51 单片机系列中的 AT89C51 就可以了。

第3章　MCS-51单片机的指令与程序设计

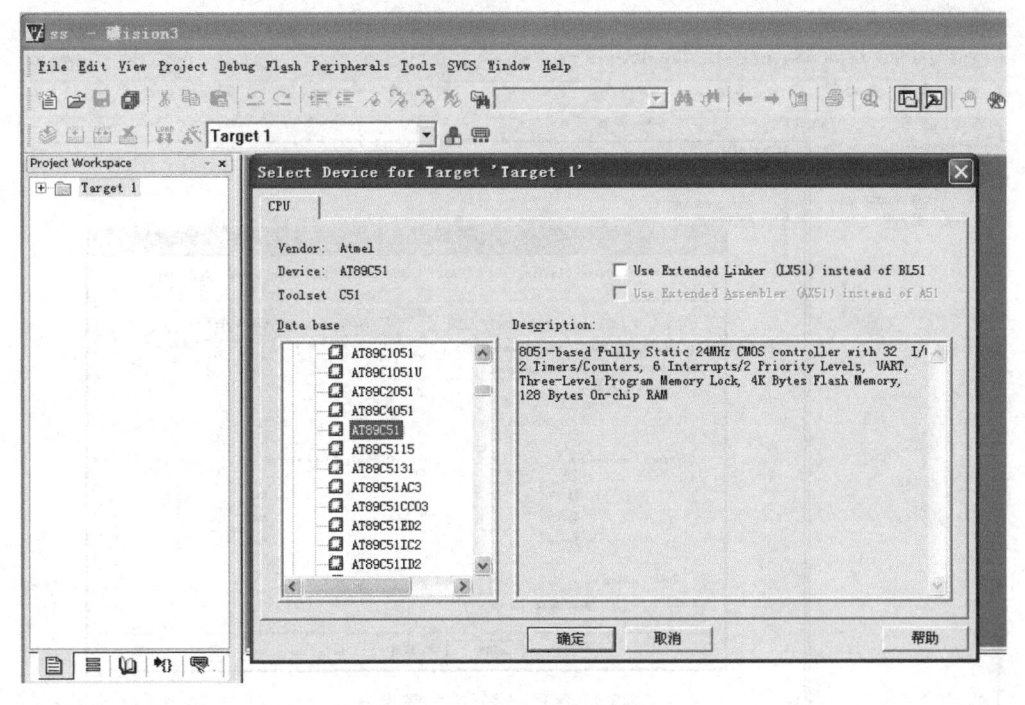

图 3-3　器件选择对话框

③ 用 C 语言或汇编语言创建源程序。

选择 File→New 菜单命令来新建一个源文件，打开一个空的编辑窗口，输入源代码，把此文件保存为 main.c。

【例 3.8】　创建一个源代码文件。

```c
#include "REG51.H"
main()
{
 unsigned char cPortData;    //定义局部变量
 cPortData =0x00;            //对局部变量进行赋值
 P1= cPortData;              //对外部I/O端口赋值
 ...
}
```

创建了源文件后，就可以把它加入新建的工程。例如，可以右击文件组来弹出快捷菜单，选择菜单中的 Add Files 命令，打开相应对话框，从对话框中选择生成的文件 main.c。程序加入后，工程框架建立完成，但是还要进行相应的配置才能完成后续工作，如设置文件的编译方式等，如图 3-4 所示。选择 ProjectOptions for Target 'Target 1'菜单命令，就会弹出一个对话框，设置文件和工程的编译属性，设置完成后可以对工程的程序进行编译。

④ 用项目管理器对源代码进行编译。

单击工具栏上的 Build 图标，可以编译所有的源文件并生成应用。当源代码中有语法错误时，μVision3 将在 Output Window 的 Build 页显示这些错误和告警信息，双击一个信息将打开此信息对应的文件并定位到语法错误处，如图 3-5 所示，左图为源代码中的错误信息，修改源代码，编译成功后生成右图，包含代码长度、HEX 文件名等信息。

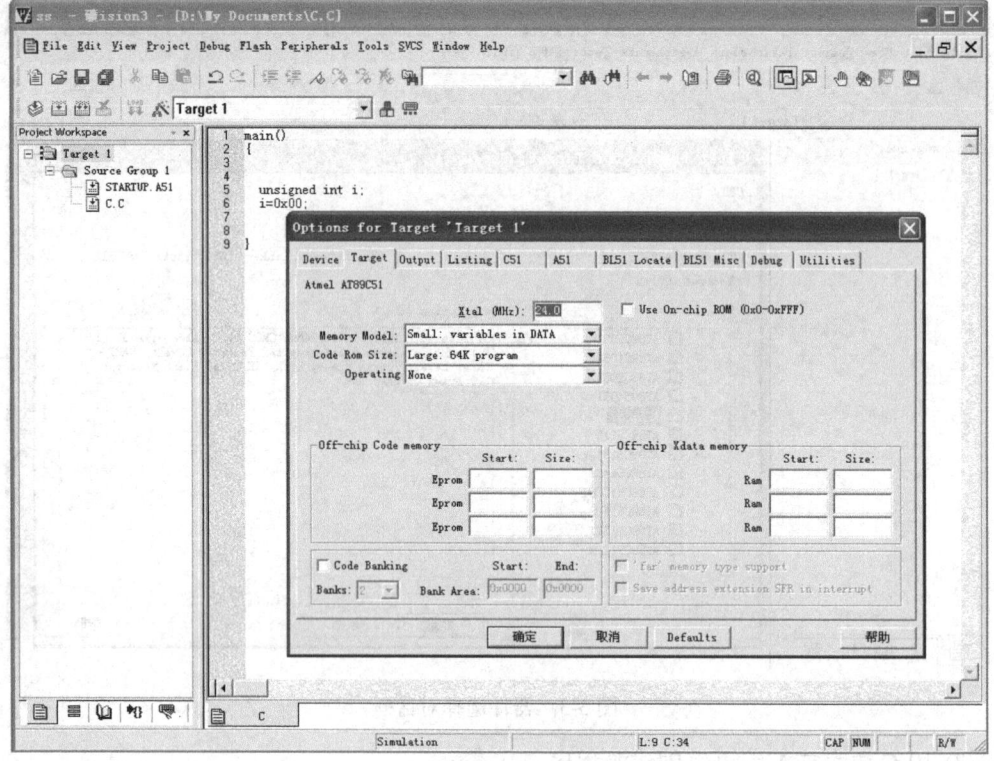

图 3-4 新工程配置

图 3-5 编译结果

⑤ 调试和应用。

编译成功后，就可以开始调试和应用了。调试有两种方式，一种是软件模拟，这样不需要把程序下载到目标板上，通过 μVision3 的内部模拟器即可模拟；另一种是硬件模拟，须创建一个 HEX 文件并下载到内部程序存储器。HEX 文件是 ASCII 文本文件，全部由可打印的 ASCII 字符组成（可以用"记事本"程序打开）。在 HEX 文件中，每一行是一条记录，由十六进制数组成的机器码或者静态数据组成。HEX 文件常用来保存单片机或其他处理器的目标程序代码。如图 3-6 所示为 HEX 文件设置。

单片机程序编写好后，编译通过，则可下载到实际的目标板上进行测试。目前，很多编程工具支持单片机程序下载，如 Keil 仿真器、南京伟福公司的伟福仿真器。之后，使单片机重新复位，下载的程序即可正常运行。

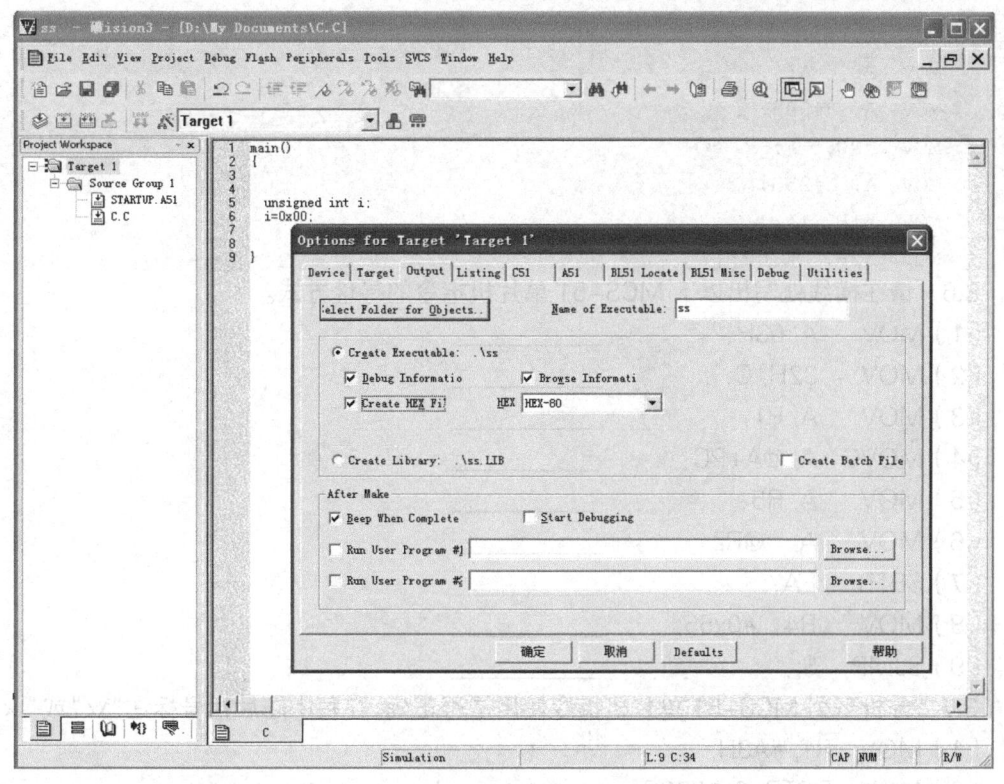

图 3-6　HEX 文件设置

本章小结

MCS-51 单片机指令系统具有简单明了、执行效率较高的特点，熟练掌握这些指令对于使用汇编语言编写软件非常重要。

MCS-51 单片机的指令按其源操作数的寻址方式分类，有 7 种寻址方式。

MCS-51 单片机指令共有 111 条，由数据传送指令（29 条）、算术操作指令（24 条）、逻辑运算指令（24 条）、控制转移指令（17 条）和位操作指令（17 条）组成。

C51 语言用于 MCS-51 单片机软件开发，熟练掌握 C51 语言特有的使用技巧，熟悉开发工具和编程方法对于快速、高效开发 MCS-51 单片机软件非常重要。

思考题与习题

3.1　MCS-51 单片机有几种寻址方式？各涉及哪些存储器？

3.2　要访问特殊功能寄存器和外部数据存储器，应采用哪些寻址方式？

3.3　要访问内部数据存储器，应采用哪些寻址方式？

3.4　要访问外部程序存储器，应采用哪些寻址方式？

3.5　设内部数据存储器中 59H 单元的内容为 50H，写出当执行下列程序后 A、R0 和内部数据存储器中 50H、51H、52H 单元的内容。

```
        MOV    A, 59H;
        MOV    R0, A;
        MOV    A, #00H;
        MOV    @R0, A;
        MOV    A, #25H;
        MOV    51H, A;
        MOV    52H, #70H;
```

3.6 请在横线处写出以下 MCS-51 单片机指令的寻址方式。

（1） MOV   A, 63H;   _____
（2） MOV   32H, C;   _____
（3） MOV   A, P1;   _____
（4） MOVC   A, @A+PC;   _____
（5） MOV   A, R5;   _____
（6） MOV   A, @Ri;   _____
（7） SETB   EA;   _____
（8） MOV   R4, #0x55;   _____
（9） SJMP $;   _____

3.7 分析下列 MCS-51 单片机指令使用是否正确，在每小题后括号标注"√"或"×"。

（1） MOV   R1, #A3H;   (   )
（2） MOV   DPTR, 0x1236C;   (   )
（3） MOV   A, P2;   (   )
（4） SJMP $;   (   )
（5） INC   B;   (   )

3.8 (R0)=32H, (A)=48H, 内部数据存储器(32H)=80H, (40H)=08H。执行下列指令后，(R0)=____, (A)=____, (32H)=____, (40H)=____。

```
        MOV    A, @R0;
        MOV    @R0, 40H;
        MOV    40H, A;
        MOV    R0, #35H;
```

3.9 已知(40H)=98H, (41H)=0AFH。阅读下列程序，要求：

（1）说明程序的功能；
（2）写出 A、R0 及内部数据存储器中 42H、43H 单元的内容。

```
        MOV    R0, #40H;
        MOV    A, @R0;
        INC    R0;
        ADD    A, @R0;
        INC    R0;
        MOV    @R0, A;
        CLR    A;
        ADDC   A, #0;
        INC    R0;
        MOV    @R0, A;
```

3.10 试写出完成系列数据传送的指令序列。

（1）R1 的内容传送到 R0；

（2）外部数据存储器的 60H 单元的内容送入 R0；

（3）内部数据存储器的 20H 单元的内容送入 30H 单元；

（4）外部数据存储器的 60H 单元的内容送入内部数据存储器的 40H 单元；

（5）外部数据存储器的 1000H 单元的内容送入外部数据存储器的 40H 单元。

3.11 使用汇编语言编写程序实现查找 MCS-51 单片机外部数据存储器的 60H～90H 中是否存在 0FFH，如果存在，则将地址 60H～90H 数据全部清 0；如果没有找到，则将 60H～90H 的内容全部替换为 11H。

3.12 请用 MCS-51 单片机汇编指令编写程序实现外部数据存储器 0x10~0x1F 单元的数据与内部数据存储器的 0x20~0x2F 单元的数据顺序交换，即外部数据存储器 0x10 单元的数据存放到内部数据存储器的 0x20 单元，同时内部数据存储器 0x20 单元的数据存放到外部数据存储器的 0x10 单元。

第 4 章 MCS-51 单片机的中断系统

本章教学基本要求

1．理解中断的定义、分类和处理过程。
2．掌握 MCS-51 单片机中断系统的内部结构、中断响应与处理过程、相应寄存器的设置及中断的控制方法。
3．掌握 MCS-51 单片机中断服务程序的设计方法。

重点与难点

1．中断服务子程序的结构及编程技巧。
2．中断处理过程和中断嵌套的应用。

4.1 中断的基本概念

CPU 与外设的工作频率通常不同，很难实现 CPU 与外设同步工作，而当 CPU 与外设工作不同步时，很难确保 CPU 在对外设进行读写操作时，外设一定是准备好的。为保证数据的正确传送，可采用查询方式。但在查询方式下，CPU 主动地查询相关外设是否准备好，是否需要进行数据传送，这会降低 CPU 的效率，特别是与低速外设进行数据交换时，CPU 需要等待更多的时间。另外，在对多个外设进行 I/O 操作时，如果有些外设的实时性要求较高，CPU 有可能会因来不及响应而造成数据丢失。为了解决类似问题，CPU 的设计中引入了中断技术。

4.1.1 中断定义

CPU 在执行当前程序的过程中，遇到了某种内部或外部随机事件或特殊情况，暂停当前执行的任务，转而执行对随机事件或特殊情况进行处理的程序，处理完毕后，CPU 再返回暂停处继续执行原程序，这一过程称为中断。中断响应过程如图 4-1 所示。

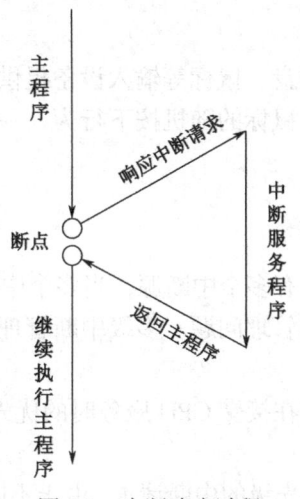

图 4-1 中断响应过程

从程序的执行过程来看，中断过程的程序转移与子程序调用相似，被中断的程序通常称为主程序或上一级子程序，被调用的程序称为中断处理程序或中断服务程序，但它们在实质上存在着很大差别。子程序调用是由主程序安排在特定的位置上的，而中断发生是随机的，可以在主程序的任意位置进行程序的切换。另外，子程序通常完成主程序要求的功能，而中断处理程序的功能一般与被中断的主程序没有直接关联。中断的随机性并不意味着中断只是被动地等待外界的随机事件。事实上，有两种使用中断的情况：一种是与主程序的安排无关，完全由外界随机地提出中断请求，如键盘中断；另一种是有意利用中断技术来调用外围设备，如定时器中断等。

中断源是指引起中断的原因或产生中断请求的设备。中断源包含软件中断源和硬件中断源。计算机中断处理的复杂性就体现在中断源的多样性上。

4.1.2 中断应用

在单片机和计算机系统中，中断处理技术广泛应用在故障处理、分时操作、实时处理、人机交互、多机系统等方面，显著地提高了 CPU 的工作效率。中断处理技术的主要应用介绍如下。

1. 故障处理

当单片机和计算机系统出现硬件故障或程序故障时，都须通过中断进行处理。硬件故障有发生断电、校验出错、运算出错等，程序故障有非法指令、溢出、地址越界等。

2. 实时处理

所谓实时处理是指在某个事件或现象出现后，CPU 必须在严格的时间限制内及时处理或响应，而不是积累起来进行批量处理。如某计算机过程控制系统中，当流量过大或温度过高时，必须及时地将检测的参数输入计算机，并以与数据产生同样快的速度及时进行处理。

3. 实现主机与外设的并行工作

利用中断技术使主机与外设实现一定程度的并行工作，从而提高 CPU 的工作效率。如键盘、打印机等管理一般都采用中断管理技术。

4. 人机交互

某些程序或任务需要根据键盘、鼠标等输入设备提供相关的控制信息才能执行。这些输入信息何时发出取决于键盘、鼠标的随机按下行为，一般也需要采用中断方式将信息提供给主机以实现人机交互。

4.1.3 中断优先级

在实际的应用系统中往往具有多个中断源，当多个中断源同时中断时，CPU 如何处理中断事务的技术属于多级中断的管理问题。多级中断管理技术的关键就是中断优先级的控制问题。

中断优先级是指每个中断源在接受 CPU 服务时的优先等级。CPU 中断优先级的控制主要遵循以下两方面的约定。

（1）CPU 应首先响应最高优先级的中断请求。由于不同的中断源在系统中的功能不同，它们的重要性也存在差异。当它们同时向 CPU 提出中断请求时，系统应根据各中断源的级别首先响应级别最高的中断请求。

（2）中断嵌套，即高优先级的中断请求可以中断低优先级的中断服务。一方面，多个中断源同时提出中断请求，在中断优先级已定的情况下，CPU 总是首先响应优先级最高的中断请求；另一方面，当 CPU 正在响应某一中断源的请求并执行其中断服务程序时，如果有优先级更高的中断源发出请求，则 CPU 就终止当前执行的中断服务程序，而转入为高优先级的中断源服务，等高优先级的中断源服务程序执行完毕后，再返回被终止的处理程序，直至处理结束返回主程序。这种中断套中断的过程称为中断嵌套，也称多重中断。图 4-2 所示为两级中断嵌套响应过程，多级中断嵌套与此类似。

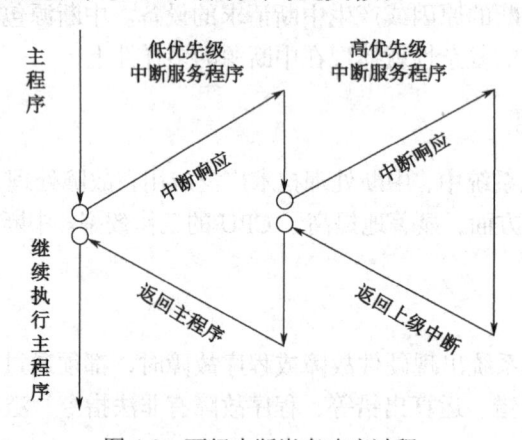

图 4-2 两级中断嵌套响应过程

设定 CPU 中断优先级一般的原则是：由故障引起的中断优先于由 I/O 操作需要引起的中断，不可屏蔽中断优先于可屏蔽中断，高速事件的中断优先于低速事件的中断，输入信息所需的中断优先于输出信息所需的中断。

4.1.4 中断分类

单片机和计算机系统中，根据中断源的属性有多种分类方式，常见的分类有以下三种。

1. 可屏蔽中断和不可屏蔽中断

按照中断请求是否能被屏蔽，可将中断源分为两大类：可屏蔽中断（Interrupt Require，INTR）和不可屏蔽中断（Nonmaskable Interrupt，NMI）。

可屏蔽中断除了受自身屏蔽位的控制，通常还受到一个总的使能位控制，即 CPU 标志寄存器中的中断允许标志位 IF（Interrupt Flag）的控制。如果 IF 为 1，则对应的中断请求可以得到 CPU 的响应，否则，得不到响应。IF 可以由用户软件自行控制，即可以根据需要配置该中断请求是否能够得到 CPU 响应。

不可屏蔽中断源一旦提出请求，CPU 必须无条件响应，可以认为具有极高优先级。典型的非屏蔽中断源有 CPU 电源断电或复位信号产生，一旦出现，必须立即无条件地响应，否则进行其他任何工作都是没有意义的。

2. 硬件中断和软件中断

硬件中断是通过中断输入信号来请求 CPU 执行任务，软件中断是 CPU 通过特殊指令进行特殊任务处理的一个中断过程，不需要由外部信号触发。硬件中断由外部信号触发并送至 CPU，一般由中断控制器提供中断类型码，CPU 自动转向中断处理程序；软件中断由 CPU 根据软件需求来决策是否使用特殊功能的一个处理机制，如果需要则通过特殊指令或 API 函数将程序转向特殊任务处理的入口地址，不需要外部提供信息；软件中断也常被认为不是真正的中断，它们只是可以被主程序调用执行的一段程序。常见的硬件中断有串口通信、A/D 转换、定时器/计数器溢出等，常见的软件中断有除数为零中断、单步中断、断点中断等。

3. 外部中断和内部中断

根据信号来源中断可分为外部中断和内部中断两类。外部中断一般是指由单片机或计算机外设发出的中断请求，如键盘中断、通信中断、定时器中断等。外部中断通常是可以屏蔽的中断，即可以利用中断控制器屏蔽这些外部设备的中断请求。内部中断是指因 CPU 硬件出错（如突然断电、复位、奇偶校验错等）或运算出错（除数为零、运算溢出、单步中断等）所引起的中断。内部中断多数是不可屏蔽的中断。

4.1.5 中断处理过程

中断处理过程是指中断源向 CPU 发出中断请求，CPU 接收到请求信号并在一定条件下暂停执行原来程序而转去执行中断服务子程序，处理完毕再返回原来程序继续执行的过程。中断处理过程可分为中断请求、中断响应、中断服务 3 个过程，中断请求和中断响应可由硬件完成，中断服务所执行的中断服务子程序由用户编写。

1. 中断请求

中断源需要 CPU 为其服务时就发出中断信号，中断信号由中断指令或某些特定条件产生，也可通过 CPU 引脚向 CPU 发出中断请求信号。实际系统中往往有多个中断源，为了增加控制的灵活性，每个中断源接口电路中设置一个中断请求触发器和一个中断屏蔽触发器。

中断源有中断请求时，中断请求触发器置 1，若中断屏蔽触发器为 0，表示允许该中断源向 CPU 发出中断信号，CPU 响应中断后将中断请求触发器清 0；若中断屏蔽触发器为 1，表示禁止该中断源向 CPU 发出中断信号，即中断请求被屏蔽。

2. 中断响应

CPU 在每一条指令的执行过程中会实时地监测中断系统各个寄存器的工作状态，CPU 没有监测到中断请求信号时不停地循环执行原来的程序，当接收到外部设备的中断请求信号时，对于非屏蔽中断请求，CPU 执行完现行指令后就立即响应中断；对于可屏蔽中断请求，要取决于 CPU 内部中断允许触发器的状态，允许中断时 CPU 才响应，禁止中断时 CPU 不响应。

CPU 响应中断进入中断响应周期时，会自动完成以下操作：

（1）关中断；

（2）保护现场和断点，CPU 自动把标志寄存器内容和正在执行的程序地址（断点）入栈，以保证中断的正确返回；

（3）形成中断服务程序入口地址，一般而言，系统中断源较少时可采用固定入口地址方法，中断源较多时应采用中断矢量表的方法来确定中断程序入口地址。

3. 中断服务

中断服务是指 CPU 执行中断服务程序的过程，中断服务流程图如图 4-3 所示。各部分的执行过程简述如下。

（1）开中断。当要处理中断优先级别更高的中断时，因一般的 CPU 在进入中断后硬件默认为关中断状态，故在现有中断服务程序中应再次开启中断，以便形成中断嵌套。如果不需要处理中断嵌套，此步骤可省略。

（2）保护现场。因 CPU 响应中断时能够由硬件自动完成断点和标志寄存器的保护，而其余寄存器需要由程序员根据使用情况决定是否需要保护，保护的一般原则是：只要是中断服务程序中要用到的寄存器，就应该通过 PUSH 指令将它们的内容压入堆栈进行保护。

（3）执行中断服务程序。中断服务程序是中断处理的主要功能，主要完成对中断源的相关功能。

（4）恢复现场。按先进后出的原则执行 POP 指令将堆栈原来保护的寄存器内容弹出。

（5）中断返回。从堆栈中弹出断点，返回到原程序，同时开启中断，一般的中断返回指令 RETI 带有开启中断功能。

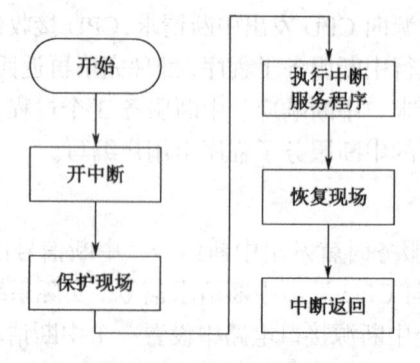

图 4-3 中断服务流程图

4.2 MCS-51单片机中断的概念与结构

MCS-51单片机片内中断系统主要用于实时测控，其中断源与8086有较大区别，为实时处理这些中断请求，MCS-51单片机采用具有中断处理功能的部件（中断系统）来实现。

MCS-51单片机的中断系统结构如图4-4所示，它由特殊功能寄存器（TCON、SCON）、中断允许控制寄存器IE和中断优先级寄存器IP组成。5个中断源的中断请求是否会得到响应，要受IE各位的控制，它们的优先级分别由IP各位来确定；同一优先级内的各中断源同时发出中断请求时，由内部的硬件查询逻辑来确定响应次序；不同的中断源有不同的中断矢量。

引起中断的因素很多，将发出中断申请的外设或内部原因称为中断源。MCS-51单片机的中断源共有5个（8052系列单片机增加了一个定时器/计数器，中断源为6个），根据中断源的不同，可分为2个外部中断源及3个内部中断源。具体说明如下。

（1）$\overline{INT0}$：外部中断0，中断请求信号由P3.2引脚引入，低电平或下降沿触发。

（2）$\overline{INT1}$：外部中断1，中断请求信号由P3.3引脚引入，低电平或下降沿触发。

（3）T0：定时器/计数器0溢出中断，对外部脉冲计数由P3.4引脚输入，由T0计满回零触发。

（4）T1：定时器/计数器1溢出中断，对外部脉冲计数由P3.5引脚输入，由T1计满回零触发。

（5）串行中断：包括串行接收中断RI和串行发送中断TI。

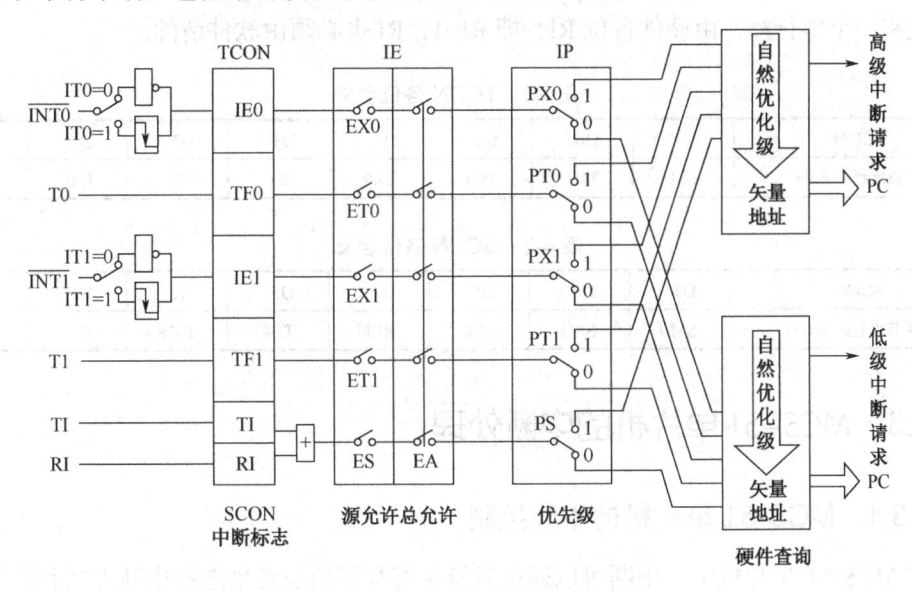

图4-4 MCS-51单片机中断系统结构

MCS-51单片机会在每个机器周期的S_5P_2时对$\overline{INT0}$和$\overline{INT1}$引脚上中断请求信号进行一次检测，检测方式和中断触发方式的选取有关。若单片机设定为电平触发方式，则检测到$\overline{INT0}/\overline{INT1}$引脚上低电平时就可认定其上中断请求有效；若设定为边沿触发方式，则会在相继的两个周期两次检测$\overline{INT0}$和$\overline{INT1}$引脚上电平才能确定其上的中断请求是否有效，即前一次检测为高电平和后一次检测为低电平时$\overline{INT0}$和$\overline{INT1}$引脚上的中断请求才有效。由于外部中断信号每个机器周期被采样一次，所以 $\overline{INT0}$ 或 $\overline{INT1}$ 引脚输入的信号应至少保持一个机器周期，即 12 个振荡周期。如果外部为边沿触发方式，则引脚处输入信号的高电平和低电平至少保持一个周期，才能确保 CPU 检测到电平的跳变；而如果采用电平触发方式，外部中断源应一直保持中断请求有效，直至得到响应为止。

定时器/计数器 T0 或 T1 在定时脉冲作用下从全 1 变为全 0 时，可以自动向单片机提出溢出中断请求，以表明定时器/计数器 T0 或 T1 的定时时间已到。T0 或 T1 的定时时间可由用户通过程序设定，以便单片机在定时器/计数器溢出中断服务程序内进行计时、计数。

在串行口发送/接收数据时，每当串行口发送/接收完一组串行数据时，串行口电路自动使串行口控制寄存器 SCON 中的 TI 或 RI 中断标志位置位，并自动向单片机发出串行口中断请求，单片机响应串行口中断后便立即转向执行串行口中断服务程序。

每个中断源对应一个中断标志位，当某个中断源有中断请求时，相应的中断标志位置1，各中断源的中断标志位在 TCON 和 SCON 中，具体见表 4-1 和表 4-2。

标志位 IE0=1 时，表示外部中断 $\overline{INT0}$ 提出了中断请求，如果 IE0=0，则 $\overline{INT0}$ 没有中断请求；标志位 IE1=1 时，表示外部中断 $\overline{INT1}$ 提出了中断请求，如果 IE1=0，则 $\overline{INT1}$ 没有中断请求。标志位 TF0=1 时，表示定时器/计数器 T0 提出了中断请求；标志位 TF1=1 时，表示定时器/计数器 T1 提出了中断请求。而对于串口中断，其中断标志位在 SCON 寄存器中。TI 为串行口发送中断标志位，当 CPU 将一个发送数据写入串行口发送缓冲器时，就启动了发送过程。每发送完一个串行帧，由硬件置位 TI，即 TI=1。CPU 响应中断时，不能自动清除 TI，TI 必须由软件清除。RI 为串行口接收中断标志位，当允许串行口接收数据时，每接收完一个串行帧，由硬件置位 RI，即 RI=1，RI 也必须由软件清除。

表 4-1 TCON 各位含义

TCON	D7	D6	D5	D4	D3	D2	D1	D0
字节地址：88H	TF1	TR1	TF0	TR0	IE1	IT1	IE0	IT0

表 4-2 SCON 各位含义

SCON	D7	D6	D5	D4	D3	D2	D1	D0
字节地址：98H	SM0	SM1	SM2	REN	TB8	RB8	TI	RI

4.3 MCS-51 单片机的中断处理

4.3.1 MCS-51 单片机的中断控制

在 MCS-51 单片机中，中断可以通过对特殊寄存器的设置来选择中断方式和使用中断资源，下面具体介绍 MCS-51 单片机的中断控制。

1. 中断配置

MCS-51 单片机中断的管理与控制主要是对特殊功能寄存器进行配置，包括 TCON、SCON、IE、IP 四个特殊功能寄存器。

1）TCON 的设置

TCON 为定时器/计数器控制寄存器，字节地址为 88H，各位的含义见表 4-1。TCON 中 IE0、IE1、TF0、TF1 是标志位，用于指示某个中断请求是否产生，而其他位用于控制相关中断源，具体含义如下。

① IT0（TCON.0）：外部中断 0 触发方式控制位。

当 IT0=0 时，为电平触发方式（低电平有效）；

当 IT0=1 时，为边沿触发方式（下降沿有效）。

② IT1（TCON.2）：外部中断 1 触发方式控制位，其作用和 IT0 类似。

③ TR0（TCON.4）：定时器/计数器 T0 运行控制位。

当 TR0=1 时，启动定时器/计数器 T0；反之，停止定时器/计数器 T0。

④ TR1（TCON.6）：定时器/计数器 T1 运行控制位，其作用和 TR0 相同。

2）IE 的设置

CPU 对中断系统所有中断以及某个中断源的开放和屏蔽是由中断允许控制寄存器 IE 控制的。IE 可进行位寻址。

IE 对中断的开放和关闭实现两级控制。所谓两级控制，就是有一个总的开关中断控制位 EA。当 EA=0 时，所有的中断请求被屏蔽，CPU 对任何中断请求都不接收；当 EA=1 时，CPU 开放中断，但 5 个中断源的中断请求是否允许，还要由 IE 中的低 5 位所对应的 5 个中断请求允许控制位的状态来决定。改变 IE 的内容，可由位操作指令来实现，也可用字节操作指令实现，IE 各位含义见表 4-3。

表 4-3　IE 各位含义

IE	D7	D6	D5	D4	D3	D2	D1	D0
字节地址：0A8H	EA	—	—	ES	ET1	EX1	ET0	EX0

① EA(IE.7)：CPU 中断允许（总允许）位。EA=0，所有中断关闭；EA=1，CPU 打开中断。

② ES(IE.4)：串行口中断允许位。ES=1，允许串口中断，否则关闭串口中断。

③ ET1(IE.3)：定时器/计数器 T1 中断允许位。ET1=1，允许 T1 中断，否则关闭 T1 中断。

④ EX1(IE.2)：外部中断 1 允许位。EX1=1，允许外部中断 1 中断，否则关闭外部中断 1。

⑤ ET0(IE.1)：定时器/计数器 T0 中断允许位。其功能与 ET1 相同。

⑥ EX0(IE.0)：外部中断 0 允许位。其功能与 EX1 相同。

3）IP 的设置

MCS-51 单片机有两个中断优先级，即可实现二级中断服务嵌套。两级优先级遵循下述规则：仅高优先级可中断嵌套低优先级。为实现这一规则，中断系统内部包含两个不可寻址的优先级状态触发器。当特定优先级的某中断源被响应时，相应的触发器即被置位，直到执行了 RETI 指令后，这个触发器才复位。

每个中断源的中断优先级都由中断优先级寄存器 IP 中的相应位的状态来规定，其字节地址为 0B8H，各位的含义见表 4-4。

表 4-4 IP 各位含义

IP	D7	D6	D5	D4	D3	D2	D1	D0
字节地址: 0B8H	—	—	—	PS	PT1	PX1	PT0	PX0

① PX0（IP.0）：外部中断 0 优先级设定位。
② PT0（IP.1）：定时器/计数器 T0 优先级设定位。
③ PX1（IP.2）：外部中断 1 优先级设定位。
④ PT1（IP.3）：定时器/计数器 T1 优先级设定位。
⑤ PS（IP.4）：串行口优先级设定位。

IP 的各位都由用户程序置 1 或置 0，可用位操作指令或字节操作指令更新 IP 的内容，以改变各中断源的中断优先级。单片机复位以后，IP 的内容为 0，各中断源均为低优先级。同一优先级中的中断申请不止一个时，则有中断排队问题，一旦得到响应，不会再被它的同级中断源所中断。同一优先级的中断排队由中断系统硬件确定的自然优先级形成，排列顺序见表 4-5。

4）串行口中断控制的设置

串行口中断控制通过设置 SCON 实现，该寄存器字节地址为 98H，可以进行位寻址操作。SCON 与串口中断相关的位分别为 TI（SCON.1）和 RI（SCON.0），其他位的含义将在第 6 章讲解。

TI（SCON.1）：串行口发送中断标志位。当 CPU 将一个发送数据写入串行口发送缓冲器时，就启动了发送过程。每发送完一个串行帧，由硬件置位 TI。CPU 响应中断时，不能自动清除 TI，TI 必须由软件清除。

RI（SCON.0）：串行口接收中断标志位。当允许串行口接收数据时，每接收完一个串行帧，由硬件置位 RI。同样，RI 必须由软件清除。

表 4-5 各中断源响应优先级及中断服务程序入口

中断源	中断标志	中断服务程序入口	编号	中断级别
外部中断 0	IE0	0003H	0	最高
定时器/计数器 0	TF0	000BH	1	↓
外部中断 1	IE1	0013H	2	↓
定时器/计数器 1	TF1	001BH	3	↓
串行口	RI 或 TI	0023H	4	最低

对中断的设置是在程序初始化时进行的，如果不包括优先级控制，定时中断初始化共有 3 项内容：中断总允许、定时器/计数器中断允许和工作方式设定。外部中断和串行中断只有两项内容，即设置中断允许总控制位和中断允许控制位，没有工作方式设定。假定要开放外部中断 0，字节操作指令为：MOV IE,#81H。

2. 中断处理过程

MCS-51 单片机中断处理过程与其他 CPU 的中断处理过程类似，分为三个阶段：即中断请求、中断响应和中断服务。

在满足响应条件的情况下，CPU 首先置位优先级状态触发器，以阻止同级和低级的中

第 4 章　MCS-51 单片机的中断系统

断请求，接着将当前 PC 的内容压入堆栈保护起来，然后将对应的中断入口地址装入 PC，使程序转移到该中断入口地址单元，去执行中断服务程序。

单片机响应中断结束后即转至中断服务程序的入口。从中断服务程序的第一条指令开始到返回指令为止，这个过程称为中断处理或中断服务。一般情况下，中断处理包括保护现场和为中断源服务两部分内容。现场通常有 PSW、工作寄存器、专用寄存器、累加器等。如果在中断服务程序中要用这些寄存器，则在进入中断服务之前应将它们的内容保护起来，称为保护现场，在中断结束、执行 RETI 指令之前应恢复现场。中断处理是针对中断源的具体要求进行处理。中断处理流程如图 4-5 所示，其中，图 4-5（a）为 CPU 响应前中断硬件操作流程，图 4-5（b）为中断服务程序响应过程。

(a) CPU 响应前中断硬件操作流程　　　　　　(b) 中断服务程序响应过程

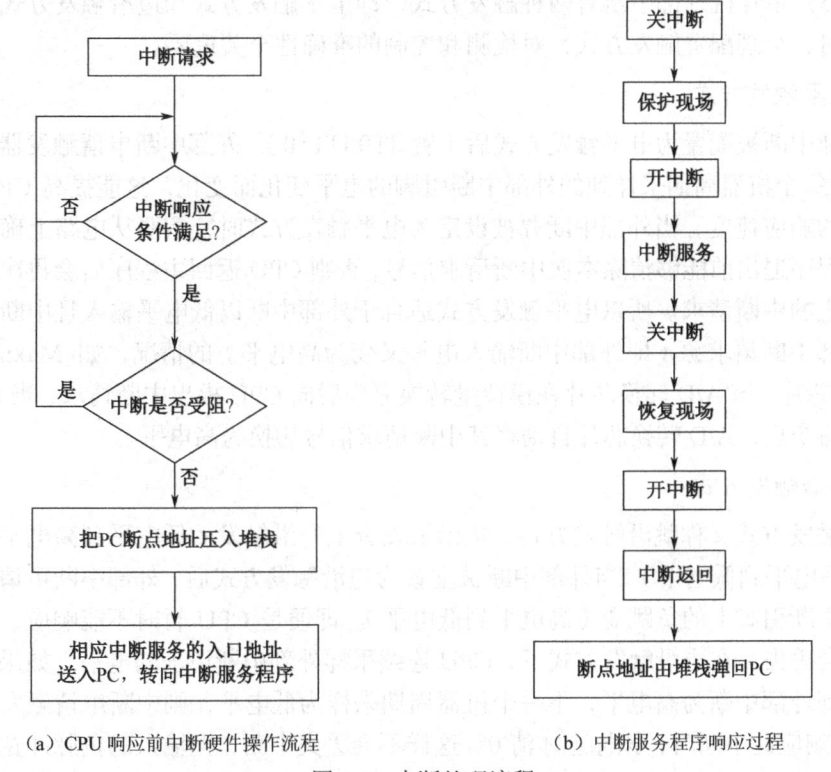

图 4-5　中断处理流程

RETI 指令的执行标志着中断服务程序的终结，也就是中断返回的开始，所以该指令自动将断点地址从栈顶弹出，装入 PC 中，使程序转向断点处，继续执行原来被中断的程序。考虑到某些中断的重要性，需要禁止更高级别的中断，可用软件使 CPU 关闭中断，或者禁止高级别中断源的中断。但在中断返回前必须用软件开放中断。

在中断返回之前，该中断请求应该清除，否则会引起下一次中断。MCS-51 单片机各中断源请求撤销的方法各不相同。

（1）定时器 0 和定时器 1 的溢出中断，CPU 在响应中断后，由硬件自动清除 TF0 或 TF1。即中断请求自动撤销，无须采取其他措施。

（2）外部中断请求的撤销与设置的中断触发方式有关。对于边沿触发方式的外部中断，CPU 在响应中断后，由于中断请求信号是脉冲信号，过后就消失，也可以说中断请求信号是自动撤销的，也是由硬件自动将 IE0 或 IE1 清除的，无须采取其他措施。对于电平触发方式的外部中断，在硬件上，CPU 对 $\overline{INT0}$ 和 $\overline{INT1}$ 引脚的信号完全没有控制。在专用寄存器中，没有相应的中断请求标志，也不像某些微处理器那样，能在响应中断后自动发出一个响应信号。因此在 MCS-51 单片机中，要另外采取撤销中断请求的措施。

（3）串行口中断，CPU 响应后，硬件不能自动清除 TI 和 RI，因此在 CPU 响应中断后，还要分析这两个标志位的状态，以判定是接收还是发送，然后才能清除。所以串行中断请求的撤销应使用软件方法，在中断服务程序中进行。

4.3.2　MCS-51 单片机外部中断的触发方式

MCS-51 单片机外部中断有两种触发方式，即电平触发方式和边沿触发方式。在使用外部中断时，合理配置触发方式，对检测和控制的准确性至关重要。

1. 电平触发方式

当外部中断被配置为电平触发方式后（置 IT0/IT1=0），外部中断申请触发器的状态随着 CPU 在每个机器周期采样到的外部中断引脚的电平变化而变化，这能提高 CPU 对外部中断请求的响应速度。当外部中断源被设定为电平触发方式时，需要从电路上确保在当前中断服务程序退出前能够清除本次中断请求信号，否则 CPU 返回主程序后会再次响应该中断信号产生的中断请求。所以电平触发方式适合于外部中断以低电平输入且中断服务程序能清除外部中断请求源（即外部中断输入电平又变为高电平）的情况，如 Maxim 公司的 ADC0820 芯片，该 A/D 转换芯片在模拟量转换完毕后向 CPU 提出中断请求，当 CPU 发出读取数据命令后，A/D 转换芯片自动将其中断请求信号切换为高电平。

2. 边沿触发方式

边沿触发方式又称跳沿触发方式，边沿触发分上升沿触发（低电平到高电平）和下降沿触发（高电平到低电平）。当外部中断被配置为边沿触发方式后，外部中断申请触发器能锁存外部中断引脚上的负跳变（高电平到低电平）。即便是 CPU 暂时不能响应，中断请求标志也不会丢失。在边沿触发方式下，CPU 连续采样外部中断请求的电平，如果一个机器周期采样到外部中断为高电平，下一个机器周期采样为低电平，则中断申请触发器置 1，直到 CPU 响应此中断时，该标志才清 0。这样不会丢失中断，但输入的负脉冲宽度至少保持 12 个时钟周期，才能被 CPU 采样到。外部中断的边沿触发方式适合于以负脉冲（下降沿）形式输入的外部中断请求。

MCS-51 单片机多数只有两个外部中断源，而在实际应用系统中可能有两个以上的外部中断源，这时必须对外部中断源进行扩展。扩展外部中断源的常用方法有：定时器/计数器扩展法，中断、查询相结合扩展法和硬件电路扩展法。下面介绍中断、查询相结合扩展法。

当系统有多个外部中断源时，首先确定中断优先级，将最高优先级的中断源接在 $\overline{INT0}$ 引脚，其余的中断源通过电路接到 $\overline{INT1}$ 引脚，同时分别将它们引向一个 I/O 接口，以便在 $\overline{INT1}$ 的中断服务程序中由软件按预先设定的优先级顺序查询中断的来源。例如有 5 个外部中断源，高电平时向 CPU 申请中断，中断优先级排队顺序为 XIRQ0、XIRQ1、XIRQ2、XIRQ3、XIR4，+MCS-51 单片机中断优先级接口电路图如图 4-6 所示。

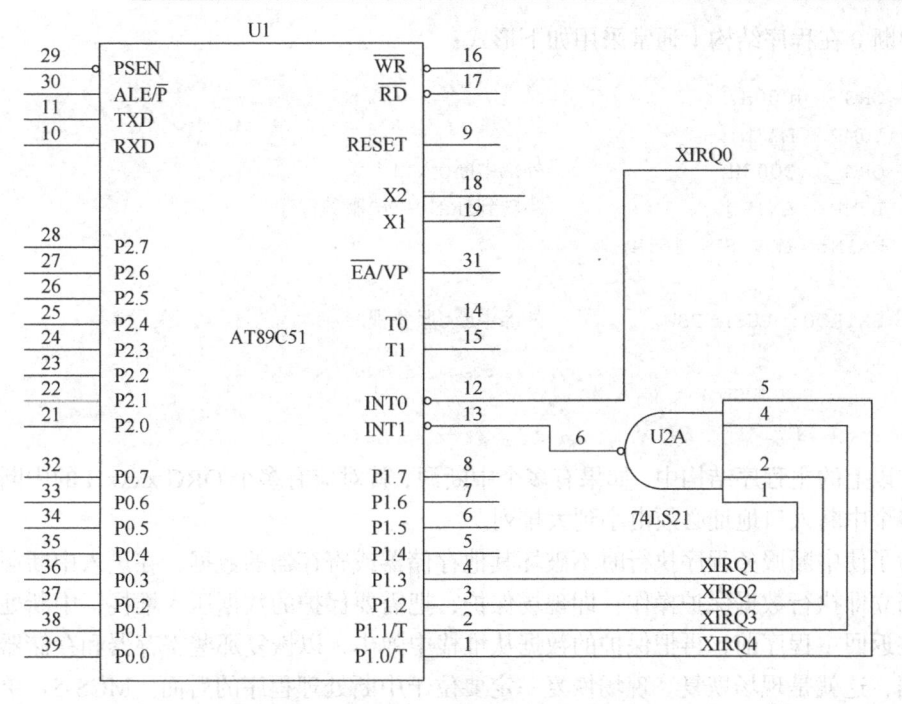

图 4-6　MCS-51 单片机中断优先级接口电路图

将中断优先级最高的 XIRQ0 直接接到 $\overline{\text{INT0}}$ 引脚，其余的 XIRQ1～XIRQ4 经集电极开路与门（74LS21）电路接到 $\overline{\text{INT1}}$ 引脚并分别与 P1.0～P1.3 相连。当 XIRQ1～XIRQ4 中有一个或几个有效（为低电平）时，都会通过 $\overline{\text{INT1}}$ 引脚向单片机发出中断请求。在 $\overline{\text{INT1}}$ 的中断服务程序中依次查询 P1.0～P1.3 引脚，就可以确定是哪个中断源提出中断请求，并根据事先确定的优先级顺序查询 P1.0～P1.3 引脚的电平状态。当采用图 4-6 所示的电路时，必须确保外设在产生中断请求信号时为低电平，如果为高电平，须先进行逻辑电平反向处理。此外，当处理器响应中断后，该中断请求信号能切换到高电平状态。

4.3.3　MCS-51 单片机中断服务程序的设计

中断系统的运行必须与中断服务程序配合，MCS-51 单片机的中断程序处理需要进行以下操作。

① 设置中断允许控制寄存器 IE，允许相应的中断请求源中断。
② 设置中断优先级寄存器 IP，确定并分配所使用的中断源的优先级。
③ 若是外部中断源，还要设置中断请求的触发方式 IT1 或 IT0，以决定采用电平触发方式还是边沿触发方式。
④ 编写中断服务子程序，处理中断请求。

前三条是对中断进行设置，即中断初始化操作，一般放在主程序的初始化程序段中。

由于各中断入口地址是固定的，而程序又必须先从主程序起始地址 0000H 执行。所以，在 0000H 起始地址的几字节中，要用无条件转移指令，跳转到主程序。另外，MCS-51 单片机各中断入口地址之间依次相差 8B，中断服务子程序稍长就会超过 8B，这样中断服务子程序就占用了其他的中断入口地址，影响其他中断源的中断。为此，一般在进入中断后，利用一条无条件转移指令，把中断服务子程序跳转到远离其他中断入口的地址处。例如，外部中断0在程序结构上通常采用如下形式：

```
        ORG    0000H;
        LJMP   MAIN;
        ORG    0003H;              外部中断0入口
        LJMP   EXIRQ0;             跳转到外部中断0服务程序
MAIN:   MOV SP, #60H;
        …
EXIRQ0: PUSH PSW;                  外部中断0服务程序
        …
        POP PSW
        RETI
```

在以上的主程序结构中，如果有多个中断源，就对应有多个 ORG xxxxH 的中断入口地址，多个中断入口地址必须由小到大排列。

为了使中断服务程序执行时不破坏其他存储器或寄存器的数据，在进入中断服务程序时应当立即执行数据保护操作，即现场保护，把需要保护的数据压入堆栈；中断处理结束后，在返回主程序前，再把保护的数据从堆栈中弹出，以恢复那些寄存器和存储器中的原有数据，这就是现场恢复。现场恢复一定要位于中断处理程序的后面。MCS-51 单片机的堆栈操作指令 PUSH Direct 和 POP Direct 中，Direct 可以是直接地址，也可以是寄存器。至于要保护哪些内容，需要根据中断处理程序的具体情况来决定。

典型的汇编中断服务程序如下：

```
IRQx:   CLR   EA;          关中断
        PUSH  PSW;         现场保护
        PUSH  Acc;
        SETB  EA;          开中断
        CLR   EA;          关中断
        POP   Acc;         现场恢复
        POP   PSW;
        SETB  EA;          开中断
        RETI;              中断返回，恢复断点
```

其中，IRQx 代表具体的中断服务程序，其书写格式与 ORG IRQx 中的 IRQx 要完全一致。

在该例中，只保护 PSW 和 A 的内容，如果还有其他需要保护的内容，只需要在相应的位置再加几条 PUSH 和 POP 指令即可。需要注意的是，对堆栈的操作是先进后出，次序不可颠倒。

采用汇编语言编写的中断服务程序的最后一条指令必须是返回指令 RETI，CPU 执行完这条指令后，返回断点处，重新执行被中断的主程序。

使用 C 语言进行中断操作时，其程序简化了很多，主要是堆栈操作这些代码不会直接出现在 C 代码中，而中断初始化可以直接对寄存器或控制位赋值，如外部中断 1 的初始化函数 Init_EIRQ1()可以如下书写：

```
void Init_EIRQ1()
{
```

```
            EA=0;        //关总中断
            IT1=1;       //设置外部中断1为边沿触发方式
            EX1=1;       //外部中断1允许
            EA=1;        //开总中断
        }
```

而 C 语言执行 MCS-51 单片机中断服务程序时，使用 interrupt 关键字来标识，具体格式如下：

```
    ISR_Name  interrupt  No  [using Bank]
```

确定其标号 No 后会自动生成中断向量，向量计算公式为(8* No＋3)，这和汇编代码中 ORG xxxxH 指出的绝对地址是相同的。

using 告诉编译器在进入中断处理服务程序后切换寄存器到哪个工作区（Bank），MCS-51 单片机寄存器组只能在第 0～3 区。using Bank 是可选的，如果不需要 using 的话，编译器会自动选择一组寄存器作为绝对寄存器来访问。下面用 C 语言实现外部中断 1 服务程序。

```
        void EIRQ1 (void) interrupt 2
        {
            EX1=0;           //关外部中断1
            LED=~LED;        //来一个外部中断信号，LED状态改变一次
            EX1=1;           //开外部中断1
        }
```

4.4　MCS-51 单片机中断处理实例

中断系统是为 CPU 对外部事件做出快速反应和处理而设置的，中断程序设计的优劣将影响 CPU 能否快速、及时地响应中断源。在使用单片机中断系统资源的时候，按中断源的要求，根据中断处理所要完成的任务来编写程序。本小节通过实例来介绍 MCS-51 单片机中断的软件编写方法。

1. 定时中断设计

现要求编制程序，使 P1.0 引脚上输出周期为 2ms 的方波脉冲。设单片机晶振频率为 6MHz。

（1）方法：利用定时器 T0 进行 1ms 定时，达到定时值后引起中断，在中断服务程序中，使 P1.0 的状态取一次反，并再次定时 1ms。

（2）定时初值：输入 Timer1 的时钟周期为 2μs。所以定时 1ms 所需的时钟个数为 500，即 01F4H。设 T0 为工作方式 1（16 位方式），则定时初值是 01F4H 求补，即 0FE0CH。完整的汇编和 C 代码如下。

① 汇编代码。

```
        ORG    0000H;
        LJMP   START;
        ORG    000BH;
        AJMP   IRQTimer0;    转入T0中断服务程序入口地址
```

```
                ORG  0030H
     START:     CLR  EA
                MOV TMOD,#01H;      T0为定时器状态,采用工作方式1
                MOV TL0, #0CH;      T0的低位定时初值
                MOV TH0, #0FEH;     T0的高位定时初值
                MOV TCON,#10H;      打开T0
                SETB ET0;           ET0,即允许T0中断
                SETB EA;            EA,即允许全局中断
                SJMP $;             动态暂存
     IRQTimer0: CLR  EA;            Timer0发生中断后,程序跳到此处执行
                MOV TL0,#0CH;       重置定时器初值
                MOV TH0,#0FEH;      重置定时器初值
                CPL P1.0;           P1.0取反
                SETB EA;
                RETI;               中断返回
                END;
```

② C代码。

```
#include <reg52.h>
sbit Pulse=P1^0;
void InitTimer0( )         //初始化定时器
{
EA = 0;                    //禁止所有中断
    TMOD = 0x01;           // T0为定时器状态,采用工作方式1
    TL0 = 0x0C;            // T0的低位定时初值
    TH0 = 0xFE;            // T0的高位定时初值
    ET0 = 1;               //允许定时器/计数器0的溢出中断
    EA = 1;                //开CPU中断
    TR0 = 1;               //启动定时器0
}//void InitTimer0()

//定时器0中断服务程序
void IRQTimer0 () interrupt 1
{
    EA=0;
    TL0 = 0x0C;            // T0的低位定时初值
    TH0 = 0xFE;            // T0的高位定时初值
    Pulse=~Pulse;
    EA=1;
}
main()                     //主程序
{
    InitTimer0( )
    Pulse=1;
```

```
        while(1);
}
```

2. 外部中断设计

将按键信号作为单片机外部中断触发信号。每产生一个外部中断就将与 LED 灯相连的 P1.0 引脚电平取反，从而实现 LED 灯闪烁。外部中断电路图如图 4-7 所示。

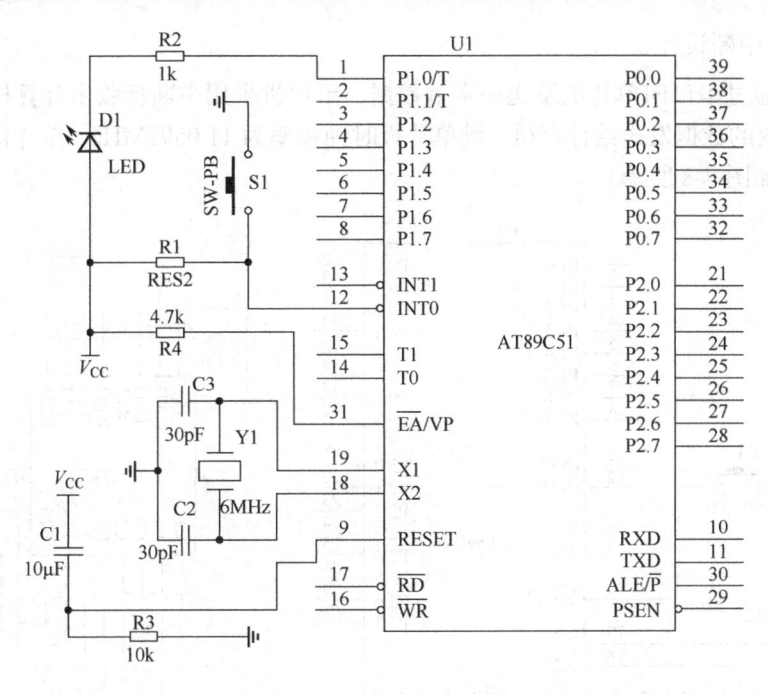

图 4-7 外部中断电路图

在图 4-7 中，当 S1 键被按下后，与电源地连通，INT0 引脚为低电平，当按键松开后 INT0 引脚被上拉为高电平。由于手动按键存在机械抖动，且按键会持续一段时间（50～100ms），为避免一次按键产生多次外部中断，需要在每次中断后进行延时处理，确保本次按键已经释放。C 程序如下。

```
#include<reg51.h>
sbit LED=P1^0;
void main(void)
{
    P3=0xff;            //端口初始化，为外部中断信号输入做准备
    EA=1;               //开总中断
    IT0=0;              //设置外部中断0为电平触发方式
    EX0=1;              //外部中断0允许
    LED=0;              //LED初始状态为点亮
    while(1);           //等待中断
}
//外部中断0服务程序
void EIRQ0(void) interrupt 0
{
```

```
    unsigned int iDelay=0;
     EX0=0;                  //关外部中断1
     LED=~ LED;              //来一个外部中断信号,LED状态改变一次
     for(iDelay=0; iDelay<65535; iDelay++);  //延时等待按键释放
     EX0=1;                  //开外部中断1
}
```

3. 串口中断设计

计算机通过串口向单片机发送一字节数据，单片机采用中断接收由计算机发送来的数据，而将接收的数据发送给计算机。设单片机时钟频率为 11.0592MHz，单片机与计算机串口通信电路如图 4-8 所示。

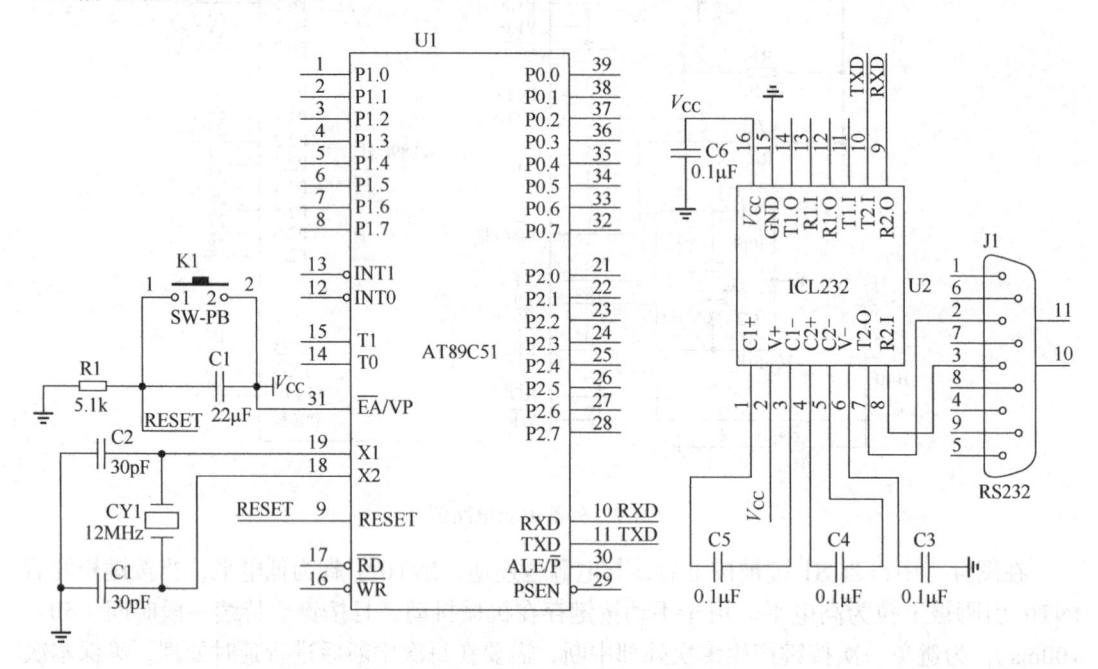

图 4-8 单片机与计算机串口通信电路

在图 4-8 中，由于单片机串口为 TTL 电平，而计算机串口为 RS232 电平，因此需要进行电平转换，图中采用 ICL232 实现 TTL 与 RS232 电平转换。主程序与中断服务程序流程图如图 4-9 所示。

在 MCS-51 单片机的 5 个中断源中，唯有串口中断标志位需要用软件清除，否则将影响下一次中断产生。

（1）C 语言参考代码。

```
#include<reg51.h>
#define uchar unsigned char
uchar cRxData;
bit recFlag;                //接收数据标识,0表示 未接收数据,1表示接收到数据
void Init_Comm();
void Send();
void Receive();
```

```c
void main()//主函数
{
    Init_Comm();           //串口初始化
    while(1);              //等待中断
}
void Init_Comm ()          //串口初始化函数
{
    TMOD=0x20;             //定时器T1使用工作方式2,自动重装载
    TH1=0xfd;              //设置初值,波特率为9600bit/s
    TL1=0xfd;
    TR1=1;                 //启动定时器1
    SCON=0x50;             //串口设置为工作方式1,且允许接收
    TI=1;                  //开始状态置1
    EA=1;                  //开总中断
    ES=1;                  //开串口中断
}
//串口中断服务程序
void IRQ_Comm() interrupt 4
{
   if(RI==1)               //接收到数据
   {
     RI=0;                 //清除接收标志位
     cRxData=SBUF;         //从SBUF中读出一字节数据
     recFlag=1;            //接收到数据
   }
   if((TI==1)&&(recFlag==1))   //发送空闲,且已经收到数据
   {
     TI=0;                 //清除发送标志位
     SBUF= cRxData;        //把接收到的数据发送出去
     recFlag=0;            //清除标志位
   }
}
```

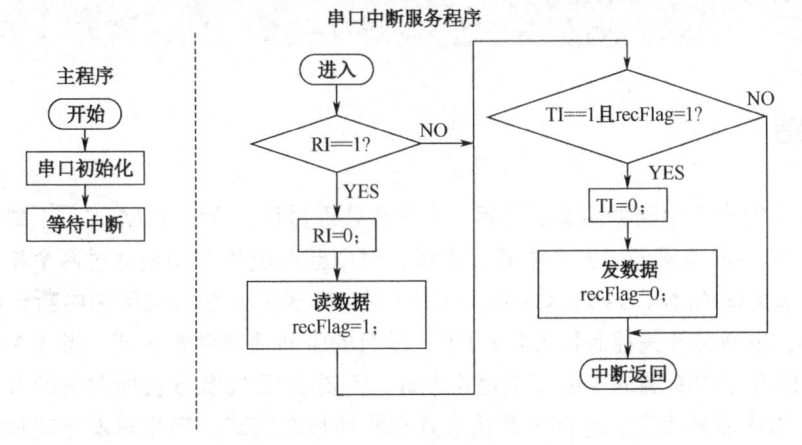

图 4-9 主程序与中断服务程序流程图

（2）汇编语言参考代码。

```
        RxData    EQU    35H              ;接收到的数据存放到35H
        recFLAG   BIT    20H.1            ;定义标志位
                  ORG    0000H
                  SJMP   MAIN
                  ORG    0023H            ;串口中断入口地址
                  AJMP   IRQ_Comm
                  ORG    0030H
MAIN:             MOV    10H, #0          ;初始化缓冲区
                  MOV    TMOD, 20H        ;定时器1使用工作方式2,自动重装载
                  MOV    TH1, 0FDH        ;设置初值,波特率为9600bit/s
                  MOV    TL1, 0FDH
                  SETB   TR1              ;启动定时器1
                  MOV    SCON, 50H        ;串口设置为工作方式1,且允许接收
                  SETB   TI               ;开始状态置1
                  SETB   EA               ;开总中断
                  SETB   ES               ;开串口中断
WAIT:             SJMP   WAIT
//中断处理程序
IRQ_Comm:  MOV    C, 10H
           ORL    C, RI
           JNC    TRD              ;判断是否接收到数据
           CLR    RI               ;清除接收标志位
           MOV    RxData, SBUF     ;从SBUF中读出一字节数据
           SETB   recFLAG          ;接收到数据
TRD:       MOV    C, TI
           JNC    RETURN           ;判断是否空闲
           CLR    TI               ;清除发送标志位
           CLR    recFLAG          ;清除标志位
           MOV    SBUF, RxData     ;把接收到的数据发送出去
RETURN:    RETI
           END
```

本章小结

　　本章首先给出了中断的定义、应用、分类及处理过程，介绍了MCS-51单片机的中断系统具有5个中断请求源、2个中断优先级，对中断系统的控制是通过两个特殊功能寄存器IE和IP来实现的。MCS-51单片机的CPU对中断源的开放或关闭由中断允许寄存器IE来实现控制。中断总开关控制位EA=0时，所有的中断请求都被关闭；当EA=1时，CPU开放中断，但5个中断源的中断请求是否允许，还要由IE的低5位所对应的5个中断请求允许控制位的状态来决定。外部中断请求具有两种触发方式：电平触发方式和边沿触发方式。本章最后介绍了中断服务程序的基本结构和设计方法，并通过实例介绍了如何使用汇

编语言和 C 语言编写中断服务程序。

思考题与习题

4.1　MCS-51 单片机中断系统由哪几部分组成？试画出中断系统逻辑结构图。

4.2　简述 MCS-51 单片机中断响应过程。

4.3　MCS-51 单片机能提供几个中断源和几个中断优先级？各中断源优先级怎样确定？在同一优先级中各中断源的优先级怎样确定？

4.4　IE 各位的定义是什么？

4.5　MCS-51 单片机的外部中断有哪两种触发方式？

4.6　设 MCS-51 单片机 AT89C51 外部中断 0 连接到一接近开关，当接近开关检测到某一个物体时，输出高电平，否则输出低电平，当接近开关输出高电平时单片机 P1.0 引脚输出高电平，否则输出低电平。要求采用中断方式实现 P1.0 引脚控制，绘制电路原理图并分别用汇编语言和 C 语言编写完整程序。

第5章 MCS-51 单片机的定时器/计数器

本章教学基本要求

1. 掌握 MCS-51 单片机定时器/计数器的结构、工作方式以及相关寄存器的控制方法。
2. 掌握 MCS-51 单片机定时器/计数器的汇编语言和 C 语言编程方法。

重点与难点

1. 定时器/计数器的中断控制与编程技巧。
2. 定时器/计数器作为波特率发生器的控制与编程技巧。

5.1 定时器/计数器的结构

MCS-51 单片机根据不同型号，其内部定时器/计数器数目不同。8051 单片机有两个 16 位定时器/计数器：Timer0（T0）和 Timer1（T1）。8052 单片机除这两个定时器/计数器外，还增加了 1 个 Timer2（T2）。这 3 个都可设置为定时器或计数器。当作为定时器时，它对标准时钟计数，每个时钟周期自动加 1。由于 MCS-51 单片机的一个机器周期由 12 个振荡时钟周期组成，因此计数速率是振荡器频率的 1/12。当作为计数器，T0、T1 或 T2 在外部相关引脚的信号由 1 跳变到 0 时，计数值加 1。不论是定时器还是计数器，其工作原理是一样的，即定时器/计数器电路中的内部计数器从某一预定值（此值是可编程的）开始计数，当累计到最大值时产生溢出，同时会建立一个相应的溢出标志（中断标志位）。MCS-51 单片机在使用 Timer0/Timer1 时，需要进行定时器/计数器模式选择；同时，Timer0/Timer1 有 4 种工作方式需要选择。8052 单片机中的定时器 T2 有 3 种操作方式：捕获、自动重载与波特率生成器。下面主要以 AT89C51 单片机为例讲解定时器/计数器的基本结构。

AT89C51 单片机定时器/计数器的结构如图 5-1 所示。定时器内部实质上是 16 位加法计数器，其控制电路受软件控制。当用作定时器时，对机器周期计数，每过一个机器周期，计数器加 1。由于每个机器周期包含 12 个振荡时钟周期，所以计数器的计数频率为振荡器信号频率的 1/12。当用作计数器时，计数器的计数脉冲取自外部输入端 T0（P3.4）和 T1（P3.5），只要这些引脚有从 1 到 0 的负跳变，则计数器就加 1。CPU 在每个机器周期的 S_5P_2 时刻对外部输入状态进行采样，计数器加 1 在检测到跳变后的下一个机器周期的 S_3P_1 时刻

执行。由于需要两个机器周期来识别一个从 1 到 0 的负跳变,所以最大计数频率为振荡信号频率的 1/24,外部时钟脉冲持续为 0 和为 1 的时间不能少于一个机器周期。

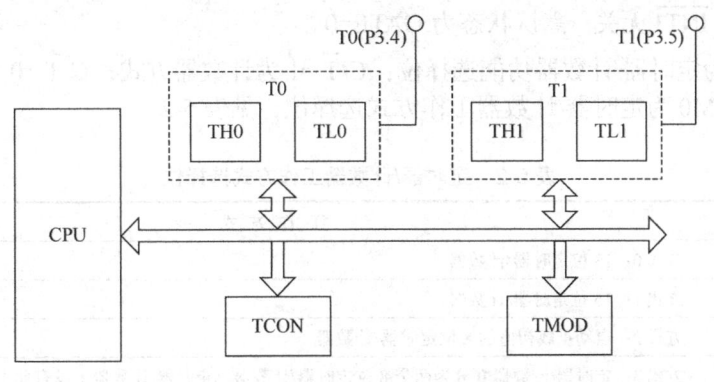

图 5-1　AT89C51 单片机定时器/计数器的结构

图 5-1 中,TH1、TL1 和 TH0、TL0 是 16 位加法计数器,是定时器/计数器的核心。需要注意的是,8051 单片机中 T0、T1 为加计数,8052 单片机中增加的 T2 可以设定为加计数,也可以设定为减计数。8253/8254 单片机采用的是减计数方式。

定时器 T0 由特殊功能寄存器 TL0(低 8 位)和 TH0(高 8 位)构成。定时器 T1 由特殊功能寄存器 TL1(低 8 位)和 TH1(高 8 位)构成。TCON 用于控制定时器 T0 和 T1 的启动和停止计数,同时管理定时器 T0 和 T1 的溢出标志等。TMOD 用于控制定时器/计数器的工作方式。

5.1.1　TCON

TCON 的字节地址为 88H,可进行位寻址:高 4 位分别为定时器/计数器的启动控制和溢出中断标志;低 4 位与外部中断控制有关。TCON 中与定时器/计数器有关的 4 个位的功能如下。

(1)TF0,TF1:计数溢出标志。当计数器计数溢出后,对应的标志位 TF0 与 TF1 被硬件置 1,反之为 0。如果程序以查询方式读取到该标志位为 1,则需要用软件方法将该位清 0;如果采用中断方式,则由于此位用作中断标志,因此进入中断服务程序后,硬件自动将其清 0。

(2)TR0,TR1:计数器/定时器启动或停止控制位。如果将其置 1,则对应的定时器/计数器开始工作;反之,停止工作。

5.1.2　TMOD

TMOD 用来选择定时器/计数器的工作方式,它的字节地址是 89H,但该寄存器不能进行位寻址。TMOD 的位格式见表 5-1。

表 5-1　TMOD 的位格式

TMOD	D7	D6	D5	D4	D3	D2	D1	D0
字节地址:89H	GATE	C/$\overline{T}$	M1	M0	GATE	C/$\overline{T}$	M1	M0

TMOD 用于控制 T0 和 T1:高 4 位用于控制 T1;低 4 位用于控制 T0。各位具体含义如下。

（1）GATE 为门控制位：GATE=1，定时器/计数器 0 的工作受芯片引脚 $\overline{INT0}$（P3.2）控制，定时器/计数器 1 的工作受芯片引脚 $\overline{INT1}$（P3.3）控制；GATE=0，定时器/计数器的工作与 $\overline{INT0}$、$\overline{INT1}$ 无关。默认状态为 GATE=0。

（2）C/$\overline{T}$ 为定时器/计数器功能选择位：C/$\overline{T}$=1 为计数器方式；C/$\overline{T}$=0 为定时器方式。

（3）M1、M0 为定时器/计数器工作方式选择位，见表 5-2。

表 5-2　定时器/计数器工作方式选择位

M1	M0	工　作　方　式
0	0	方式 0：13 位定时器/计数器
0	1	方式 1：16 位定时器/计数器
1	0	方式 2：自动重载初值的 8 位定时器/计数器
1	1	方式 3：定时器/计数器 0 分为两个 8 位定时器/计数器，定时器/计数器 1 没有此工作方式

5.2　定时器/计数器的工作方式

在 MCS-51 单片机中，定时器/计数器具有多种工作方式。工作方式不同，定时器/计数器的使用方法差别很大。MCS-51 单片机定时器/计数器可以通过对 TMOD 中 C/$\overline{T}$ 的设置来选择定时器方式或计数器方式，通过对 M1 M0 的设置来选择定时器/计数器的四种工作方式。下面具体讲解定时器/计数器的工作方式。

5.2.1　工作方式 0

定时器/计数器在工作方式 0 时的电路逻辑结构如图 5-2 所示。工作方式 0（M1 M0 = 0 0）是 13 位定时器/计数器的工作方式。其计数器由 TH1 的全部 8 位和 TL1 的低 5 位构成，TL 的高 3 位不使用。当 C/$\overline{T}$=0 时，定时器/计数器处于定时器方式，多路开关接通振荡脉冲的 12 分频输出，13 位计数器依次进行计数。当 C/$\overline{T}$=1 时，定时器/计数器处于计数器方式，多路开关接通计数引脚（T0），外部计数脉冲由 T0 输入。当计数脉冲发生负跳变时，计数器加 1。

TL 的低 5 位溢出时，都会向 TH 进位，而全部 13 位计数器溢出时，则会向计数器溢出标志位 TF0 进位。

GATE 位的状态用于选择定时器运行/停止的控制条件。当 GATE=0 时，由于 GATE 信号封锁了与门，使引脚 $\overline{INT1}$ 信号无效，这时如果 TR1=1，则接通模拟开关，使计数器进行加法计数，即定时器/计数器工作；当 TR1=0 时，断开模拟开关，停止计数，定时器/计数器不能工作。当 GATE=1 时，与门的输出端由 TR1 和 $\overline{INT1}$ 电平状态共同确定，此时如果 TR1=1，$\overline{INT1}$=1，与门输出为 1，允许定时器/计数器计数，在这种情况下，运行控制由 TR1 和 $\overline{INT1}$ 两个条件共同控制，TR1 是确定定时器/计数器的运行控制位，由软件置位或清 0。

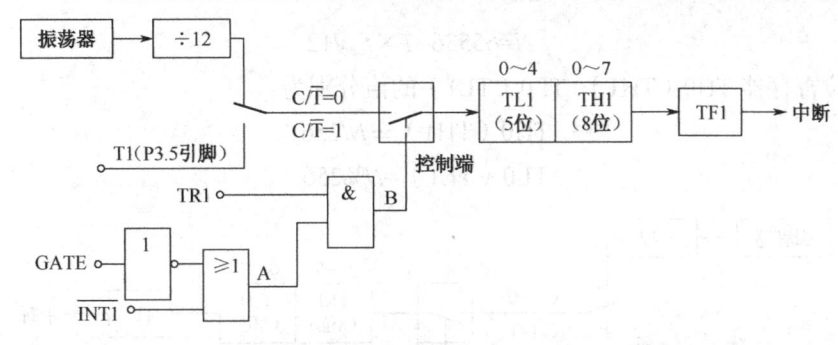

图 5-2 定时器/计数器在工作方式 0 时的电路逻辑结构

在工作方式 0 下，计数器的计数值 X 的范围为 1~8192（2^{13}）。由于 MCS-51 单片机的 T0 和 T1 采用加计数，因此 TH0(TH1)、TL0(TL1) 的初值 N=8192-X。如当计数值 X=1000，则计数初值 N=7192=1C18H，那么 TH0（TH1）、TL0（TL1）的值分别为 0E0H 和 18H。由于 TL0（TL1）为低 5 位有效，所以该计数初值 N 不能简单地分成高 8 位和低 8 位赋值给 TH0（TH1）和 TL0（TL1）。计数初值 N=7192=1C18H，其二进制编码如下：

$$1C18H = 0001\ 1100\ 0001\ 1000B$$

再将 16 位的二进制编码去除最高的 3 位，保留后面 13 位，并取低 5 位写入 TL0(TL1)，高 8 位写入 TH0（TH1），具体操作如下：

$$1C18H = 0001\ 1100\ 0001\ 1000 = \underline{1110\ 0000}\ 11000B$$

其中，11000B 是 TL0（TL1）对应的低 5 位，其 16 进制编码为 18H，而 $\underline{1110\ 0000}$ 为 TH0（TH1）的内容，其 16 进制编码为 0E0H。

当定时器/计数器处于工作方式 0 且确定了定时时间 T 后，计数初值 N 的计算公式为

$$N = 8192 - T \times f_{osc}/12$$

式中，f_{osc} 为系统时钟振荡频率。

假设单片机的晶振选为 12MHz，需要用 T0 进行 2ms 定时控制，则 T0 的初值 N 为

$$N = 8192 - T \times f_{osc}/12 = 8192 - 2 \times 10^{-3} \times 12 \times 10^6/12 = 6192 = 1830H$$

$$= 0001\ 1000\ 0011\ 0000B$$

则对应的 13 位二进制编码为

$$1100\ 0001\quad 1\ 0000$$

则 TH0=0C1H，TL0=10H。

5.2.2 工作方式 1

定时器/计数器处于工作方式 1 时的电路逻辑结构如图 5-3 所示。工作方式 1(M1 M0=0 1) 是 16 位计数器的工作方式。工作方式 0 和工作方式 1 的区别仅在于计数器的位数不同，工作方式 0 为 13 位，而工作方式 1 为 16 位，TH0 和 TH1 为高 8 位，TL0 和 TL1 为低 8 位，有关控制状态字与工作方式 0 相同。

在工作方式 1 下，计数器的计数值 X 的范围是 1~65536（2^{16}）。

当定时器/计数器处于工作方式 1 且确定了定时时间 T 后，计数初值 N 的计算公式为

$$N=65536-T\times f_{osc}/12$$

则写入 8 位寄存器 TH0（TH1）、TL0（TL1）的值分别为

$$TH0（TH1）=N/256$$
$$TL0（TL1）=N\%256$$

图 5-3　定时器/计数器处于工作方式 1 的电路逻辑结构

5.2.3　工作方式 2

当 M1 M0＝1 0 时，定时器/计数器处于工作方式 2，此时的电路逻辑结构如图 5-4 所示。下面以定时器/计数器 0 为例进行介绍，定时器/计数器 1 与其完全一致。

工作方式 0 和工作方式 1 的最大特点就是计数溢出后，计数器的初值为 0。如果需要重新计数或定时，则需要软件再次写入计数初值，因此可能影响程序执行效率和降低计时精度。在工作方式 2 中，计数初值具有硬件自动重载功能，即自动加载计数初值。在这种工作方式中，16 位计数器分为两部分，即以 TL0/1 为计数器，以 TH0/1 作为预置寄存器，初始化时把计数初值分别加载至 TL0/1 和 TH0/1 中。当计数溢出时，不再像工作方式 0 和工作方式 1 那样需要程序强行写入计数初值，而是由预置寄存器 TH0/1 以硬件方法自动给 TL0/1 加载计数初值。但这种方式也有缺点：计数结构只有 8 位，计数值有限，最大只能计数到 255。所以这种工作方式很适合那些重复计数的应用场合，也可以当作串行数据通信的波特率发生器使用。

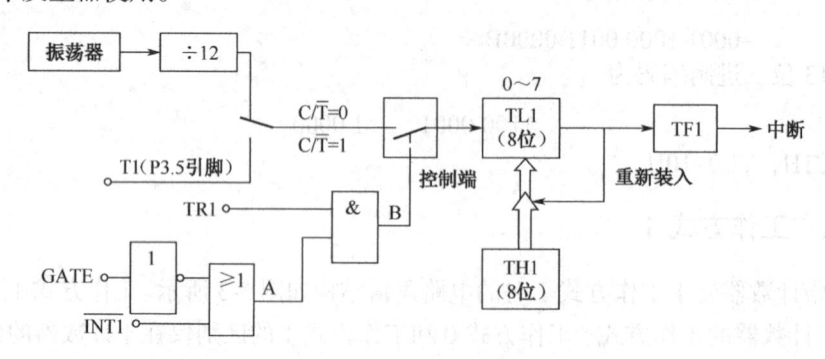

图 5-4　定时器/计数器处于工作方式 2 时的电路逻辑结构

5.2.4　工作方式 3

当 M1 M0 =11 时，定时器/计数器处于工作方式 3。工作方式 3 只适用于定时器 T0，若将 T1 置为工作方式 3，则将停止计数，效果相当于 TR1=0，即关闭定时器 T1。当 T0

处于工作方式 3 时，TH0 和 TL0 被分成两个相互独立的 8 位计数器，其电路逻辑结构如图 5-5 所示。

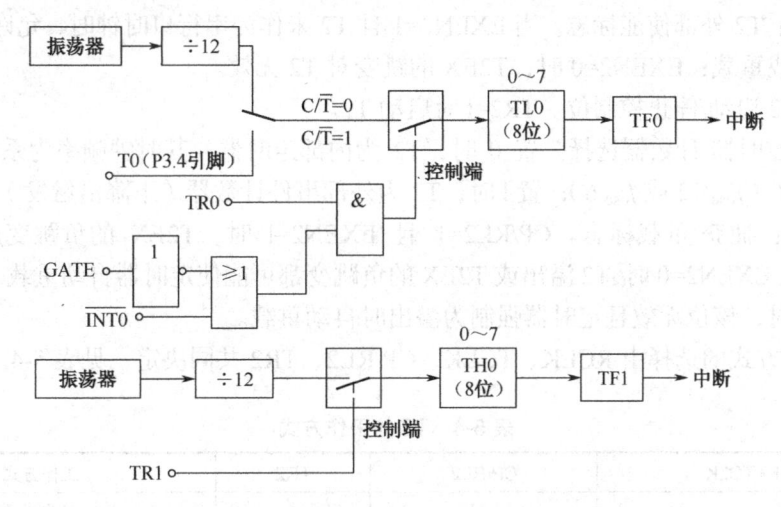

图 5-5　定时器/计数器处于工作方式 3 时的电路逻辑结构

在工作方式 3 下，TL0 既可以作为计数器使用，也可以作为定时器使用，定时器/计数器 0 的各控制位和引脚信号全归它使用。其功能和操作与工作方式 0 或工作方式 1 完全相同。但 TH0 的功能受到限制，只能作为简单的定时器使用，而且由于定时器/计数器 0 的控制位已被 TL0 占用，因此只能借用定时器/计数器 1 的控制位 TR1 和 TF1，也就是以计数溢出去置位 TF1，TR1 负责控制 TH0 定时器的启动和停止。TL0 既能作为定时器使用，也能作为计数器使用，而 TH0 只能作为定时器使用，不能作为计数器使用，因此在工作方式 3 下，定时器/计数器 0 可以构成两个定时器或者一个定时器和一个计数器。

5.2.5　8052 单片机定时器/计数器 2

在 8052 单片机中，定时器/计数器增加了一个，即定时器/计数器 2（T2），T2 是一个 16 位的定时器/计数器。通过设置 T2CON 的 C/T2 位，可以将其选择为定时器或计数器。T2 有 3 种工作模式：16 位自动重载、16 位捕获、波特率发生器。这 3 种模式由 T2CON 中的相应位进行选择。T2CON 的位格式见表 5-3。

表 5-3　T2CON 的位格式

T2CON	D7	D6	D5	D4	D3	D2	D1	D0
字节地址：0C8H	TF2	EXF2	RCLK	TCLK	EXEN2	TR2	C/T2	CP/RL2

各位具体含义如下。

TF2：T2 溢出标志。当 T2 溢出时，该位被置 1，必须由软件清 0。当 RCLK 或 TCLK 为 1 时，TF2 将不被置位。

EXF2：T2 外部标志。当 EXEN2=1 且 T2EX 的负跳变产生捕获或重载时，EXF2 被置 1；T2 中断使能时，EXF2 将使 CPU 从中断向量处执行 T2 中断子程序。EXF2 必须由软件清 0。

RCLK：接收时钟标志。当 RCLK=1 时，T2 的溢出脉冲作为串行口模式 1 和模式 3 的接收时钟；当 RCLK=0 时，T1 的溢出脉冲作为接收时钟。

TCKL：发送时钟标志。当 TCLK=1 时，T2 的溢出脉冲作为串行口模式 1 和模式 3 的发送时钟；当 TCLK=0 时，T1 的溢出脉冲作为发送时钟。

EXEN2：T2 外部使能标志。当 EXEN2=1 且 T2 未作为串行口时钟时，允许 T2 的负跳变产生捕获或重载；EXEN2=0 时，T2EX 的跳变对 T2 无效。

TR2：T2 启动/停止控制位。TR2=1 时启动 T2。

C/T2：定时器/计数器选择。置 0 时，T2 为内部定时器，其时钟频率为系统时钟频率的 1/12 或 1/6（$f_{osc}/12$ 或 $f_{osc}/6$）；置 1 时，T2 为外部事件计数器（下降沿触发）。

CP/RL2：捕获/重载标志。CP/RL2=1 且 EXEN2=1 时，T2EX 的负跳变产生捕获；CP/RL2=0 且 EXEN2=0 时，T2 溢出或 T2EX 的负跳变都可能使定时器自动重载。当 RCLK=1 或 TCLK=1 时，该位无效且定时器强制为溢出时自动重载。

T2 工作方式的选择由 RCLK、TCLK、CP/RL2、TR2 共同决定，见表 5-4。

表 5-4　T2 的工作方式

RCLK+TCLK	CP/RL2	TR2	工作方式
0	0	1	16 位自动重载
0	1	1	16 位捕获
1	x	1	波特率发生器
x	x	0	关闭

1. 自动重载模式

16 位自动重载模式中，T2 可通过 C/T2 配置为定时器/计数器，编程控制递增/递减计数。计数方向由 DCEN 确定：DCEN=0 时，T2 默认向上计数，DCEN=1 时，T2EX 确定递增或者递减计数。该模式通过 EXEN2 位进行选择。EXEN2=0 时，T2 递增计数到 0FFFFH 并在溢出后将 TF2 置位，然后将 RCAP2H 和 RCAP2L 中的 16 位值作为重载值装入 T2。RCAP2H 和 RCAP2L 的值通过软件设置。EXEN2=1 时，16 位重载可通过溢出或 T2EX 从 1→0 的负跳变实现，此负跳变同时将 EXF2 置位。如果 T2 中断被使能，则当 TF2 或 EXF2 置 1 时产生中断。T2EX=1 时，T2 递增计数，计数到 0FFFFH 后溢出并置位 TF2，并产生中断。T2 的溢出将使 RCAP2H 和 RCAP2L 中的 16 位值作为重新装载值放入 TL2 和 TH2。T2EX=0 时，T2 递减计数。当 TL2 和 TH2 计数值等于 RCAP2H 和 RCAP2L 时，定时器产生溢出。T2 溢出置位 TF2，并将 0FFFFH 重新装入 TL2 和 TH2。当 T2 递增/递减产生溢出时，外部标志位 EXF2 翻转。与自动重载模式相关的控制寄存器 T2MOD 的位格式见表 5-5。

表 5-5　T2MOD 的位格式

T2MOD	D7	D6	D5	D4	D3	D2	D1	D0
字节地址：0C9H	—	—	—	—	—	—	T2OE	DCEN

其中，T2OE 为 T2 输出使能位，DCEN 为向下计数使能位。T2 可配置为向上/向下计数器。

2. 捕获模式

该模式通过 T2CON 的 EXEN2 设置。当 EXEN2=0 时，T2 为一个 16 位定时器或计数器（由 T2CON 中的 C/T2 位选择），溢出时置位 TF2，该位用于产生中断（通过使能 IE.5

寄存器中的 T2 中断使能位 ET2）；EXEN2=1 时，外部输入（T2EX）信号由 1 变为 0 时，将 T2 中 TL2 和 TH2 的当前值各自捕获到 RCAP2L 和 RCAP2H。另外，T2EX 的负跳变使 T2CON 中的 EXF2 置位，EXF2 能够产生中断请求。

3. 波特率发生器模式

T2CON 中 RCLK=1 和 TCLK=1 时，T2 进入波特率发生器模式，当 TH2 溢出时，波特率发生器模式使 T2 的 RCAP2H 和 RCAP2L 的 16 位值自动装入 TH2 和 TL2 中。RCAP2H 和 RCAP2L 的值由软件预置。当 T2 工作在波特率发生器模式时，外部信号由 T2 进入，波特率的计算公式如下。

外部时钟：
$$波特率 = \frac{定时器2溢出率}{16}$$

内部时钟：
$$波特率 = \frac{系统时钟频率}{32 \times [65536 - (RCAP2H, RCAP2L)]}$$

当 T2 工作在波特率发生器模式时，可以通过设置 T2OE 位，使 P1.0 引脚输出占空比为 50%的方波，方波频率为

$$方波频率 = \frac{系统时钟频率}{4 \times [65536 - (RCAP2H, RCAP2L)]}$$

根据外部需要，方波频率可以由上式计算需要写入的计数初值。当向外部输出方波时，T2 计数溢出不会产生中断。该方波可以作为步进电机或数字伺服电机的驱动信号。

5.3 定时器/计数器的编程与应用

在使用单片机定时器/计数器功能时，可以按照以下步骤进行。

1. 定时器/计数器初始化

在初始化阶段，根据需要设置 TMOD。

2. 计算计数器/定时器的计数初值 N

在定时器方式下，其时钟源为 12 分频后的系统振荡时钟计数，计数初值的计算公式可参考 5.2 节。

3. 启动计数器/定时器

在进行计数过程中，启动计数器还受到 GATE 的影响，这在前面已经介绍过。如果激活为 GATE=1 的方式，则启动定时器/计数器还与 GATE 相关的外部引脚（P3.3、P3.4）上的电平变化有关；如果 GATE=0，启动定时器，则只需要控制 TR0 或 TR1，将其置 1，则启动相应的定时器。

5.3.1 毫秒级定时

应用定时器实现 8 个 LED 灯循环闪烁，每个 LED 灯的闪烁间隔时间为 50ms（如果间隔时间太短，则某些 LED 灯可能常亮或常灭），单片机时钟频率 f_{osc} 为 6MHz，采用定时器 0 以中断方式控制各 LED 灯。LED 灯与单片机连接电路图如图 5-6 所示。

在图 5-6 中，8 个 LED 灯分别连接在 P1.0～P1.7 引脚上。当 P1.x（x=0～7）相应端口为高电平时，相应的 LED 灯点亮；反之，LED 灯灭，P1.x 端口的值按照 50ms 变化一次就可以实现所有的 LED 灯闪烁。由于 8 个 LED 灯循环闪烁，则定时器计数完毕后，P1 的状态需要进行切换。表 5-6 列出了 LED 灯闪烁与 P1 端口状态的对应关系。

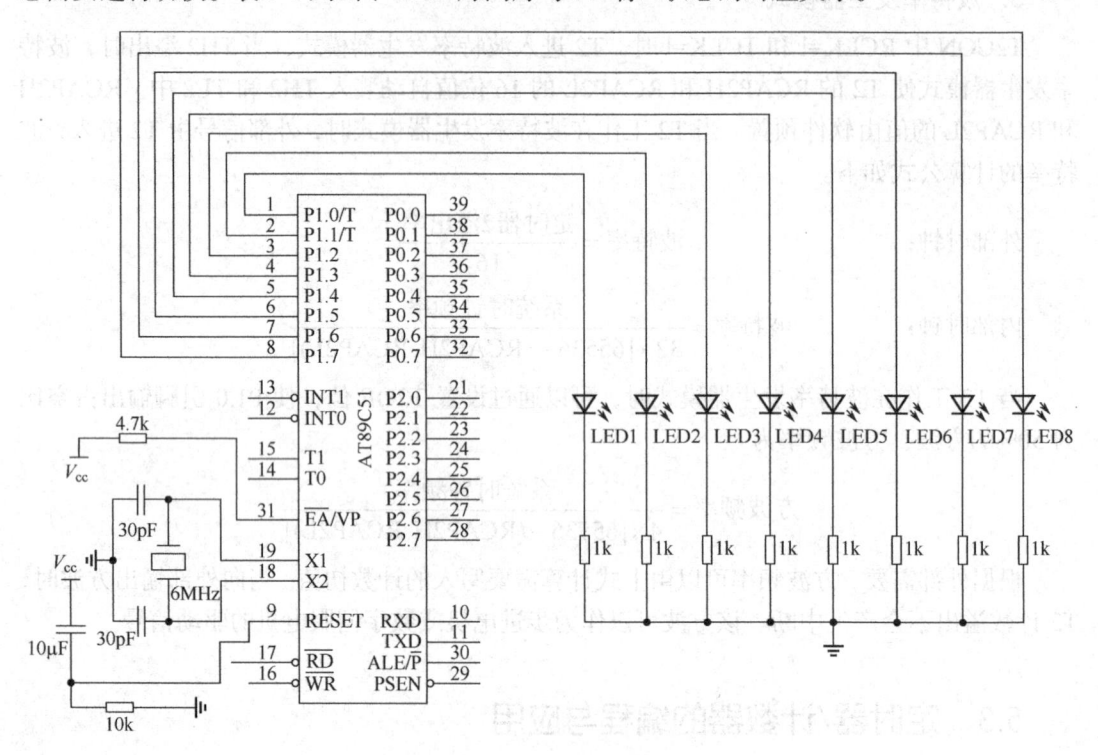

图 5-6 LED 灯与单片机连接电路图

表 5-6 LED 灯闪烁与 P1 端口的对应关系

状态顺序	LED 灯闪烁过程	P1 端口值	16 进制值
初状态	LED1～LED8 灭	00000000	00H
第一次	LED1 灯亮，其他灯灭	00000001	01H
第二次	LED2 灯亮，其他灯灭	00000010	02H
第三次	LED3 灯亮，其他灯灭	00000100	04H
第四次	LED4 灯亮，其他灯灭	00001000	08H
第五次	LED5 灯亮，其他灯灭	00010000	10H
第六次	LED6 灯亮，其他灯灭	00100000	20H
第七次	LED7 灯亮，其他灯灭	01000000	40H
第八次	LED8 灯亮，其他灯灭	10000000	80H
返回初状态	LED1～LED8 灭	00000000	00H

根据 LED 灯闪烁间隔时间要求，确定定时器处于工作方式 1，定时时间为 50×10^{-3} s，计算得到初值 N=9E58H，则 TH0=9EH，TL0=58H。

LED 灯控制主程序和中断服务程序流程图如图 5-7 所示。

汇编语言和 C 语言程序代码如下。

1. 汇编语言程序代码

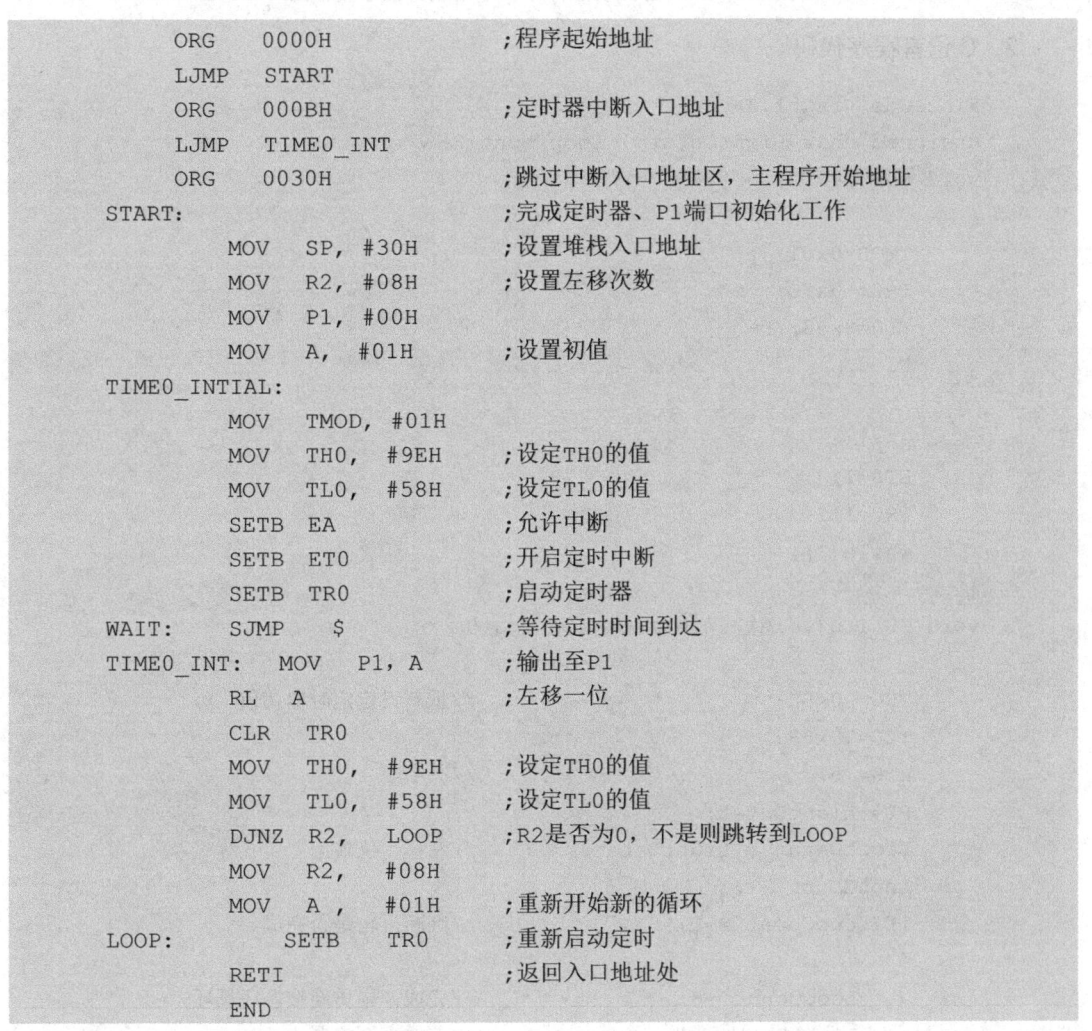

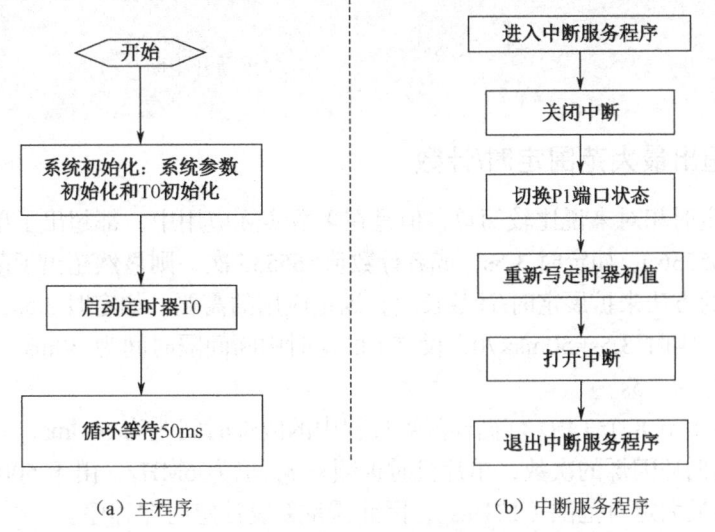

```
        ORG    0000H              ;程序起始地址
        LJMP   START
        ORG    000BH              ;定时器中断入口地址
        LJMP   TIME0_INT
        ORG    0030H              ;跳过中断入口地址区，主程序开始地址
START:                             ;完成定时器、P1端口初始化工作
        MOV    SP, #30H           ;设置堆栈入口地址
        MOV    R2, #08H           ;设置左移次数
        MOV    P1, #00H
        MOV    A, #01H            ;设置初值
TIME0_INTIAL:
        MOV    TMOD, #01H
        MOV    TH0, #9EH          ;设定TH0的值
        MOV    TL0, #58H          ;设定TL0的值
        SETB   EA                 ;允许中断
        SETB   ET0                ;开启定时中断
        SETB   TR0                ;启动定时器
WAIT:   SJMP   $                  ;等待定时时间到达
TIME0_INT:  MOV  P1, A            ;输出至P1
        RL     A                  ;左移一位
        CLR    TR0
        MOV    TH0, #9EH          ;设定TH0的值
        MOV    TL0, #58H          ;设定TL0的值
        DJNZ   R2, LOOP           ;R2是否为0，不是则跳转到LOOP
        MOV    R2, #08H
        MOV    A, #01H            ;重新开始新的循环
LOOP:   SETB   TR0                ;重新启动定时
        RETI                      ;返回入口地址处
        END
```

图 5-7 LED 灯控制主程序和中断服务程序流程图

图 5-7　LED 灯控制主程序和中断服务程序流程图

2. C 语言程序代码

```c
#include <reg51.h>
unsigned char LightDatat=1,LoopCount=8;
void main(void)
{
    TMOD=0x01;
    TH0= 0x9E;
    TL0=0x58;
    P1=0;

    EA=1;
    ET0=1;
    TR0=1;
    while(1);
}
void T0_Irq(void) interrupt 1 using 0
{
    TH0= 0x9E;                          //重新设定定时器初值
    TL0= 0x58;
    ET0= 0;                             //关中断
    P1= LightDatat;
    LightDatat = LightDatat <<1;        //左移一位输出
    LoopCount --;
    if(LoopCount ==0)                   //判断一轮是否完成
    {
        LoopCount =8;                   //完成，则重新按顺序循环
        LightDatat =1;                  //首位亮灯位置
    }
    ET0= 1;                             //重新开中断
}
```

5.3.2　超出最大范围定时/计数

毫秒级的定时相对来说比较简单，但是在多数实际应用中，都超出了单片机定时或者计数的范围（65536）。如定时 3.5s，或者计数值>65535 次，则显然超出了范围，因此需要考虑采用其他的方法来扩展定时/计数长度，满足应用的需要。如定时 3.5s，采用多次循环定时即可实现，定时 3.5s=50ms×70，设 T0 的定时中断间隔时间为 50ms，则连续中断 70 次所需时间刚好为 3.5s。

比如将 5.3.1 节 8 个 LED 灯循环闪烁过程中的闪烁时间改为 500ms，并记录从启动到后 LED 灯完成循环闪烁的次数，单片机时钟频率 f_{osc} 仍为 6MHz，由于 500ms 已经超出了定时器 0、1 的最大定时范围（131ms），因此需重新设计定时器程序。

由于 500ms>65.5ms，因此需采用多次循环定时的方法，定时 500ms=50ms×10 次，设

时器0控制寄存器和计数初值与5.3.1节程序中设定值相同。完整的C语言程序代码如下。

```c
#include <reg51.h>
unsigned char LightDatat=1, LoopCount=8;
unsigned char IRQCounter =0;
void main(void)
{
    TMOD= 0x01;
    TH0= 0x9E;
    TL0= 0x58;
    P1= 0;
    IRQCounter= 0;
    EA= 1;
    ET0= 1;
    TR0= 1;
    while(1);
}
void T0_Irq(void) interrupt 1 using 0
{
    TH0= 0x9E;                              //重新设定定时器初值
    TL0= 0x58;
    ET0= 0;                                 //关中断
    IRQCounter ++;
    if(IRQCounter1==10)                     //判断T0是否连续中断了10次
    {
        P1= LightDatat;
        LightDatat= LightDatat <<1;         //左移一位输出
        LoopCount --;
        if(LoopCount==0)                    //判断一轮是否完成
        {
            LoopCount= 8;                   //完成，则需要重新按顺序循环
            LightDatat= 1;                  //首位亮灯位置
        }
        IRQCounter= 0;                      //清0，重新开始计数
    }
    ET0= 1;                                 //重新开中断
}
```

5.3.3　8052单片机T2的应用

设单片机AT89C52外接晶振为22.1184MHz，要求使用T2的波特率发生器模式，在P1.0引脚输出频率为500Hz的方波。C语言程序代码如下。

```c
void InitTimer2()    //初始化定时器2，用于控制脉冲产生
{
    //定时器2默认的属性是加计数，输入时钟是振荡器频率的1/4
```

```
                //产生的脉冲频率= 晶振/(4×(65536-16位的设定值))
        EA= 0;                          //禁止所有中断
        T2CON= 0x30;                    //0011  0000
        T2MOD= 0x02;                    //  T2OE=1
        RCAP2L= 0xCD;                   //设定值=65536-分频数（54477)=11059
        RCAP2H= 0xD4;
        TL2    = 0xCD;
        TH2    = 0xD4;
        T2CON |=0x04;                   //启动T2
        EA = 1;                         //开CPU中断
}//void InitTimer2()

void main(void)
{
    InitTimer2();
    while(1);
}
```

由于 T2 工作在波特率发生器模式且向外输出脉冲，一方面不会产生中断请求信号，提高了 CPU 运行效率；另一方面，P1.0 为固定的方波信号输出引脚，因此 P1.0 不能用于其他用途。

本章小结

定时器/计数器是单片机内部的核心资源。通过对定时器/计数器的使用，单片机能完成多种与时间、计数有关的任务。本章主要介绍的是 MCS-51 单片机定时器/计数器，其内容包括 MCS-51 单片机的定时器/计数器的基本结构、定时器/计数器的工作方式，并通过实例介绍了 MCS-51 单片机定时器/计数器的汇编程序和 C 程序的实现方法与技巧。

思考题与习题

5.1 定时器/计数器用于计数时，对外界计数频率有何限制？用于定时时，定时时间与哪些因素有关？

5.2 设单片机的晶振频率为 6MHz，当定时器/计数器处于工作方式 0、工作方式 1、工作方式 3 时，计时最大值分别为多少？

5.3 设单片机晶振频率为 6MHz，采用 T1 的工作方式 1，在 P1.3 引脚产生脉宽为 20ms 的方波。

5.4 编写完整程序实现 MCS-51 单片机 P1.7 引脚输出如图 5-8 所示的矩形波，其周期为 60ms，占空比为 20%，设单片机的时钟频率为 12MHz。

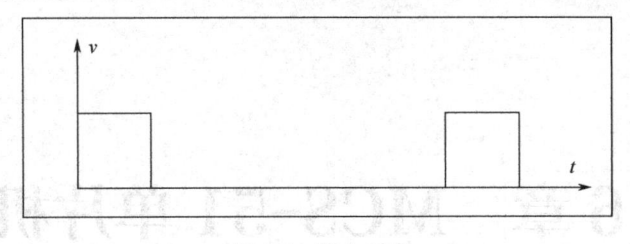

图5-8　题5.4图

5.5　试用AT89C51单片机的T1产生1s的定时,设单片机晶振频率为12MHz。

5.6　请查阅资料,列举一个能够直接产生PWM信号的国产单片机类型及具体型号,查阅该单片机手册,分析当通过单片机直接产生PWM信号时,需要控制单片机哪些寄存器,说明这些寄存器分别控制PWM信号的哪些参数。

第6章 MCS-51 单片机的串行通信技术

本章教学基本要求

1. 掌握串行通信基本知识。
2. 掌握 MCS-51 单片机串口的内部结构、寄存器的相关操作方法。
3. 理解 MCS-51 单片机串口多机通信原理和串口通信协议制定方法。

重点与难点

1. MCS-51 单片机串口通信程序的编写技巧。
2. 串口通信协议程序的实现方法。

6.1 串行通信的基本知识

6.1.1 串行通信的概念

微型计算机或单片机与外部设备的信息交换被称为通信。基本通信方式有并行通信方式和串行通信方式两种。并行通信方式是指能同时传送多个数据位；串行通信方式是指数据一位一位按顺序传送，如图 6-1 所示。在并行通信中，一个并行数据占有多少个二进制数的位，就需要多少根并行传输线。串行通信只需要一条或两条传输信道，连接方便、易于实现且成本低，适合在计算机之间、计算机与单片机之间或者单片机之间的相互通信。

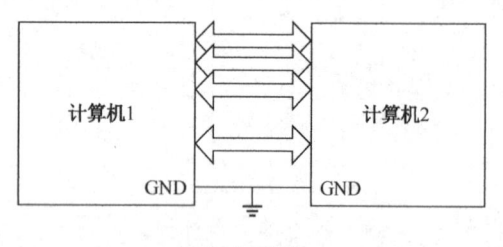

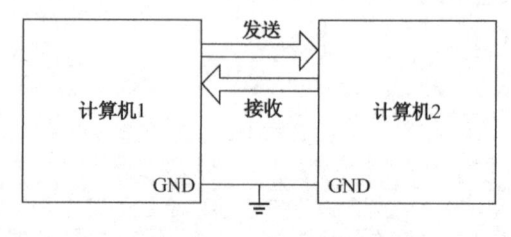

(a) 并行通信　　　　　　　　　(b) 串行通信

图 6-1　单片机与外部的信息交换方式

6.1.2 串行通信的工作方式

在串行通信中，根据通信双方连接方式或信息传输模式的不同，串行通信工作方式分成三种：单工、半双工和全双工。

1. 单工方式

在单工方式下，只有设备 A 串口发送器连接到设备 B 串口接收器，设备 A 串口接收器不与设备 B 串口发送器连接，形成单向连接，只允许数据由设备 A 串口发送器传输到设备 B 串口接收器，如图 6-2（a）所示。

2. 半双工方式

半双工方式是指设备 A 与设备 B 的数据传送是双向的，同一时刻一个信道只允许单方向传送，因此又称为双向交替通信。若要改变传输方向，须由开关进行切换，如图 6-2（b）所示。半双工方式要求收发两端都有发送器和接收器。由于这种方式要频繁变换信道方向，因此效率低，但可以节约传输线路。半双工方式适用在终端与终端之间的会话式通信。

3. 全双工方式

在全双工方式下，数据的传送是双向的，可以同时接收和发送数据，如图 6-2（c）所示。在全双工方式下，通信双方需要两根数据线进行数据传送。

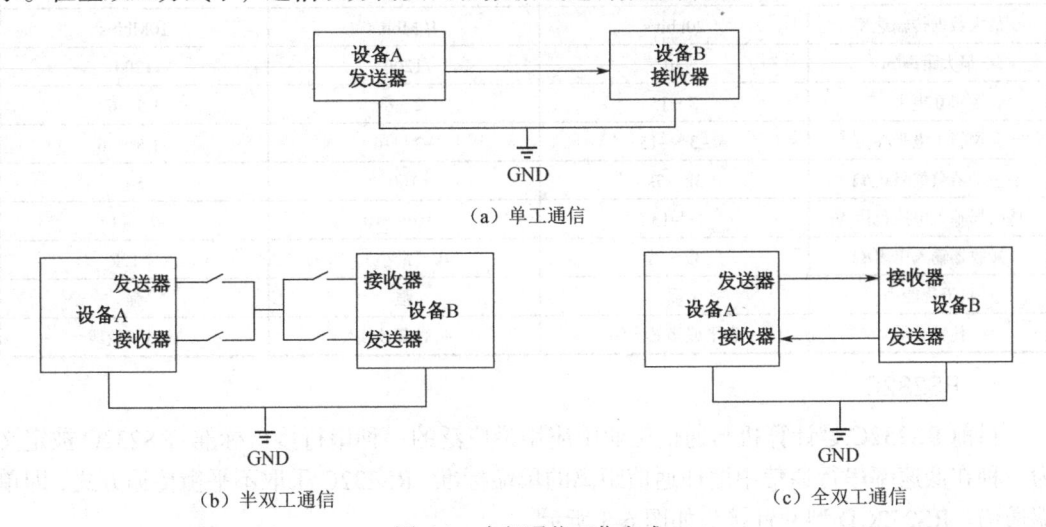

图 6-2 串行通信工作方式

另外，根据通信双方是否存在同步时钟控制要求，串行通信分为同步传送和异步传送两种方式。

异步传送方式的特点是数据在线路上的传送是不连续的。它是以字符为单位进行传送的，各字符可以连续传送，也可以间断传送。由于字符的发送是随机进行的，对接收器来说只需要判断何时开始和结束数据传送即可。因此，在异步传送方式中，数据一帧一帧地传送。每一帧首尾必须加上特定的控制位，用于控制和识别一个字符发送或接收的开始与结束状态。每一帧由四部分组成：起始位、数据位（发送的字符）、奇偶校验位和停止位。起始位占有 1 位，用低电平表示（逻辑 0），数据位可以是 5~8 位，奇偶检验位只占 1 位，这 1 位也可在字符格式中不使用，或者作为其他控制位，因此该位可根据需要设置。停止位表示一个字符传送的结束,一定是高电平(逻辑 1)。异步传送方式不要求接收方和发送方采用同步时钟脉冲,即双方各用自己的时钟源来控制发送和接收。

同步传送方式的特点是数据连续传送,即数据是以数据块为单位传送的。在每个数据块发送之前,先发送 1~2 个同步字符,然后发送数据,数据之间没有间隙,因此传送速度快。同步传送方式要求接收器与发送器必须具有同步时钟并要求严格同步。这增加了硬件设计的难度。

6.1.3 串行通信总线的电气标准

MCS-51 单片机串行口的输入(RX)、输出(TX)引脚均为 TTL 电平,抗干扰性差,传输距离短。为提高串行通信的可靠性,增大串行通信的距离,通常采用接口转换芯片实现标准串行接口通信,如 RS232C、RS422A、RS485 等标准。接口标准只对接口的电气特性做出规定,而不涉及接插件、电缆或协议,在此基础上用户可以建立自己的高层通信协议。串行通信总线标准电气参数表见表 6-1。

表 6-1 串行通信总线标准电气参数表

项　目	RS232C	RS422A	RS485
功能	双向,全双工	双向,全双工	双向,半双工
最大数据传输速率	20kbit/s	10Mbit/s	10Mbit/s
最大距离/m	30	1200	1200
逻辑 0 电平/V	3~15	2~6	1.5~6
逻辑 1 电平/V	−3~−15	−2~−6	−1.5~−6
驱动器负载阻抗/Ω	3k~7k	100	54
接收器输入电压范围/V	+/−15	−10~+10	−7~+12
接收器输入电阻/Ω	3k~7k	4k(最小)	≥12k
抗干扰能力	弱	强	强
传输介质	扁平或多芯电缆	两对双绞线	一对双绞线

1. RS232C

目前 RS232C 是计算机与通信工业中应用最广泛的一种串行接口标准。RS232C 被定义为一种在低速率串行通信中增加通信距离的单端标准。RS232C 采取不平衡传输方式,即单端通信。RS232CD 型 9 针接头如图 6-3 所示。

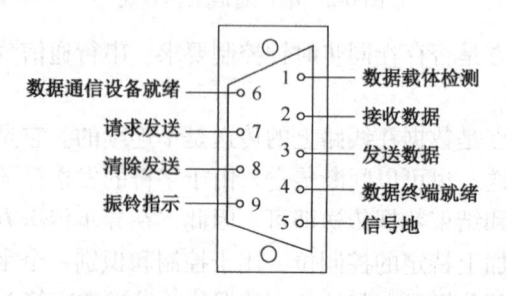

图 6-3 RS232C D 型 9 针接头

RS232C 各引脚功能见表 6-2。

表 6-2 RS232C 各引脚功能

引脚号	符号	信号方向	功能
1	DCD	输入	数据载体检测
2	TXD	输出	接收数据
3	RXD	输入	发送数据
4	DTR	输出	数据终端就绪
5	GND	—	信号地
6	DSR	输入	数据通信设备就绪
7	RTS	输出	请求发送
8	CTS	输入	清除发送
9	RI	输入	振铃指示

RS232C 上传送的数字量采用负逻辑，即

逻辑 1：−3～−15V。

逻辑 0：+3～+15V。

由于 TTL 电平和 RS232C 电平互不兼容，所以两者对接时必须进行电平转换，常用的转换芯片有 MC1488、MC1489、MAX232 等。

2．RS422A

RS422A 全称是"平衡电压数字接口电路的电气特性"，定义了接口电路的特性。图 6-4 是 RS422A DB9 连接器引脚定义。

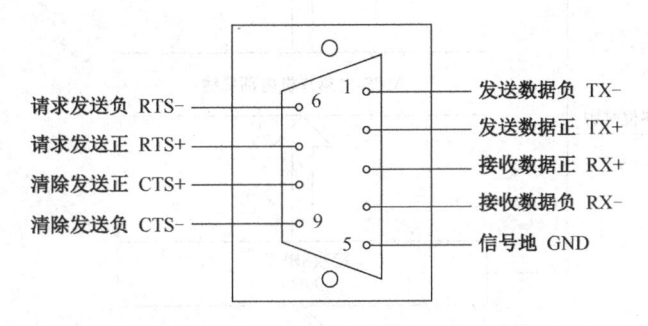

图 6-4 RS422A DB9 连接器引脚定义

由于接收器采用高输入阻抗和比 RS232C 驱动能力更强的发送驱动器，故允许在相同传输线上连接多个接收节点，最多可连接 10 个节点，即一个主设备（Master），其余为从设备（Slave），从设备之间不能通信，所以 RS422A 支持点对多点的双向通信。

RS422A 与 RS232C 的主要区别：收发双方的信号地不再共地，RS422A 规定了平衡驱动和差分接收的方法。每个方向用于数据传输的是两条平衡导线，相当于两个单端驱动器。输入同一个信号时，其中一个驱动器的输出永远是另一个驱动器的反相信号。于是两条线上传输的信号电平，当一个表示逻辑 1 时，另一个则为逻辑 0。若传输过程中混入了干扰和噪声，则由于差分接收器的作用，就能识别有用信号并正确接收传输的信息，并使干扰和噪声相互抵消。

TTL 电平转换成 RS422A 电平的常用芯片有 SN7MCS-5174、MC3487 等。RS422A 电

平转换成 TTL 电平的常用芯片有 SN7MCS-5175、MC3486 等。

3. RS485

由于 RS485 是从 RS422A 基础上发展而来的，所以 RS485 许多的电气规定与 RS422A 相仿。RS485 与 RS422A 的不同在于共模输出电压是不同的。RS485 是 RS422A 的变型：RS422A 用于全双工，采用对平衡差分信号线；RS485 用于半双工，采用一对平衡差分信号线。RS422A 使用的驱动器和接收器芯片在 RS485 中均可以使用。

6.2 MCS-51 单片机的串行口

6.2.1 基本结构

MCS-51 单片机的串行口主要由发送缓冲寄存器、接收缓冲寄存器、输入移位寄存器和移位时钟等组成。MCS-51 单片机串行口基本结构如图 6-5 所示。

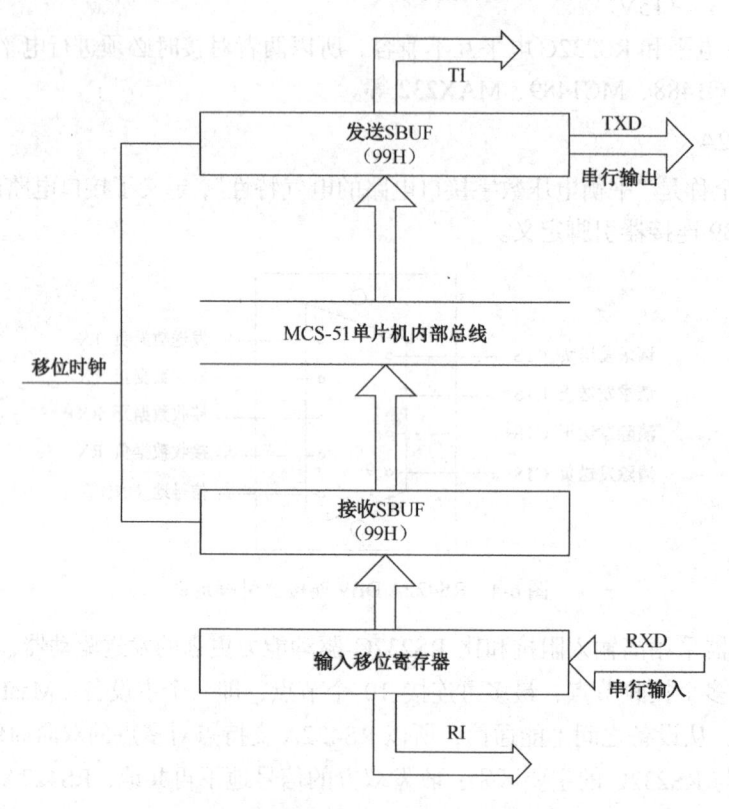

图 6-5 MCS-51 单片机串行口基本结构

发送缓冲寄存器（SBUF）存放将要发送的数据，只能写入，不能读出；接收缓冲寄存器（SBUF）存放接收到的数据，只能读出，不能写入。因此这两个物理上完全独立的缓冲寄存器共用一个地址 99H，根据读写指令可以确定访问的是接收数据缓冲器还是发送数据缓冲器。

当数据由单片机内部总线传送到发送 SBUF 时，即启动一帧数据的串行发送过程。一

帧数据发送结束后，串行口向 CPU 提出中断请求，申请发送下一帧数据。接收数据时，在一帧数据从 RXD 端经过移位寄存器全部进入 SBUF 后，串行口发出中断请求通知 CPU 接收该帧数据。在接收缓冲寄存器之前还有一个移位寄存器，从而构成了串行接收的双缓冲结构，可以避免在数据接收过程中前后两帧数据发生重叠。

6.2.2 寄存器

与 MCS-51 单片机串口工作相关的寄存器主要有 SCON、PCON、IE 和 IP，具体说明如下。

1. 串行口控制寄存器（SCON）

SCON 用于串行数据通信的控制，其中包括串行接口工作方式的设定、串行通道某些功能的控制，也可用于发送和接收第 9 位数据（TB8 和 RB8）。SCON 位格式见表 6-3。

表 6-3 SCON 位格式

SCON	D7	D6	D5	D4	D3	D2	D1	D0
字节地址：98H	SM0	SM1	SM2	REN	TB8	RB8	TI	RI

SCON 的各位具体含义如下。

（1）SM0（SCON.7）和 SM1（SCON.6）为串口工作方式选择位，用于控制串口通信模式，具体选择方式见表 6-4。

表 6-4 串口通信模式选择

SM0	SM1	方　式	说　明	波　特　率
0	0	0	移位寄存器	$f_{osc}/12$
0	1	1	10 位异步收发器（8 位数据）	可变
1	0	2	11 位异步收发器（9 位数据）	$f_{osc}/64$ 或 $f_{osc}/12$
1	1	3	11 位异步收发器（9 位数据）	可变

（2）SM2（SCON.5）：多机通信控制位，主要用于工作模式 2 和工作模式 3。当接收机的 SM2=1 时，可以利用收到的 RB8 来控制是否激活 RI（RB8=0 时不激活 RI，收到的信息丢弃；RB8=1 时收到的数据进入 SBUF，并激活 RI，进而在中断服务中将数据从 SBUF 中取走）。当 SM2=0 时，不论收到的 RB8 为 0 和 1，均可以使收到的数据进入 SBUF，并激活 RI（此时 RB8 不具有控制 RI 激活的功能）。通过控制 SM2，可以实现多机通信。在工作模式 0 时，SM2 必须是 0。在工作模式 1 时，若 SM2=1，则只有在接收到有效停止位时，RI 才置 1。

（3）REN（SCON.4）：允许串行接收位。由软件置 REN=1，则启动串行口接收数据；若置 REN=0，则禁止接收。

（4）TB8（SCON.3）：在工作模式 2 或工作模式 3 中，是发送数据的第 9 位，可以用软件规定其作用。可以用作数据的奇偶校验位，或在多机通信中，作为地址帧/数据帧的标志位。在工作模式 0 和工作模式 1 中，该位未用。

（5）RB8（SCON.2）：在工作模式 2 或工作模式 3 中，是接收到数据的第 9 位，作为奇偶校验位或地址帧/数据帧的标志位。在工作模式 1 时，若 SM2=0，则 RB8 是接收到的停止位。

（6）TI（SCON.1）：串行口发送中断标志位。当CPU将一个发送数据写入串行口发送缓冲寄存器时，就启动了发送过程。每发送完一个串行帧，由硬件置位TI。CPU响应中断时，不能自动清除TI，必须由软件清除。

（7）RI（SCON.0）：串行口接收中断标志位。当允许串行口接收数据时，每接收完一个串行帧，由硬件置位RI。同样，RI必须由软件清除。

2. 电源控制寄存器（PCON）

PCON专为CHMOS单片机的电源控制而设置，其单元字节地址为87H，不可位寻址。PCON位格式见表6-5。

表6-5　PCON位格式

PCON	D7	D6	D5	D4	D3	D2	D1	D0
位符号	SMOD	—	—	—	GF1	GF0	PD	IDL

PD和IDL：CHMOS单片机用于进入低功耗方式的控制位。

GF1和GF0：用户使用的一般标志位。

SMOD：串行口波特率倍增位。当SMOD=1时，串行口波特率增加1倍。系统复位时，SMOD=0。

PCON的D4、D5、D6位未定义。

3. 其他寄存器

MCS-51单片机可以采用中断方式实现串口数据收发控制，因此与其相关的寄存器还有中断允许寄存器（IE）和中断优先级控制寄存器（IP）。

IE管理MCS-51单片机所有中断使能控制，其中与串行口有关的是ES（IE.4）位。当ES=0时，禁止串行口的中断；当ES=1时，允许串行口中断。

IP用于设置MCS-51单片机中5个中断源的优先级别。其中与串行口有关的是PS（IP.4）位，当PS=0时，表示串行口中断处于低优先级别；当PS=1时，表示串行口中断处于高优先级别。

以上4个寄存器与串行通信有关，当使用MCS-51单片机串行口时，必须正确设置这些寄存器。

6.2.3　工作模式

MCS-51单片机可通过设置SCON的SM0、SM1位的状态，进行4种不同工作模式的选择，具体介绍如下。

1. 工作模式0

当设置SCON寄存器的SM0、SM1位为00时，MCS-51单片机串行口将进入工作模式0。在工作模式0下，串行口作为同步移位寄存器使用，主要特点：RXD（P3.0）引脚接收或发送数据，TXD（P3.1）引脚发送同步移位时钟；数据的接收和发送以8位为一帧，低位在前，高位在后，不设起始位和停止位，格式为

...	D0	D1	D2	D3	D4	D5	D6	D7	...

串行口处于工作模式 0 时,波特率是固定的,仅与单片机所接的晶体振荡频率有关,为晶体振荡频率的 1/12。例如,当单片机使用的晶体振荡频率 f_{osc} 为 12MHz 时,波特率为 1Mbit/s,即每秒传送 1 兆位。

发送过程:CPU 把数据写入发送 SBUF 时,串行口即将 8 位数据以 $f_{osc}/12$ 的波特率由 RXD 引脚移位输出,同时 TXD 引脚输出同步脉冲,字符发送完毕后,TI=1。

接收过程:接收器启动后,RXD 作为数据输入端,TXD 作为同步信号输出端,接收器接收 RXD 引脚上的数据信息,接收完 8 位数据后,RI=1。

在工作模式 0 中,SCON 中的 TB8 位没用,SM2 位必须为 0。

2. 工作模式 1

当设置 SCON 的 SM0、SM1 位为 0 1 时,MCS-51 单片机串行口将进入工作模式 1。

在工作模式 1 下,串行口采用 10 位为一帧的异步串行通信方式,主要包括 1 位起始位、8 位数据位和 1 位停止位,主要特点:RXD(P3.0)引脚接收数据,TXD(P3.1)引脚发送数据;数据位的接收和发送为低位在前,高位在后,格式为

起始位	D0	D1	D2	D3	D4	D5	D6	D7	停止位

当发送数据时,CPU 执行一条将数据写入发送 SBUF 的指令时启动发送。发送完一帧数据后 TI=1。

接收数据时,允许输入位 REN 置 1 后,接收器便以波特率的 16 倍速率采样 RXD 端电平,当采样到 1 至 0 的跳变时就认为是接收到了起始位。随后在移位脉冲的控制下把接收到的数据位移入接收 SBUF 中。停止位到来后便被送入 RB8,并使 RI=1,通知 CPU 从 SBUF 中取走接收到的字符。

串行口处于工作模式 0 时,波特率是固定的,但在工作模式 1 下,波特率是可变的,与 T1 的溢出率有关。当串行口处于工作模式 1 时,其波特率计算与 PCON 的最高位 SMOD 有关,具体计算公式为

$$工作模式1波特率 = \frac{2^{SMOD}}{32} \times T1的溢出率$$

【例 6.1】 MCS-51 单片机以工作模式 1 进行串行数据通信,波特率为 1200bit/s。若晶体振荡频率 f_{osc} 为 6MHz,试确定定时器/计数器 1 的计数初值。

解:串行口处于工作模式 1 时的波特率由定时器/计数器 1 的溢出率决定,计数初值为

$$N = 256 - \frac{f_{osc} \times 2^{SMOD}}{384 \times 波特率}$$

式中,晶体振荡频率 f_{osc}=6MHz,波特率=1200bit/s 已由题中给出,设 SMOD 位为 0,可得计数初值

$$N = 256 - \frac{f_{osc} \times 2^{SMOD}}{384 \times 波特率} = 256 - \frac{6 \times 10^6 \times 1}{384 \times 1200} \approx 256 - 13 = 243D = 0F3H$$

因此,通过下面指令可以对单片机的串行通信进行初始化,包括串行口的工作模式和波特率设置。

```
MOV     SCON, #50H;     串行口处于工作模式1,允许接收
```

```
MOV     PCON, #00H;      SMOD=0,波特率不倍增
MOV     TMOD, #20H;      定时器/计数器1处于工作方式2时
MOV     TH1, #0F3H;      定时器/计数器1的计数初值为0F3H
MOV     TL1, #0F3H
SETB    TR1              ;启动定时器/计数器1,开始提供1200bit/s的波特率
MOV     IE, #00H         ;不允许中断
MOV     IP, #00H
```

通过以上对定时器/计数器1的计数初值计算可以知道,设定计数初值为0F3H只能提供近似于1200bit/s的波特率。要想提供精确的波特率,以利于串行通信双方进行可靠的数据交换,必须使用其他频率的晶体振荡器。实际应用中,常常使用 11.0592MHz 频率的晶体振荡器,提供 1200bit/s、2400bit/s、4800bit/s、9600bit/s 等多种常用串行通信波特率。

3. 工作模式2

当设置 SCON 的 SM0、SM1 位为 10 时,MCS-51 单片机串行口将进入工作模式2。

在工作模式2下,串行口采用11位为一帧的异步串行通信方式,包括1位起始位、9位数据位和1位停止位,主要特点:RXD(P3.0)引脚接收数据,TXD(P3.1)引脚发送数据;数据位的接收和发送为低位在前,高位在后,格式为

起始位	D0	D1	D2	D3	D4	D5	D6	D7	可编程位	停止位

其中可编程位可作为奇偶校验位,也可作为控制位,功能由用户确定。

在数据发送前,使用位操作指令 SETB TB8 或 CLR TB8 先将第9位数据 D8(可编程位)准备好,再由向发送 SBUF 中写入数据的指令启动数据的串行发送过程。串行口按一定的波特率发完1个起始位、8个数据位后,按次序将 D8(TB8)和停止位也从 TXD 引脚发出。发送完毕,置 TI 位为1。因此,工作模式2的发送过程除含有 D8(TB8)外,其余过程同工作模式1。

工作模式2的接收过程也与工作模式1相似,所不同的只是第9位数据 D8 的接收。串行口将前8位数据传送到接收 SBUF,当接收到第9位数据 D8 时,硬件自动将该位传送到接收器的 RB8。

第9位数据 TB8、RB8 可作为串行通信的奇偶校验位,也可用于多机通信时的地址、数据帧辨别。

串行口处于工作模式2时的波特率是固定的,为 $\frac{2^{SMOD}}{64} \times f_{osc}$。

当 PCON 的 SMOD 位为 0 时,波特率 $= \frac{2^{SMOD}}{64} \times f_{osc} = \frac{1}{64} \times f_{osc}$。

当 PCON 的 SMOD 位为 1 时,波特率 $= \frac{2^{SMOD}}{64} \times f_{osc} = \frac{1}{32} \times f_{osc}$。

4. 工作模式3

当设置 SCON 的 SM0、SM1 位为 11 时,MCS-51 单片机串行口将进入工作模式3。在工作模式3下,串行口采用以11位为一帧的异步串行通信方式,主要包括1位起始位、9位数据位、1位停止位,通信过程与工作模式2完全相同,所不同的是通信波特率。在工

作模式 2 下，通信波特率固定为两种：$\frac{1}{32} \times f_{osc}$ 或 $\frac{1}{64} \times f_{osc}$。

而工作模式 3 的通信波特率由 T1 的溢出率决定，与工作模式 1 相同，是可变的，计算公式为

$$波特率 = \frac{2^{SMOD}}{32} \times T1的溢出率$$

总之，通过设定 SCON 的 SM0、SM1 位的状态，可进入 4 种不同的工作模式。4 种工作模式比较见表 6-6。

表 6-6　4 种工作模式比较

工作模式	功　　能	帧格式	RXD/TXD 引脚作用	波　特　率
工作模式 0	同步移位寄存器	8 位	RXD 发送、接收数据 TXD 输出同步移位时钟	$\frac{1}{12} \times f_{osc}$
工作模式 1	通用异步收发器	10 位	RXD 接收数据 TXD 发送数据	$\frac{2^{SMOD}}{32} \times \frac{f_{osc}}{12 \times (256-X)}$
工作模式 2	通用异步收发器	11 位	RXD 接收数据 TXD 发送数据	$\frac{2^{SMOD}}{64} \times f_{osc}$
工作模式 3	通用异步收发器	11 位	RXD 接收数据 TXD 发送数据	$\frac{2^{SMOD}}{32} \times \frac{f_{osc}}{12 \times (256-X)}$

需要注意的是，串口通信双方必须采用相同的工作模式，且数据帧格式与波特率设置也要相同。

6.3　单片机多机通信与通信协议

6.3.1　多机通信原理

主从式多机通信是多机通信系统中最简单的一种。在主从式多机通信中，只有一台主机，但从机可以有多台。主机发送的信息可以传送到所有的从机或指定的从机，从机发送的信息只能被主机接收，各从机之间不能直接通信，如图 6-6 所示。

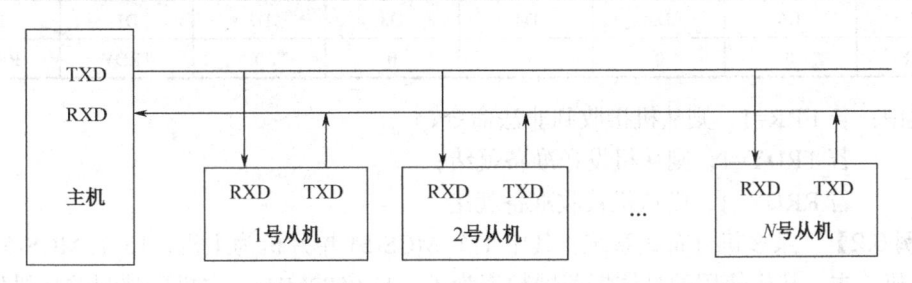

图 6-6　主从式多机通信示意图

MCS-51 单片机工作在多机通信时，必须在工作方式 2 或工作方式 3 下工作，作为主机的 MCS-51 单片机的 SM2 应设定为 0，作为从机的 SM2 应设定为 1。主机发送的信息有两类：一类是地址，当串行数据第 9 位为 1 时，指示需要与主机通话的从机地址；另一类是数据，

当串行数据第9位为0时，指示需要与主机交换的数据。由于所有从机的SM2=1，故每个从机总能在RI=0时收到主机发来的地址，并进入各自的中断服务程序。具体通信过程如下。

① 主机的SM2=0，所有从机的SM2=1，以便接收主机发来的地址。

② 主机给从机发送地址时，第9位数据为1，以指示从机接收这个地址。

③ 所有从机在SM2=1、RB8=1和RI=0时，接收主机发来的地址，进入相应中断服务程序，并和本机地址比较以确认是否为被寻址从机。

④ 被寻址从机通过指令清除SM2，以正常接收数据，并向主机发回接收到的从机地址，供主机核对。未被寻址从机保持SM2=1，并退出各自的中断服务程序。

⑤ 完成主机和被寻址从机之间的数据通信，被寻址从机在通信完成后重新使SM2=1，并退出中断服务程序，等待下次通信。

⑥ 在实际应用中，经常采用上位机查询（通过查询RI和TI状态来接收和发送数据）、从机中断的通信方式。

6.3.2 多机通信实例

多机通信中，主机向从机发送信息，须指定向哪台从机发送；同样，从机向主机发送信息时，主机需要知道信息来自哪个从机。这需要制定通信协议。主从式多机通信约定有如下通信协议。

① 系统中允许有255台从机，其地址是00H~FEH。

② 地址FFH是对所有从机都起作用的一条控制命令，命令各从机恢复SM2=1状态。

③ 主机和从机的联络过程：主机首先发送地址帧，被寻址从机返回本机地址给主机，在判断地址相符后，主机给被寻址从机发送控制命令，被寻址从机根据命令向主机回送自己的状态，若主机判断状态正常，则主机开始发送或接收数据，发送或接收的第一字节是数据块长度。

④ 假定主机发送的控制命令代码如下。

00：要求从机接收数据块。

01：要求从机发送数据块。

其他：非法命令。

⑤ 从机状态字格式如下。

D7	D6	D5	D4	D3	D2	D1	D0
ERR	0	0	0	0	0	TRDY	RRDY

其中：若ERR=1，则从机接收到非法命令；

若TRDY=1，则从机发送准备就绪；

若RRDY=1，则从机接收准备就绪。

【例6.2】 某多机分布式系统，其中1个MCS-51单片机为主机，16个MCS-51单片机为从机，主、从机使用的晶体振荡器频率为f_{osc}=11.0592MHz。主机要呼叫的从机地址存放于R2中，发送的命令存放在R3中，复位命令存放在R4中。从机接收到主机呼叫本机地址后，应答本机地址（从机本机地址存放在R1寄存器中），并执行主机随后发送的命令。编写主、从机以工作方式3、4800bit/s进行通信的程序。

解：主、从机的通信程序应包括串行口的初始化程序和串行通信过程程序。

（1）初始化程序包括对 SCON 的设置和波特率的设置。

主机既可发送，又可接收，因此主机 SCON=0D0H，从机除发送、接收外，开始时必须使 SM2=1，所以从机 SCON=0F0H。

设定定时器/计数器 1 处于工作方式 2，计数初值为 N，提供 4800bit/s 的波特率，令 SMOD=0，则初值为

$$N = 256 - \frac{f_{osc} \times 2^{smod}}{384 \times 波特率} = 256 - \frac{11.0592 \times 10^6 \times 1}{384 \times 4800} = 256 - 6 = 250D = 0FAH$$

（2）主机使第 9 位数据 D8（TB8）为 1，发送从机地址。当从机应答地址相符时，使第 9 位数据 D8（TB8）为 1，发送命令；否则发送复位命令，恢复所有从机 SM2=1。主机发送程序如下。

```
MAIN:   MOV  SCON, #0D0H     ;主机处于工作方式3,允许接收
        MOV  PCON, #00H      ;SMOD=0
        MOV  TMOD, #20H      ;定时器/计数器1处于工作方式2
        MOV  TH1, #0FAH      ;定时器/计数器1计数初值为0FDH
        MOV  TL1, #0FAH
        MOV  IE, #00H        ;不允许中断
        MOV  IP, #00H
        SETB TR1             ;启动定时器/计数器1工作
LOOP:   MOV  A, R4           ;取复位命令
        SETB TB8
        MOV  SBUF, A         ;发送复位命令
        JNB  TI, $
        CLR  TI
        MOV  A, R2           ;取呼叫的从机地址
        SETB TB8
        MOV  SBUF, A         ;发送呼叫从机地址
        JNB  TI, $
        CLR  TI
        JNB  RI, $
        CLR  RI
        MOV  A, SBUF         ;取应答地址
        CJNE A, R2, LOOP     ;应答地址与呼叫地址不符,转LOOP
        CLR  TB8
        MOV  A, R3           ;取命令
        MOV  SBUF, A
        JNB  TI, $
        CLR  TI
        SJMP $
```

（3）从机初始化后，等待接收呼叫地址。若呼叫的地址与本机一致，则发送应答地址信号，并使本机 SM2=0，准备接收主机随后发送的数据。从机通信程序如下。

```
MAIN:   MOV  SCON, #0F0H     ;从机处于工作方式3,允许接收,SM2=1
        MOV  PCON, #00H      ;SMOD=0
```

```
            MOV    TMOD, #20H         ;从机定时器/计数器1处于工作方式2
            MOV    TH1, #0FAH         ;从机定时器/计数器1计数初值为0FAH
            MOV    TL1, #0FAH
            MOV    IE, #00H           ;从机不允许中断
            MOV    IP, #00H
            SETB   TR1                ;启动从机定时器/计数器1
    LOOP1:  JNB    RI, $              ;等待接收
            CLR    RI
            MOV    A, SBUF            ;取接收的主机呼叫地址
            CJNE   A, R1, LOOP1       ;本机地址与呼叫地址不符,转LOOP1
            CLR    SM2                ;使呼叫从机SM2=0
            MOV    A, R1              ;取本机地址
            SETB   TB8
            MOV    SBUF, A            ;应答本机地址
            JNB    TI, $              ;等待发送完毕
            CLR    TI
            JNB    RI, $              ;等待接收主机命令
            CLR    RI
            MOV    A, SBUF            ;取命令
            MOV    DPTR, #MLTAB       ;取命令表首地址
            RL     A
            JMP    @A+DPTR
    MLTAB:  AJMP   ML0                ;命令处理0
            AJMP   ML1                ;命令处理1
            ...
            AJMP   MLN                ;命令处理n
```

6.3.3 串口通信协议

在单片机与外设（如计算机）进行串口通信过程中，为实现正常通信，一方面需要确保通信双方硬件接口符合相同的电气标准，另一方面需要通信双方具有相同的串口工作模式、数据帧格式和波特率。在实际的单片机与外设通信应用中，无论是点对点还是多机通信，都需要一些双方约定的通信协议。这区别于多机通信中单纯的地址编码。该通信协议主要用于提高通信可靠性，也可以实现多机通信。目前，在单片机串口通信中，没有统一的通信协议，在使用时，由通信双方自行约定，或者由其中一方制定好通信协议后，另一方遵守该协议实现与其通信。

串口通信协议是通信双方在串口数据收发过程中，除了需要传输的实际数据，再加入多个控制字节、校验字节等信息，用于提高通信可靠性或者实现在串口工作模式 1 下的多机通信功能。目前，常用的串口通信协议格式见表 6-7。

表 6-7 常用的串口通信协议格式

内容	起始字节	数据长度	地址字节	命令字节	数据域	校验字节
长度	1 Byte	1Byte	1Byte	1Byte	n Byte	1Byte

表 6-7 中，各字节具体含义如下。

起始字节：用于发送方通知接收方准备接收数据，为通信双方约定的特定字节，如 64H，通常为 1 字节长度。如当设备 A（B）向设备 B（A）发送数据时，设备 B（A）收到该字节（如 64H），准备接收来自设备 A（B）的数据。

数据长度：用于发送方控制写入 SBUF 的次数，接收方判断本次通信数据是否接收完毕。不同用户对该字节的使用方法不同，通常为 1 字节长度。比如，可以将数据长度定义为本次完整通信过程中的所有字节，即

数据长度 = 1 字节（起始字节）+ 1 字节（长度字节）+ 1 字节（命令字节）+
　　　　　 1 字节（地址字节）+ n 字节（数据域）+ 1 字节（校验字节）
　　　　 = n 字节（数据域）+ 5 字节（控制字节）

而对于表 6-7 中的控制字节，其总长度为固定的 5 字节，因此数据长度可以不计算，而直接令数据长度=数据域长度，即通信中需要发送的实际数据个数（字节数）。在实际应用中，可以根据需要定义数据长度字节。

地址字节：主要应用在多机通信系统中，通信系统中的各个设备均可工作在工作模式 1 下。如果是点对点通信，则该字节可以去除。

命令字节：主要用于在通信中控制不同任务，如设备 A 发送不同命令给设备 B，设备 B 根据不同命令执行不同任务，通常为 1 字节长度。

数据域：当通信中有一方需要向另一方传输数据时，如设备 A 采集到某个传感器数据，需要将该数据向设备 B 传送，则该数据称为数据域，即本次通信中需要传输的实际数据。该数据域的长度在不同条件下可以不同，具体长度由发送方确定。

校验字节：用于控制或识别本次通信数据是否正常，通常为 1 字节长度，目前采用比较多的是奇偶校验和冗余校验。当采用奇偶校验时，将本次除校验字节外其他数据全部相加后再与 256 相减，作为发送方的校验字节，接收方收到数据后将本次通信收到的所有字节相加后，如果和等于 256，则说明本次通信数据比较可靠，如果不等于 256，则本次通信一定出错。在串口通信中，写入或读取 SBUF 的数据均为一字节，当定义为一字节的变量时，如果数据为 256，则发生溢出，最后数据为 0。因此如果通信接收方将收到的数据相加后和为 0，则可以处理本次传输的命令或者数据，否则告知发送方本次通信校验错误。

当采用表 6-7 所列的通信协议格式时，如果是点对点通信，可以不加地址字节，则在一次完整通信过程中，至少需要传送 4 字节的信息，即起始字节（1 字节）、数据长度（1 字节）、命令字节（1 字节）和校验字节（1 字节）。如果是多机通信，则可以通过加入地址字节，即一次完整的通信中至少需要传送 5 字节的信息。尽管在每次通信过程中多传输了一些控制信息，但这些控制信息能够有效提高通信可靠性，避免由于干扰信号破坏传输的信息而带来错误操作。

此外，在串口通信中，接收方还要进行接收超时控制，即在规定的时间范围内，没有收到下一个数据时，接收方可以认为与发送方通信出现异常，本次通信数据不可靠，需要将接收缓冲区清除，等待下一次通信连接。

6.4 MCS-51 单片机串行通信应用实例

计算机与单片机串口通信时,计算机的串口为 RS232 电平,而单片机串口为 TTL 电平,因此硬件需要实现接口电气转换,通常采用 MAX232 芯片实现电平转换。当然,如果通信双方电气参数完全相同,则可以直接连接,即将一方的发送端连接到另一方的接收端。下面将根据是否具有串口通信协议,给出串口实际应用的例子。

【例 6.3】 单片机与计算机进行串口通信,不使用通信协议控制,通信示意图如图 6-7 所示。通信帧格式为:1 位起始位、8 位数据位、1 位停止位,波特率为 2 400bit/s。单片机晶体振荡器频率 f_{osc}=11.059 2MHz,采用中断方式收发数据。计算机间隔 1s 向单片机发送数据 55H。现编写单片机程序实现:单片机接收到计算机发送的数据后,判断出数据为 55H,则向计算机回送 55H,否则回送 0AAH。

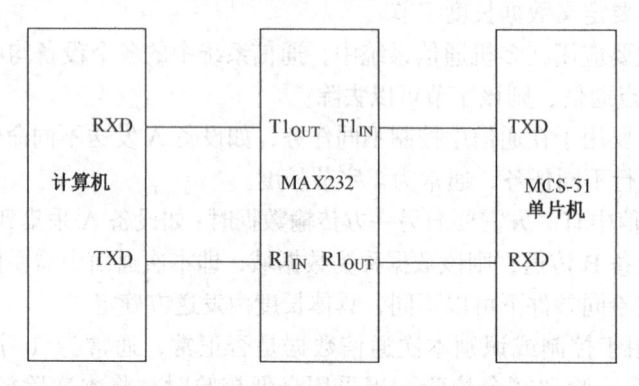

图 6-7 单片机与计算机通信示意图

汇编语言和 C 语言程序代码如下。

1. 汇编语言程序代码

```
              ORG     0000H
              LJMP    MAIN
              ORG     0023H               ;串口中断入口地址
              LJMP    IRQ_UART
MAIN:         MOV     TMOD, #20H          ;初始化T1
              MOV     TH1, #0F4H
              MOV     TL1, #0F4H
              MOV     SCON, #50H          ;串口处于工作模式1,REN=1
              MOV     PCON, #00H          ;SMOD=0,不采用波特率倍增
              SETB    TR1
              SETB    EA
              SETB    ES
HERE:         SJMP    HERE
;以下是中断服务程序
IRQ_UART:     CLR     EA                  ;中断服务程序
              CLR     RI
```

第6章 MCS-51 单片机的串行通信技术

```
            PUSH    PSW                     ;保护现场
            SETB    RS0
            CLR     RI
            PUSH    ACC
            MOV     A,SBUF                  ;接收计算机发来的字符
            CJNE    A, #0x55,ErrData        ;与55H比较
            SJMP    TXDBUF;
ErrData:    MOV     A, #0xAA                ;发送0AAH
TXDBUF:     MOV     SBUF, A                 ;将55H或者0AAH回送给计算机
WAIT:       JNB     TI, WAIT                ;等待发送完毕
            CLR     TI
            POP     ACC                     ;恢复现场
            POP     PSW
            SETB    EA
            RETI
            END
```

2. C语言程序代码

```c
#include <reg52.h>
#define uint unsigned int
#define uchar unsigned char
uchar cRxData;
uchar cTxData;
void Init_Comm();

void main()
{
    Init_Comm();
    while(1);
}
void Init_Comm ()       //初始化串口
{
TMOD=0x20;              //定时器T1使用工作方式2
   TH1=0xf4;            //设置初值
   TL1=0xf4;
   TR1=1;               //启动定时器T1
   SCON=0x50;           //工作方式1,波特率为2400bit/s,允许接收
   PCON=0x00;           //SMOD=0,不采用波特率倍增
   ES=1;                //开串口中断
   EA=1;                //开总中断
}
//串口中断服务程序
void IRQ_Comm() interrupt 4
{
```

```
        if(RI==1)                  //接收到数据
        {
          RI=0;                    //清除接收标志位
          cRxData=SBUF;            //从SBUF中读出一字节数据
          if(cRxData!=0x55)        //判断接收数据
              cTxData=0xAA;
          else
              cTxData=0x55;
          SBUF= cTxData;           //回送计算机
        }
        if(TI==1)
            TI=0;
}
```

MCS-51 单片机使用串口时，根据任务轻重的不同，串口收发可以选择查询处理或中断处理。多数应用中，串口接收数据采用中断处理，而发送数据采用查询处理。

计算机串口数据收发可以通过第三方软件（如串口调试助手）实现，如图 6-8 所示。

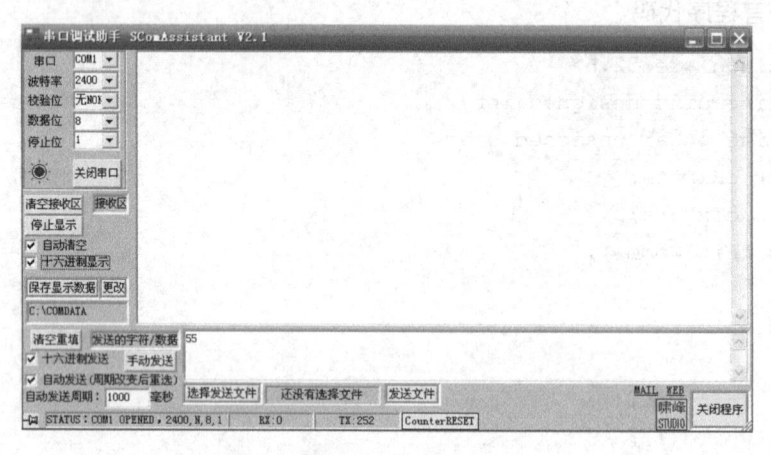

图 6-8　串口调试助手

【例 6.4】　计算机与单片机通过串口进行信息交互，通信方式如下。

通信帧格式为：1 位起始位，8 位数据位，1 位停止位，波特率为 9600bit/s。

超时时限：50ms。

通信协议：起始字节（0x64），长度字节，命令字节，数据域，校验字节。

校验字节 $=256-$起始字节$-$长度字节$-$命令字节$-\sum_{i=1}^{n}$数据域。

其中，n 代表数据域的实际字节数，数据长度字节的值等于数据域长度 $n+4$。

（1）当计算机向单片机发送命令 0x80 时，表示计算机需要与单片机建立通信握手，信息格式如下：

0x64, 0x04, 0x80, 0x18

如果单片机接收到的数据校验正确，则向计算机回送如下信息：

0x64, 0x05, 0x80, 0x55, 0xC2

如果单片机对接收的数据未能通过校验，则单片机不做任何响应。

（2）当计算机向单片机发送命令 0x81 时，表示需要传输数据给单片机。如果单片机对接收的数据未能通过校验，则单片机不做任何响应；反之，单片机将计算机发来的数据域内容求和（SumData），并将该 SumData 反馈给计算机，格式如下：

0x64, 0x05, 0x81, SumData, 校验和

这里假设计算机向单片机发送数据域内容的和（SumData）<256，所以只需要一字节就可以表示数据域内容的和。

假设单片机为 AT89C51，其时钟频率为 22.1184MHz，串口通信完整的 C 语言程序代码如下。

```c
#include <reg52.h>
#define unit unsigned int
#define uchar unsigned char
uchar cRxData[12];
uchar cRxLength=0;          //表示串口接收数据个数
uchar cTxData[10];
uchar cReTimerOut=50;       //单片机串口接收超时控制,超时时限为50ms
bit bSend=0;                //说明单片机是否有串口发送任务
//由于需要进行串口超时控制,因此需要利用定时器0进行中断计时,1ms中断一次
void Init_Timer0()
{
 EA = 0;                    //禁止所有中断
TMOD&=0xf0;                 //工作方式1
TMOD| = 0x01;               //8 bit ->GATE C/T M1 M0 GATE C/T M1 M0
 TH0 = 0xF8;                //22.1184M,计数值为1843 ,1ms中断一次
 TL0 = 0xCD;                //设定值=65536-1843=63693=0F8CDH
 ET0 = 1;                   //允许定时器0的溢出中断
 EA = 1;                    //开CPU中断
 TR0 = 1;                   //启动定时器0
}
void Init_Comm ()           //串口初始化函数
{
 //注意这里TMOD设置需要兼顾Timer0初始化程序,否则会破坏Timer0功能
TMOD&=0x0f;                 //工作方式2
TMOD| = 0x20;               //8 bit ->GATE C/T M1 M0 GATE C/T M1 M0
 ET1 = 0;
 SCON = 0x50;               //SM0 SM1 SM2 REN TB8 RB8 TI RI
 PCON = 0x00;               // SMOD =0
 TH1 = 0xFA;                //22.1184M,设置波特率的常数n=256-6=250=0xFA
 TL1 = 0xFA;                //波特率为9600bit/s
 RI = 0;                    //清除接收中断标志
 REN = 1 ;                  //允许串行接收
 TR1 = 1;                   //启动定时器1
 ES=1;                      //开串口中断
 EA=1;                      //开总中断
```

```c
}
//定时器0中断服务程序
void Timer0_IRQ() interrupt 1
{
    TH0 = 0xF8;              //22.1184M,计数值为1843,1ms中断一次
    TL0 = 0xCD;              //设定值=65536-1843=63693=0F8CDH
    if(cRxLength>0)
    {
        if(cReTimerOut >0)
            cReTimerOut --;
        else
            cRxLength=0;     //清除接收缓冲区
    }
}
//串行中断,只负责接收数据
void Comm_IRQ() interrupt 4
{
    if(RI==1)                //说明发生接收中断
    {
        RI = 0;              //清除接收中断标志位
        cReTimerOut = 50;    //串行超时
        cRxData [cRxLength ++] = SBUF; //读取接收缓冲区数据
        if(cRxLength >11)
            cRxLength = 0;   //超过规定的最大接收个数
    }
}
void CommTask(void)          //通信接收任务处理
{
    uchar i,cSum = 0;
    uchar cCkSum=0;
//由于每次完整通信接收到的字节数至少为4,因此当接收长度小于3时,
//不需要判断,当接收长度大于3时,且接收数据个数cRxLength等于协议中规定的字节长度时,
//说明本次通信数据接收完成
if((cRxLength >3)&&( cRxLength == cRxData [1]))
{
    for(i = 0; i < cRxData [1]; i++)
        cCkSum += cRxData [i];       //计算接收到数据的累加和
//由于cCkSum定义为字节型,所以当其值超过0xFF时会溢出。
//由通信协议可以知道,当接收到的所有数据相加后,其结果为0,表明本次通信可靠,
//如果不为0,
//则本次通信出错
    if(cCkSum == 0)                  // 校验正确
    {
        switch(cRxData [2])          //根据命令处理
        {   //0x64, 0x05, 0x80, 0x55, 0xC2
            case 0x80:
```

```c
            cTxData[0]=0x64;
            cTxData[1]=0x05;
            cTxData[2]=0x80;
            cTxData[3]=0x55;
            cTxData[4]=0xc2;
            bSend=1;
            break;
        case 0x81: //0x64, 0x05, 0x81, SumData, 校验和
            cTxData[0]=0x64;
            cTxData[1]=0x05;
            cTxData[2]=0x81;
            cSum=0;
            for(i=0;i< cRxData [1]-4;i++)  //数据域长度=字节长度-4
                cSum+= cRxData [3+i];
            cTxData[3]= cSum;
            cSum=0;
            for(i=0;i<4;i++)              //单片机需要计算自己的校验和
                cSum+= cTxData[i];
            cTxData[4]=~cSum+1;           //校验和为累加和的补码
            bSend=1;
            break;
        default:
            break;
        }
        cRxLength = 0;                    //将接收地址偏移寄存器清0
    }
  }
}
void SendData()
{
 uchar i=0;
 if(bSend==1)//说明有发送任务
 {//此处没有其他任务,因此可以连续发送,直到本次发送任务全部完成
    EA=0;
    for(i=0;i< cTxData[1];i++)
    {
        SBUF=cTxData[i];
        while(TI==0);    //等待发送结束
        TI=0;
    }
    bSend=0;
    EA=1;
 }
}
//主程序
void main()
```

```
    {
     cReTimerOut=0;
     Init_Timer0();
     Init_Comm();
     while(1)
     {
         CommTask();
         SendData();
     }
    }
```

在实际应用中，与单片机进行串口通信的外设，如数字型传感器，其协议不同，根据传感器的通信协议，进行正确协议操作对于保障通信可靠至关重要。

本章小结

计算机、单片机之间或与其他设备之间的信息交换被称为通信。通信有两种方式：一种为并行通信；另一种为串行通信。串行通信方式有单工方式、半双工方式和全双工方式。当具有 TTL 电平的设备与具有 RS232C、RS422A、RS485 电平的设备进行通信时，需要进行电平转换。

MCS-51 单片机内部有一个功能较强的全双工串行通信接口，既可以作为通用异步接收器和发送器，也可以作为同步移位寄存器。该串行通信接口有 4 种工作模式，帧格式有 8 位、10 位和 11 位，能设置波特率。

串口通信协议在实际应用中经常遇到，合理约定通信协议或者正确使用通信协议有利于提高通信的可靠性。

思考题与习题

6.1 简述串行通信和并行通信的特点。

6.2 MCS-51 单片机的串行口有哪几种工作模式？各有什么特点和功能？各种工作模式的波特率应如何确定？

6.3 串行异步通信的一帧数据格式如何表示？

6.4 设 AT89C51 单片机的时钟频率为 11.0592MHz，串行口采用工作模式 1，采用 T1 作为波特率发生器，若波特率分别为 4800 bit/s 和 9600 bit/s，计算 T1 的计数初值。

6.5 设单片机时钟频率为 22.1184MHz，编写完整程序实现 MCS-51 单片机与计算机串口通信，帧格式为 1 位起始位、8 位数据位、1 位停止位、波特率为 9600bit/s。通信功能：由计算机主动发送 1 字节数据到单片机，单片机接收到该数据后，将该数据按位取反，并将结果回传计算机。

第 7 章 MCS-51 单片机的扩展技术

本章教学基本要求

1. 掌握 MCS-51 单片机 I/O 接口扩展技术，使用 I/O 接口芯片 8255 和 TTL 芯片实现 I/O 接口扩展。
2. 掌握存储器的基本概念及 MCS-51 单片机存储器的扩展技术。
3. 掌握 MCS-51 单片机访问外部存储器的软件编写方法。

重点与难点

1. 8255 的寄存器控制方法。
2. 单片机读写 SPI 串行存储器的软件编写方法。

尽管 MCS-51 单片机内部资源较为完备，能够满足较多应用需求，但在实际应用场合，其资源、功能还要进行一定扩展以满足更多的需求。MCS-51 单片机扩展中主要涉及 I/O 接口扩展、存储器扩展或专用接口扩展。本章重点讲解 MCS-51 单片机的 I/O 接口扩展、半导体存储器概念及扩展技术。

7.1 MCS-51 单片机的 I/O 接口扩展技术

MCS-51 单片机有 4 组 8 位 I/O 接口，共占用 32 个引脚：P0、P1、P2 和 P3 端口。P0、P2 端口通常作为总线使用，即 P0 端口作为地址总线低 8 位和数据总线，P2 端口作为地址总线高 8 位；P3 端口通常工作于第二功能，即特殊功能。这样，MCS-51 单片机真正可以使用的普通 I/O 接口非常少，在测控应用场合，需要进行 I/O 接口扩展。

7.1.1 用 8255 扩展并行 I/O 接口

1. 8255 简介

8255 是一种可编程控制的输入/输出接口芯片，即可以通过命令字用软件进行控制来选择或改变功能。8255 具有 3 个 8 位的并行 I/O 接口，具有三种工作方式，可通过程序改变功能，使用灵活方便，通用性强，可作为单片机与多种外围设备连接时的中间接口电路。

2. 8255 的引脚说明

8255 共有 40 个引脚，采用双列直插式封装，引脚图如图 7-1 所示，主要引脚功能见表 7-1。

```
            ┌─────────┐
     34 ──┤ D0   PA0 ├── 4
     33 ──┤ D1   PA1 ├── 3
     32 ──┤ D2   PA2 ├── 2
     31 ──┤ D3   PA3 ├── 1
     30 ──┤ D4   PA4 ├── 40
     29 ──┤ D5   PA5 ├── 39
     28 ──┤ D6   PA6 ├── 38
     27 ──┤ D7   PA7 ├── 37
     26 ──┤ Vcc   GND ├── 7
      5 ──┤ RD   PB0 ├── 18
     36 ──┤ WR   PB1 ├── 19
      9 ──┤ A0   PB2 ├── 20
      8 ──┤ A1   PB3 ├── 21
     35 ──┤ RESET PB4├── 22
      6 ──┤ CS   PB5 ├── 23
     10 ──┤ PC7  PB6 ├── 24
     11 ──┤ PC6  PB7 ├── 25
     12 ──┤ PC5  PC0 ├── 14
     13 ──┤ PC4  PC1 ├── 15
     17 ──┤ PC3  PC2 ├── 16
            └─────────┘
              8255
```

图 7-1 8255 引脚图

表 7-1 8255 主要引脚功能

引脚符号	引脚号	引脚名称与功能
V_{cc}	26	+5V 电源
GND	7	地线
RESET	35	复位信号输入端，恢复内部寄存器初值，置 A、B、C 端口为输入端口
$\overline{WR}$	36	写入信号引脚，低电平有效，使 CPU 输出数据或控制字到 8255
$\overline{RD}$	5	读出信号引脚，低电平有效，使 8255 发送数据或状态信息到 CPU
$\overline{CS}$	6	片选信号引脚，低电平有效。表示芯片被选中
A1、A0	8、9	地址总线的 A1、A0，用于决定端口地址
D7~D0	27~34	三态双向数据线，与单片机数据总线连接，用来传送数据信息
PA7~PA0	37~40 1~4	A 端口的 8 位输入/输出引脚
PB7~PB0	25~18	B 端口的 8 位输入/输出引脚
PC7~PC0	10~17	C 端口的 8 位输入/输出引脚

3. 内部结构

8255 内部结构如图 7-2 所示，包括三个并行数据输入/输出端口、两个工作方式控制电路、一个读写控制逻辑电路和 8 位数据总线缓冲器，各部分功能介绍如下。

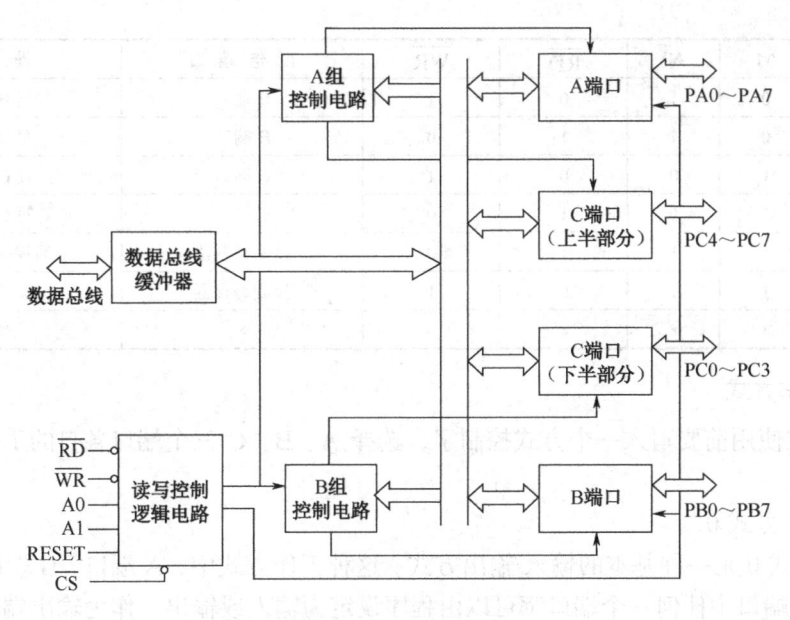

图 7-2　8255 内部结构

1）A、B、C 端口

通常 A、B 端口作为输入/输出端口。C 端口既可以作为输入/输出端口，又可以作为控制/状态信息端口。C 端口在"方式控制字"的控制下可分为两个 4 位端口（高 4 位 PC4~PC7，低 4 位 PC0~PC3），分别与 A 端口和 B 端口配合使用，作为控制信号输出和状态信息输入端口。

2）工作方式控制电路

工作方式控制电路有两个：一个是 A 组控制电路；另一个是 B 组控制电路。这两组控制电路具有一个控制命令寄存器，用来接收单片机发来的控制字，以决定两组端口的工作方式，也可根据控制字的要求对 C 端口进行位操作，按位清 0 或者按位置 1。

A 组控制电路用来控制 A 端口和 C 端口的高 4 位（PC4~PC7）。B 组控制电路用来控制 B 端口和 C 端口的低 4 位（PC0~PC3）。

3）数据总线缓冲器

数据总线缓冲器是一个三态双向 8 位缓冲器，作为 8255 与单片机总线之间的接口，用来传送数据、控制字和状态信息。

4）读写控制逻辑电路

读写控制逻辑电路接收单片机发来的控制信号 $\overline{RD}$、$\overline{WR}$，片选信号 $\overline{CS}$，地址信号 A0、A1 等后，根据控制信号的要求，将端口数据读出，送往 CPU，或者将 CPU 送来的数据写入端口。总之，读写控制逻辑电路用来实现对 8255 的硬件管理，包括芯片的选择、端口的寻址以及数据的传送方向。8255 端口工作状态表见表 7-2。

表 7-2　8255 端口工作状态表

$\overline{CS}$	A1	A0	$\overline{RD}$	$\overline{WR}$	所选端口	操　作
0	0	0	0	1	A 端口	读 A 端口
0	0	0	1	0	A 端口	写 A 端口

续表

$\overline{CS}$	A1	A0	$\overline{RD}$	$\overline{WR}$	所选端口	操作
0	0	1	0	1	B 端口	读 B 端口
0	0	1	1	0	B 端口	写 B 端口
0	1	0	0	1	C 端口	读 C 端口
0	1	0	1	0	C 端口	写 C 端口
0	1	1	1	0	控制寄存器	写控制寄存器
0	1	1	0	1	控制寄存器	无效操作
1	×	×	×	×	×	高阻

4. 工作方式

8255 在使用前要写入一个方式控制字，选择 A、B、C 三个端口各自的工作方式，共有三种。

1）工作方式 0

工作方式 0 是一种基本的输入/输出方式。这种工作方式中，A 端口、B 端口及 C 端口的两个 4 位端口中任何一个端口都可以由程序设定为输入或输出。作为输出端口时，输出数据被锁存；作为输入端口时，输入数据不锁存。

工作方式 0 适用于无条件数据传送和查询方式数据传送。按照查询方式工作时，A 端口、B 端口可作为两个数据输入/输出端口，C 端口的某些位可作为这两个端口的控制/状态信号线。

2）工作方式 1

工作方式 1 是一种选通式输入/输出工作方式。在这种工作方式下，A、B、C 三个端口分为两组。A 组包括 A 端口和 C 端口的高 4 位，A 端口可由编程设定为输入端口或输出端口，C 端口的高 4 位则用来作为 A 端口输入/输出操作的控制和同步信号；B 组包括 B 端口和 C 端口的低 4 位，B 端口可由编程设定为输入端口或输出端口，C 端口的低 4 位则用来作为 B 端口输入/输出操作的控制和同步信号。A 端口和 B 端口的输入数据或输出数据都被锁存。

3）工作方式 2

工作方式 2 为双向选通输入/输出方式，是工作方式 1 输入和输出的组合，即同一端口的信号线既可以输入又可以输出。由于 C 端口的 PC7～PC3 被定义为 A 端口工作在工作方式 2 时的联络信号线，因此只允许 A 端口工作在工作方式 2，联络信号定义如图 7-3 所示。

由图 7-3 可以看出，PA7～PA0 为双向数据端口，既可以输入数据又可以输出数据。C 端口的 PC7～PC3 被定义为 A 端口的联络信号线。其中，PC4 和 PC5 作为数据输入时的联络信号线时，PC4 被定义为输入选通信号 $\overline{STBA}$，PC5 被定义为输入缓冲器满 IBFA（表示 A 端口已经接收到数据）；PC6 和 PC7 作为数据输出时的联络信号线时，PC7 被定义为输出缓冲器满 OBFA，PC6 被定义为输出应答信号 $\overline{ACKA}$；PC3 被定义为中断请求信号 INTRA。

需要注意的是，输入和输出共用一个中断请求线 PC3，但中断允许触发器有两个，即输入中断允许触发器为 INTE2，由 PC4 写入设置，输出中断允许触发器为 INTE1，由 PC6 写入设置，剩余的 PC2～PC0 仍可以作为基本 I/O 端口，工作在工作方式 0。

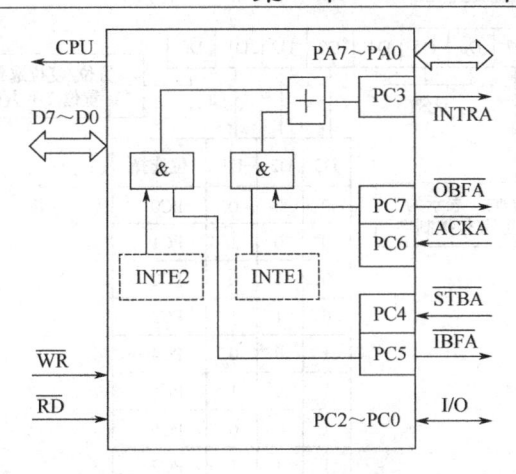

图 7-3　工作方式 2 联络信号定义

5. 8255 初始化编程

8255 的 A、B、C 三个端口的工作方式是在初始化编程时，通过向 8255 的控制端口写入控制字（内部寄存器）来设定的。8255 控制字有两个：方式控制字和置位/复位控制字。方式控制字用于设置端口 A、B、C 的工作方式和数据传送方向；置位/复位控制字用于设置 C 端口的 PC7 ~ PC0 中 PCi（$i=0 \sim 7$）的电平。两个控制字共用一个端口地址，由控制字的最高位作为区分这两个控制字的标志位。

1）方式控制字的格式

8255 方式控制字的格式如图 7-4 所示。

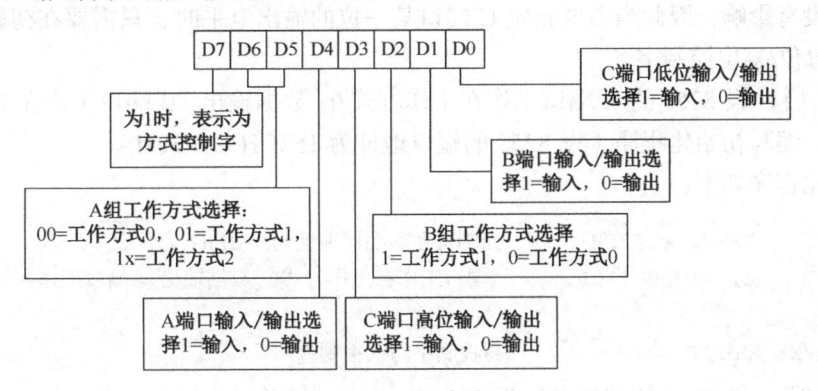

图 7-4　8255 方式控制字格式

由图 7-4 可以看出：A 端口有三种工作方式，B 端口只有两种工作方式。在工作方式 1 和工作方式 2 下，对 C 端口进行输入/输出设置意义不大。最高位（D7）是方式控制字标志，D7=1。例如，将 8255 的 A 端口设定为工作方式 0 输入，B 端口设定为工作方式 1 输出，C 端口没有定义，方式控制字为 10010100B。

2）C 端口置位/复位控制字的格式

8255 的 C 端口置位/复位控制字用于设置 C 端口 PCi（$i=0 \sim 7$）输出为高电平（置位）或低电平（复位），对各端口的工作方式没有影响。8255 的 C 端口置位/复位控制字的格式如图 7-5 所示。

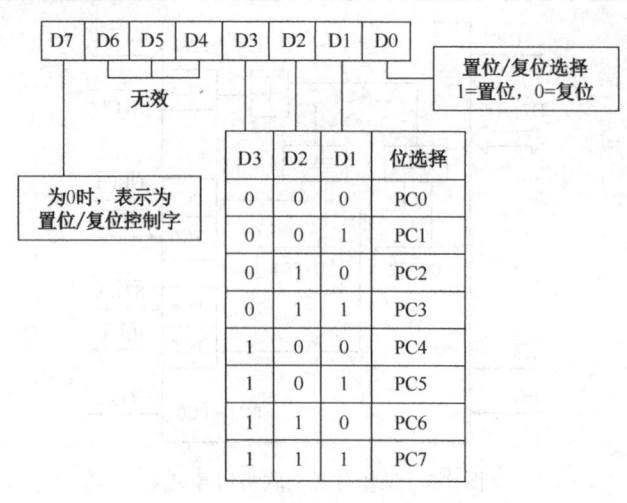

D3	D2	D1	位选择
0	0	0	PC0
0	0	1	PC1
0	1	0	PC2
0	1	1	PC3
1	0	0	PC4
1	0	1	PC5
1	1	0	PC6
1	1	1	PC7

图 7-5 8255 的 C 端口置位/复位控制字的格式

图 7-5 中，D7 是置位/复位控制字的标志，D7=0。对 C 端口的位操作每次只能进行 1 位。方式控制字和置位/复位控制字都是单片机向 8255 的同一个控制寄存器写的命令。也就是说，两个控制字都写到同一个地址单元。由 8255 控制字的最高位（D7）来区分是方式控制字（D7=1），还是置位/复位控制字（D7=0）。

3) 8255 初始化编程

8255 的初始化编程比较简单，A 端口、B 端口只需要将方式控制字写入控制端口即可，C 端口置位/复位控制字的写入只对 C 端口指定位输出状态起作用，对 A 端口和 B 端口的工作方式没有影响，因此当需要指定 C 端口某一位的输出电平时，只需要在初始化时写入 C 端口的置位/复位控制字。

【例 7.1】 设 8255 的 A 端口工作在工作方式 0，数据输出，B 端口工作在工作方式 1，数据输入，编写初始化程序（设 8255 的端口地址为 1F3CH～1F3FH）。

初始化程序如下：

```
MOV    DPTR, #1F3FH;        控制寄存器端口地址为1F3FH
MOV    A, #10000110B;       A端口工作在工作方式0,数据输出,B端口工作在工作方式1,数据输入
MOVX   @DPTR, A;            将控制字写入控制端
```

【例 7.2】 设 8255 的端口地址为 1F3CH～1F3FH，将 8255 的 C 端口中 PC0 设置为高电平输出，PC5 设置为低电平输出，编写初始化程序。

初始化程序如下：

```
MOV    DPTR, #1F3FH;        控制端口的地址为1F3FH
MOV    A, #00000001B;       PC0设置为高电平输出
MOVX   @DPTR, A;            将控制字写入控制端口
MOV    A, #00001010B;       PC5设置为低电平输出
MOVX   @DPTR, A;            将控制字写入控制端口
```

6. MCS-51 单片机与 8255 的接口

图 7-6 是 MCS-51 扩展 1 片 8255 的电路图。74ALS573 是地址锁存器，P0.6、P0.7 经

第 7 章　MCS-51 单片机的扩展技术

74ALS573 与 8255 的地址线 A0、A1 连接；P0.5 经 74ALS573 与 8255 的 $\overline{CS}$ 相连，其他地址线悬空。8255 的控制线 $\overline{RD}$、$\overline{WR}$ 直接与 MCS-51 单片机的 $\overline{RD}$ 和 $\overline{WR}$ 连接；数据总线 P0.0 ~ P0.7 与 8255 的数据线 D0 ~ D7 连接。

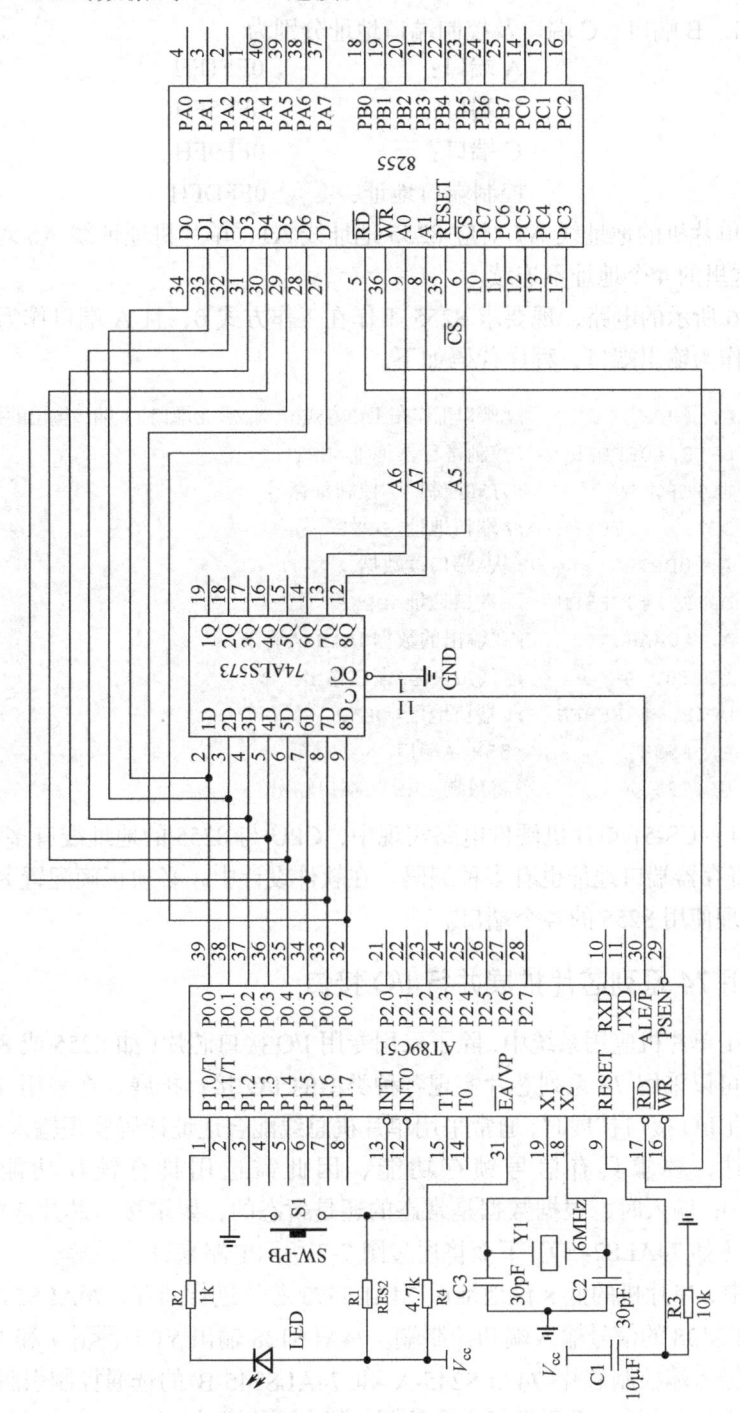

图 7-6　MCS-51 扩展 1 片 8255 的电路图

图 7-6 中，8255 片选端 $\overline{CS}$，地址选择端 A0、A1 分别连接到 74ALS573 的 6Q、7Q、

8Q 引脚，而 74ALS573 的其他地址线没有使用。当 P0.5 引脚为低电平时，选中该 8255。若 P0.7、P0.6 为 0 0，则选中 8255 的 A 端口，同理 P0.7、P0.6 引脚为 01、10、11，分别选中 B 端口、C 端口及控制端口。若地址用 16 位表示，其他未使用的地址线全设为 1，则 8255 的 A 端口、B 端口、C 端口及控制端口地址分别为

$$\begin{aligned}&\text{A 端口：} &&\text{0FF1FH}\\&\text{B 端口：} &&\text{0FF5FH}\\&\text{C 端口：} &&\text{0FF9FH}\\&\text{控制端口地址：} &&\text{0FFDFH}\end{aligned}$$

由于采用单片机的地址线 A7 对应 8255 地址线 A1，单片机地址线 A6 对应 8255 地址线 A0，所以这里的 4 个地址不连续。

根据图 7-6 所示的电路，现要求 8255 工作在工作方式 0，且 A 端口作为输入端口，B 端口、C 端口作为输出端口，程序代码如下。

```
MOV    A, #90H         ;A端口工作在工作方式0，输入，B端口、C端口输出的控制字送入A端口
MOV    DPTR,#0FFDFH    ;控制寄存器地址→DPTR
MOVX   @DPTR, A        ;方式控制字→控制寄存器
MOV    DPTR, #0FF1FH   ;A端口地址→DPTR
MOVX   A, @DPTR        ;从A端口读数据
MOV    DPTR, #0FF5FH   ;B端口地址→DPTR
MOV    A, #0AAH        ;要输出的数据0AAH→A端口
MOVX   @DPTR, A        ;将0AAH送B端口输出
MOV    DPTR, #0FF9FH   ;C端口地址→DPTR
MOV    A, #55H         ;55H→A端口
MOVX   @DPTR, A        ;将数据55H送C端口输出
```

在 8255 与 MCS-51 单片机硬件电路实现中，CPU 与 8255 的地址线有多种连接方式，因此 8255 的寄存器端口地址也有多种编码。在软件设计中，必须正确配置 8255 的控制寄存器，才能合理使用 8255 的各个端口。

7.1.2 用 74 系列芯片扩展并行 I/O 接口

在 MCS-51 单片机应用系统中，除了采用专用 I/O 接口芯片（如 8255 或 8155）进行 I/O 接口扩展，还可以采用 74 系列芯片实现各种类型的 I/O 接口扩展。在采用 TTL 芯片实现 MCS-51 单片机 I/O 接口扩展时，通常采用单片机总线配合地址译码实现输入和输出接口的扩展。输出时，要求具有信号锁存功能，因此需选用具有锁存功能的芯片（如 74ALS573/373）；输入时，根据数据是常态的还是暂态的，要求接口芯片应能三态缓冲或具有选通功能（如 74ALS245）。下面将通过图 7-7 所示电路来进行讲解。

在图 7-7 中，单片机的低 8 位地址由 74ALS573 芯片进行锁存，74ALS573 输出地址分别连接到 74ALS138 的信号输入端和控制端。74ALS138 输出 Y0（$\overline{CS0}$）和 Y1（$\overline{CS1}$）分别连接到信号输入端控制芯片 74ALS245-A 和 74ALS245-B 的选通控制引脚（$\overline{E}$）。由于 74ALS245 采用双向传输，需要进行方向控制，但在本电路中，74ALS245 用于控制输入信号，信号只能从 B 端口传送到 A 端口，因此需要将方向控制引脚（DIR）接地。当地址译码产生 $\overline{CS0}$ 或者 $\overline{CS1}$ 时，对应的 74ALS245-A 或 74ALS245-B 将其所连接的开关量输入信

号传输到单片机的数据总线 D0～D7 上，从而实现 CPU 读取输入端口的信息。

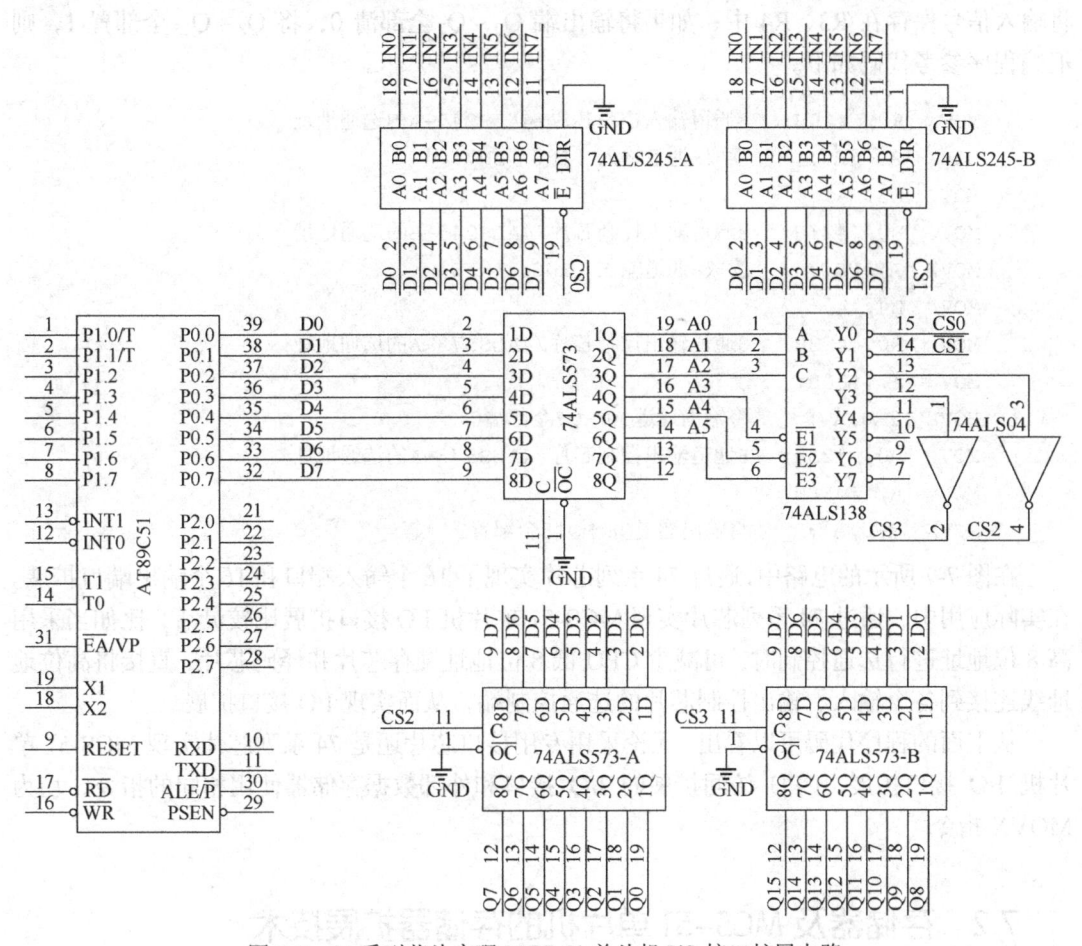

图 7-7　74 系列芯片实现 MCS-51 单片机 I/O 接口扩展电路

在输出信号控制电路中，采用具有锁存功能的 74ALS573 进行输出信号控制。由于 74ALS573 控制引脚（C）高电平有效，因此需要将 74ALS138 输出信号 Y2 和 Y3 信号进行电平反向处理，由 74ALS04 反相芯片实现，再将反相后的信号分别连接到 74ALS573-A 和 74ALS573-B 芯片的控制端（C）。当译码产生 CS2 或 CS3 信号时，单片机将数据总线 D0～D7 上的数据锁存到 74ALS573-A 或 74ALS573-B，从而实现输出端口控制。

假设单片机地址总线的高 8 位不用，且 A6 A7 为 0 0，则输入/输出端口控制芯片选通地址见表 7-3。

表 7-3　输入/输出端口控制芯片选通地址

A5	A4	A3	A2	A1	A0	地址编码	选通	端口方向
1	0	0	0	0	0	20H	/CS0	8 通道输入
1	0	0	0	0	1	21H	/CS1	8 通道输入
1	0	0	0	1	0	22H	CS2	8 通道输出
1	0	0	0	1	1	23H	CS3	8 通道输出

在表 7-3 中，地址 A5 A4 A3 必须为 1 0 0 才能选通 74ALS138 芯片，在此条件下，通

过地址 A2 A1 A0 进行输入/输出选通控制。如果需要读取所有输入信号（IN0～IN15），且将输入信号保存在 R3、R4 中；如果将输出端 Q_0～Q_7 全部清 0，将 Q_8～Q_{15} 全部置 1，则汇编程序参考代码如下。

```
    MOV   R0, #20H;      8通道输入控制芯片74ALS245-A的选通地址
    MOVX  A, @R0;        读取8通道输入（IN0～IN7）
    MOV   R3, A
    MOV   R0, #21H;      8通道输入控制芯片74ALS245-B的选通地址
    MOVX  A, @R0;        读取8通道输入（IN8～IN15）
    MOV   R4, A
    MOV   R0, #22H;      8通道输出控制芯片74ALS573-A的选通地址
    MOV   A, #00H
    MOVX  @R0,A ;        将输出通道Q0～Q7全部清0
    MOV   R0, #23H;      8通道输出控制芯片74ALS573-A的选通地址
    MOV   A, #0FFH
    MOVX  @R0,A ;        将输出通道Q8～Q15全部置1
```

在图 7-7 所示的电路中，通过 74 系列芯片实现了 16 个输入端口和 16 个输出端口扩展。在实际应用中，通过 74 系列芯片实现 MCS-51 单片机 I/O 接口扩展比较灵活，比如当采用高 8 位地址进行选通控制时，可减少 CPU 低 8 位地址锁存芯片和译码芯片，直接将高位地址线连接到各个输入、输出控制芯片的选通控制端，从而实现 I/O 接口扩展。

从上面的程序代码可以看出，无论采用专用接口芯片还是 74 系列芯片实现 MCS-51 单片机 I/O 接口扩展，CPU 访问扩展的 I/O 接口和外部数据存储器使用相同的指令，均为 MOVX 指令。

7.2 存储器及 MCS-51 单片机的存储器扩展技术

7.2.1 存储器简介

存储器是计算机实现记忆功能的部件，用来存储数据和程序。更确切地说，存储器是存储二进制编码信息的硬件装置。存储器的容量越大，表明能存储的信息越多，计算机的处理能力越强。同时计算机的大部分操作要频繁地和存储器交换信息，而存储器的工作速度比 CPU 低，存储器的工作速度往往限制了计算机的处理速度。因此，总是希望存储器容量要大，速度要快。存储器容量大、速度快必然使成本增加，这会降低计算机产品的竞争力。容量大、速度快、成本低这三者往往在同一存储器中不能同时取得。存储器的基本结构如图 7-8 所示。

图 7-8 中，存储器的存储单元数目由地址线决定，每个单元存储的二进制位数由数据线决定，而对存储器是读还是写由读写控制线决定。比如，在 16 位计算机系统（8086）中，地址总线是 20 位的，最大的寻址空间（存储单元数目）为 2^{20}，即 1MB；而 32 位地址总线的计算机系统中，最大的寻址空间为 2^{32}，即 4GB。本节主要讨论存储器的主要性能指标、分类及特点。

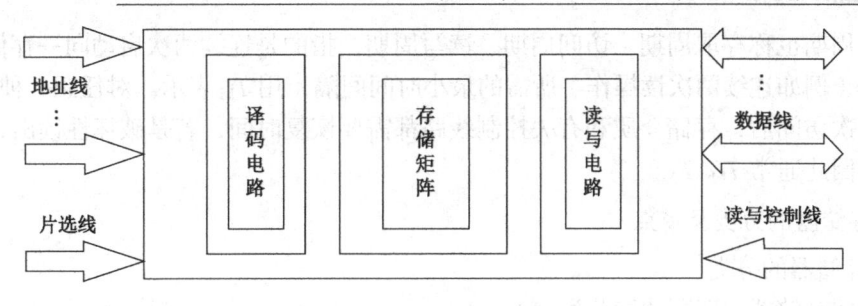

图 7-8　存储器的基本结构

1. 存储器的性能指标

存储器的种类很多，所以在选用存储器时，要考虑各种因素及性能指标。存储器的性能指标主要有存储容量、存取时间、存储周期、存取速度、可靠性、体积、功耗、工作温度范围、成本、电源种类等。从接口电路的设计来看，最重要的指标是存储容量、存取时间和存储周期。

1）存储容量

存储容量是存储器能够存储二进制信息的数量，是表示存储器大小的指标。一个存储器一般被划分为若干个存储单元，每个存储单元可存放若干个二进制位，二进制位的长度称为存储器的字长，存储器字长一般与数据线的位数相等。常用的字长有 8 位、16 位、32 位和 64 位，分别称为字节、字、双字和四字。这些存储单元还要从 0 开始顺序分配地址码，每个存储单元具有唯一的地址，存储单元的数目或地址码的数目叫作字数，可以由地址线的位数确定。存储容量的表示方法如下：

$$存储容量 = 字数 \times 字长 = 2^M \times N$$

式中，M 为芯片的地址线根数；N 为芯片的数据线根数。

例如，静态随机存取存储器 SRAM6264 的地址线为 13 根，则可译码产生 2^{13} 个不同的地址码，即字数为 2^{13}，数据线为 8 根，即字长为 8，故存储容量为 8K×8bit=64Kbit。

早期存储芯片的容量用 b（bit，位）表示，称为位容量。随着大规模集成电路技术的快速提高，单个芯片的容量快速增长。存储容量通常以 B（Byte，字节）来表示，并且以字母 K 表示 2^{10}，以 M 表示 2^{20}，以 G 表示 2^{30}，所以存储器 SRAM6264 的容量又可简写为 8KB 或 8K×8（bit）。对于有些存储器，它的每个存储单元不是正好 8 位，则在说明它的存储容量时，就要说明每一个单元的位数，以便于使用。例如，1K×4 的存储器表示它有 1K 个单元（1K 个地址），但每个单元只有 4 位，总容量为 4Kbit。若要用它组成一个 1K×8 的存储器，就要用两块这样的芯片。

2）存取时间和存储周期

存取时间也称存储器访问时间，指的是从启动一次存储器操作到完成该操作所用的时间，单位通常用 ns 表示。如从发出读命令到将数据送入数据缓冲寄存器所用的时间，或从发出写命令到将数据缓冲寄存器的内容写入相应存储单元所用的时间。存储器芯片手册中通常会给出最大存取时间，用 T_A 表示。一般在存储器芯片型号后会给出时间参数。例如，6116-12 和 6116-15 表示同一芯片型号 6116 有两种不同的存取时间。其中 6116-12 的存取时间是 120ns，而 6116-15 的存取时间是 150ns。存储器的存取时间越短，存储器的工作速度就越快，价格也越高。

存储周期也称存取周期、访问周期、读写周期，指的是连续两次启动同一存储器进行读写操作（例如连续两次读操作）所需的最小时间间隔，用 T_M 表示。对任意一种存储器，当进行一次访问后，存储介质和有关控制线路都需要恢复时间，若是破坏性读出，还须重写时间，因此通常 $T_M > T_A$。

2. 存储器的分类及特点

1）存储器的分类

（1）按存储器的读写功能分类。

按存储器的读写功能，存储器可分为读写存储器（Read/Write Memory，RWM）和只读存储器（Read Only Memory，ROM）。

（2）按数据存取方式分类。

按数据存取方式，存储器可分为直接存取存储器（Direct Access Memory，DAM）、顺序存取存储器（Sequential Access Memory，SAM）和随机存取存储器（Random Access Memory，RAM）。

（3）按器件原理分类。

按器件原理，存储器可分为双极性 TTL 器件存储器（相对速度高，功耗大，集成度低）和单极性 MOS 器件存储器（相对速度低，功耗小，集成度高）。

需要指出的是，随机存取存储器又称读写存储器，一般是指运行期间可以读也可以写的存储器，但掉电时将丢失数据。而只读存储器一般是指运行期间只能读出信息，而不能随时写入信息的存储器，但掉电后将保持数据。所谓随机存取是指存取顺序可以随意指定，是相对于顺序存取而言的。对顺序存取的存储器来说，信息的存取时间与其所在位置有关。例如，磁鼓就是一个典型的顺序存取存储器，要读磁鼓内第 1000 号存储单元的信息，必须从给出命令时磁鼓所在存储单元（如第 10 号存储单元）开始，经过第 10 号存储单元、第 11 号存储单元……第 999 号存储单元，才能到达第 1000 号存储单元。显然，读取时间要比第 11 号存储单元长得多。对随机存取存储器来说，当要取出某一存储单元信息时，无须经过中间存储单元而耗费不必要的时间。随机存取能做到信息的存取时间与其所在位置无关。图 7-9 为存储器分类。

2）半导体存储器的特点

（1）随机存取存储器（RAM）。

RAM 的主要特点是既可读又可写。RAM 按其结构和工作原理分为静态 RAM（Static RAM，SRAM）和动态 RAM（Dynamic RAM，DRAM）。

①SRAM。

SRAM 保存信息的机制是利用 A、B 两个晶体管组成双稳态触发器，当 A 导通、B 截止时为 1；反之，A 截止、B 导通时为 0。SRAM 速度快，不需要刷新。SRAM 存储器一般容量低，功耗大，常用在容量较小的系统中。

②DRAM。

DRAM 利用电容存储电荷的原理来保存信息。它将晶体管结电容的充电状态和放电状态分别表示为 1 和 0。DRAM 的基本单元电路简单，最简单的 DRAM 单元由 1 只晶体管构成，使 DRAM 器件的芯片容量很高，而且功耗低。但是由于电容会逐渐放电，所以对 DRAM 必须不断进行刷新，否则其中的信息就会丢失。刷新过程就是对存储器进行读取、放大和

再写入的过程。DRAM 刷新由 DRAM 控制器完成。DRAM 控制器一方面对正常读写请求和来自刷新电路的请求做出仲裁，另一方面按固定时序提供刷新信号。现在大多数 DRAM 带有片内刷新电路。计算机系统都配置大容量的 DRAM。

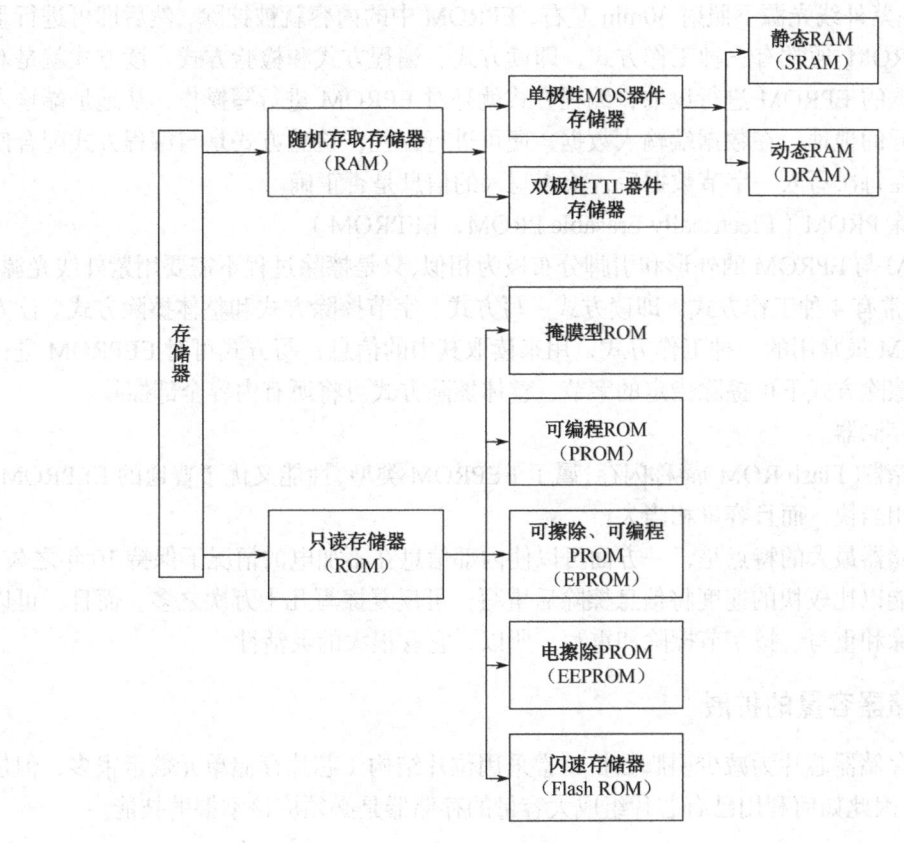

图 7-9 存储器分类

（2）只读存储器（ROM）。

只读存储器（ROM）有两个显著的优点：结构简单、可靠性强。由于 ROM 的功能是只允许读出、不允许写入，所以它只能用在不需要经常对信息进行修改和写入的地方。在计算机系统中，ROM 常用来存放系统启动程序和参数表，也用来存放操作系统的常驻内存部分，还可以用来存放字库或某语言的编译程序及解释程序。根据其中信息的设置方法，ROM 分为如下 5 种。

①掩膜型 ROM。

掩膜型 ROM（Mask Programmed ROM）中的信息是根据用户给定的程序或数据对芯片进行光刻而写入的。掩膜型 ROM 适于批量生产。所以，总是在计算机系统完成开发后，才用掩膜型 ROM 来存放不再修改的程序或数据的。

②可编程 ROM。

可编程 ROM（Programmable ROM，PROM）便于用户按照自己的需要写入信息。PROM 一般由二极管矩阵组成，写入时，利用外部引脚输入地址，对其中的二极管进行选择，使某一些二极管被烧断，另一些二极管保持原状。保持原状的二极管代表 1，而被烧断的二极管代表 0，于是就存储了信息。PROM 一旦进行了编程，就不能再修改了。

③可擦除、可编程 ROM（Erasable Programmable ROM，EPROM）。

掩膜型 ROM 和 PROM 的内容一旦写入，就无法改变。但是，在实际工作中，一个设计好的程序有时仍需要修改。EPROM 可以多次擦除和重写，正好可以满足这种要求。将 EPROM 放在紫外线光源下照射 30min 左右，EPROM 中的内容就被抹除，然后即可进行重新编程。EPROM 通常有三种工作方式，即读方式、编程方式和检验方式。读方式就是对已经写入数据的 EPROM 进行读取；编程方式就是对 EPROM 进行写操作，从地址端输入要编程的单元的地址，在数据端输入数据，便可进行编程；检验方式是与编程方式配合使用的，用来在每次写入一字节数据后，检查写入的信息是否正确。

④电擦除 PROM（Electrically Erasable PROM，EEPROM）。

EEPROM 与 EPROM 的外形和引脚分布极为相似，只是擦除过程不需要用紫外线光源。EEPROM 通常有 4 种工作方式，即读方式、写方式、字节擦除方式和整体擦除方式。读方式是 EEPROM 最常用的一种工作方式，用来读取其中的信息；写方式可对 EEPROM 进行编程；字节擦除方式下可擦除指定的字节；整体擦除方式可将所有内容全部擦除。

⑤闪速存储器。

闪速存储器（Flash ROM）简称闪存，属于 EEPROM 类型，性能又优于普通的 EEPROM。它存取速度相当快，而且容量相当大。

闪速存储器最大的特点是，一方面可以使内部信息在不加电的情况下保持 10 年之久，另一方面又能以比较快的速度将信息擦除后重写，可反复擦写几十万次之多。而且，可以实现分块擦除和重写、按字节擦除和重写。所以，它有很大的灵活性。

7.2.2 存储器容量的扩展

目前，存储器芯片为减少引脚数目，常采用位片结构（芯片存储单元数量很多，但位线仅 1 根），因此如何利用已有芯片组成大容量的存储器是必须应该掌握的技能。

1. 存储器芯片的选择

存储器芯片的选择包括选择存储器的类型、芯片的容量和芯片的读写速度等。

1）存储器类型的选择

选择存储器类型就是考虑选择 RAM 或 ROM。若选择 RAM，则要考虑选择静态 RAM 或动态 RAM。现在还多了一种选择——闪速存储器。

如果存储器用来存放系统程序或者应用程序，则应选用 ROM，以便用于软件的保存。在批量不大时可选用 EPROM，批量大时可采用掩膜型 ROM。

RAM 也可以存放程序，但断电后不能维持。RAM 一般用来存放系统中经常变化的数据，如采集到的数据、输入的变量等。若系统较小，存储容量不大，功耗不是主要问题时，可选用静态 RAM；若系统较大，存储容量也较大，功耗和价格成为主要问题时，可选用动态 RAM。选择动态 RAM 时，还要考虑如何进行刷新的问题。

闪速存储器既可以作为程序存储器，也可以作为数据存储器。因为从本质上讲，它还是 ROM 的一种，可以存储程序。但它又可以在线擦除和改写，因此，也可以存入数据，而且这种数据不会因为断电而消失。由于闪速存储器的写入速度比 RAM 的写入速度慢得多，因此并不是在任何场合都可以用闪速存储器来代替 RAM。

2）存储容量的选择

存储容量的大小取决于系统对存储器的要求。一般的原则是先根据基本要求确定容量大小，适当留有余地，并且要考虑系统便于扩充。

微型计算机常用的存储器芯片有许多不同的规格，要根据所需容量来确定所需芯片的多少，在选择好芯片的条件下，可以根据所需的存储器总容量和选定存储器芯片的容量计算出芯片数目，即总片数=总容量/单个芯片容量。例如，要求采用 RAM 的容量为 8K×8 位，若选用 2128（2K×8），则需要 4 片就可以；又如要求存储器容量为 8K×8 位，若选用 2114（1K×4），则需要(8K×8)/(1K×4)=16（片）。值得注意的是，除了芯片总容量必须满足系统要求，芯片输出位数也要满足系统要求。比如需要扩展 64KB（64K×8）的 RAM 存储器，如果选用 2168（4K×4），则需要(64K×8)/(4K×4)=32（片）；选用 6264(8K×8)，只需 8 片。如果系统数据总线为 8 位，则选用 6264 进行扩展较为方便。

2. 存储器芯片组的连接

存储器的容量和结构不同，扩充存储容量时，芯片组的连接方法也不一样。存储器容量的扩展方法有两种。

1）存储器位扩展

位扩展是指只在位数方向扩展（加大字长），而芯片的字数和存储器的字数是一致的。位扩展的连接方式是将各存储器芯片的地址线、片选线和读写线相应地并联起来，而将各芯片的数据线单独列出。

例如，用 2114（1K×4）芯片扩充成 1KB 存储器需要两片。这两片芯片的地址线 A9～A0、片选信号 $\overline{CS}$、读写控制信号 $\overline{WE}$（在不考虑 I/O 接口扩展的情况下可以只接 $\overline{WE}$，不接 $\overline{RD}$，此时 $\overline{WE}$ 为 0 时写入数据，$\overline{WE}$ 为 1 时读出数据）分别并联在一起，只有各芯片的数据线 D3～D0 各自独立，一片接数据总线的 D7～D4，另一片接数据总线的 D3～D0。2114 扩充连接如图 7-10 所示，常把用于位扩展的芯片称为一组芯片。

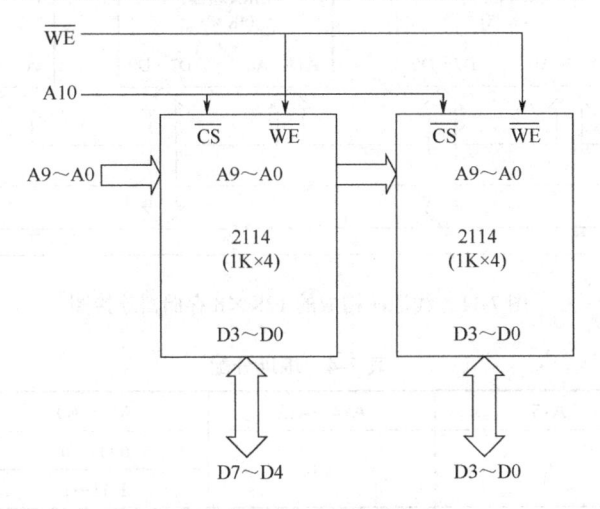

图 7-10　2114 扩充连接

当访问该存储器时，单片机发出的地址和控制信号同时传给两个芯片，选中每个芯片的同一单元，其单元的内容被同时读至数据总线的相应位，或将数据总线上的内容同时写入相应单元。

2）存储器字扩展

当存储器的位数满足要求，而需要扩展存储容量时，也需要用若干芯片来构成芯片组。仅在字数（单元数）方向扩展，而位数不变的扩展方法为字扩展。字扩展将芯片的地址线、数据线、读写线并联。由片选信号来区分各个芯片。如用 2K×8 芯片扩展为 16K×8 存储器，需要用 8 片这样的芯片。这时，这 8 片芯片就不应该同时被选中，而是应按 CPU 发出的地址信号来选中其中的一片。这就是所谓的片选。其实质是要按不同的地址来选中不同的芯片。通常有两种片选的方法，即"线选法"和"译码法"，而译码法又可以分为"全译码法"和"部分译码法"。

（1）线选法。

线选法是用低位地址线来对每片内的存储单元进行寻址，所需地址线数由每片的单元数决定。如对于 4K×8 芯片需要 12 条地址线，因 $2^{12}=4\times 2^{10}=4K$，故用 A11～A0。然后用余下的高位地址线（或经过反相器）分别接到各存储器芯片的片选端来区别各个芯片的地址，即当哪根高位地址线为低电平就选中哪片芯片，这样在任何时候都只能选中一片而不会同时选中多片，条件是这些高位地址线不允许同时为低电平，而只允许轮流出现低电平。图 7-11 所示为线选法构成的 12K×8 存储器连接图。地址分配见表 7-4，设 CPU 的地址总线有 16 位（A15～A0）。

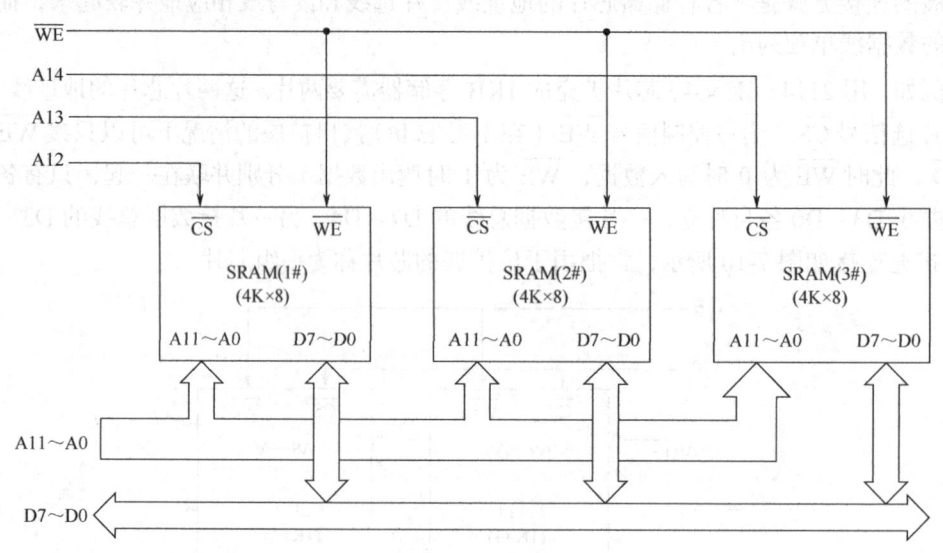

图 7-11 线选法构成的 12K×8 存储器连接图

表 7-4 地址分配

芯　片	A15	A14～A12	A11～A0	地址范围
1#	0	110	0000…0	6000H～6FFFH
			1111…1	
2#	0	101	0000…0	5000H～5FFFH
			1111…1	
3#	0	011	0000…0	3000H～3FFFH
			1111…1	

线选法的优点是不需要地址译码器，线路简单，选择芯片不用外加逻辑电路。但从表 7-4 中可看出，3 个芯片的地址空间不连续，而且每个存储单元的地址不唯一（A15 由于没有使用，在表 7-4 中被设置为 0，也可以设置为 1，因此取值可以根据需求确定）。因此，线选法不能充分利用系统的存储器空间，且把地址空间分成了相互不连续的区域，给编程带来了一定的困难。它仅适用于连接存储芯片较少的场合。

（2）全译码法。

全译码法将内部寻址外的全部高位地址线作为地址译码器的输入，把经译码器译码后的输出作为各芯片的片选信号，将它们分别接到存储器芯片的片选端，以实现对存储器芯片的选择。如将 3 片 EPROM（4K×8）芯片用全译码法构成 12K×8 的 EPROM，设 CPU 的地址总线有 16 位（A15~A0）。由于内部寻址用去 A11~A0，其余 4 条地址线全加到一个 4-16 译码器上，用其输出作为片选。图 7-12 所示是用全译码法构成 12K×8 EPROM 连接图。由于只使用译码器的 3 条输出线，因此各芯片的地址范围取决于选用哪条译码输出线。图 7-12 中，译码器的输出 $\overline{Q0}$、$\overline{Q1}$、$\overline{Q2}$ 分别作为芯片的片选控制器。全译码法的地址分配见表 7-5。

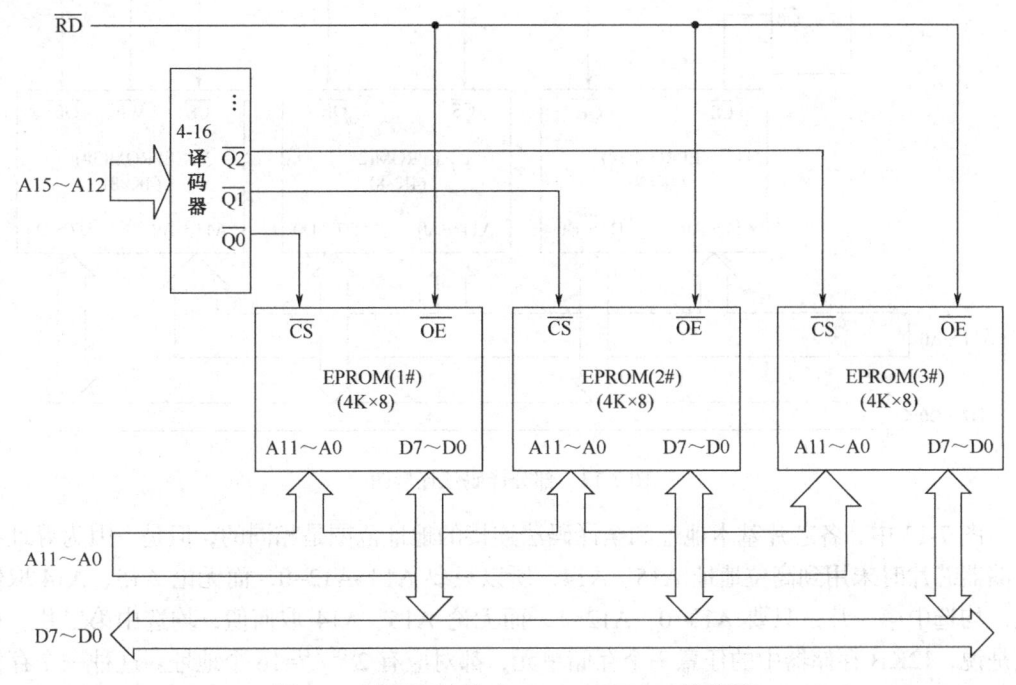

图 7-12 全译码法构成 12K×8 EPROM 连接图

表 7-5 全译码法的地址分配

芯 片	A15~A14	A13~A12	A11~A0	地址范围
1#	00	00	0000…0 1111…1	0000H~0FFFH
2#	00	01	0000…0 1111…1	1000H~1FFFH
3#	00	10	0000…0 1111…1	2000H~2FFFH

采用全译码法时，每块芯片的地址范围是唯一的，不会出现片选混乱的情况，寻址范围得到了充分利用。

（3）部分译码法。

若只将内部寻址之外的高位地址线的一部分接到译码器的变量输入端，用这样的译码器输出接到各存储器的片选输入，就是用部分译码法来组成存储器芯片组。例如采用部分译码法，扩展1片4K×8的SRAM和2片4K×8的EPROM的存储器芯片。由于3片芯片需要3个片选信号，因此至少要采用具有3个输出的译码器，2-4译码器满足这个要求，连接图如图7-13所示。

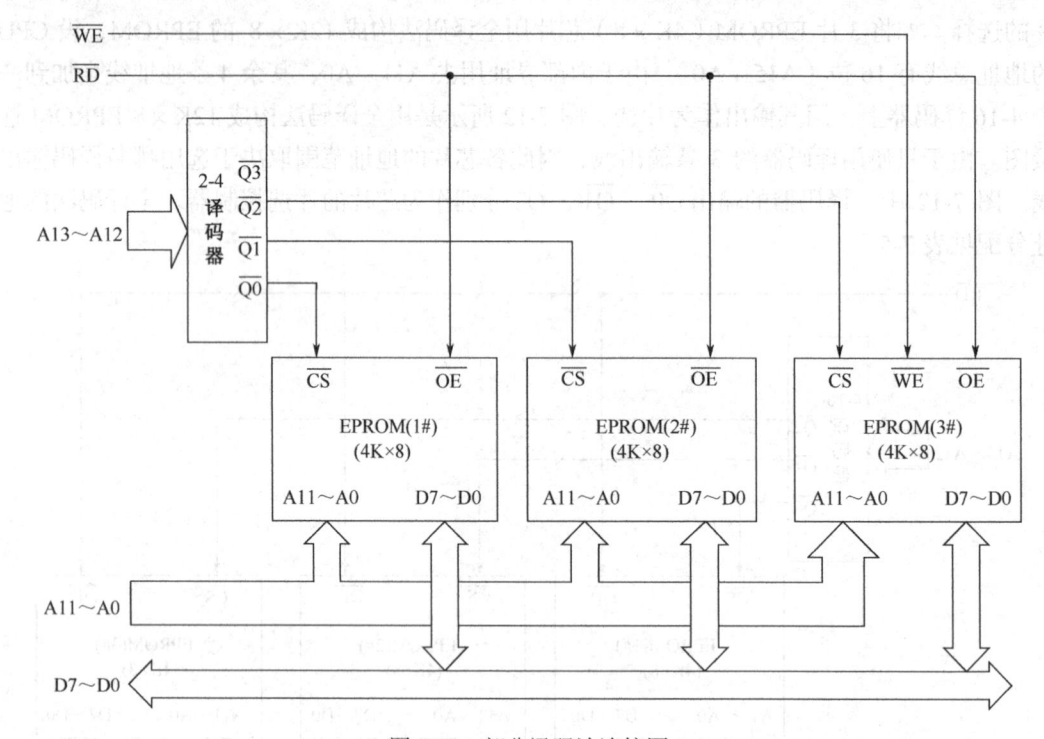

图7-13 部分译码法连接图

图7-13中，各芯片基本地址和全译码法连接的地址范围是相同的，但是，因为寻址各存储器芯片时未用到高位地址A15、A14，所以只要A13=A12=0，而无论A15、A14取何值，均选中第一片，只要A13=0，A12=1，而无论A15、A14取何值，均选中第二片。也就是说，12KB存储器中的任意一个存储单元，都对应有$2^{(16-12)}=16$个地址。这种一个存储单元出现多个地址的现象称为地址重叠。

本例中高位地址没有使用，所以在存储空间会出现地址重叠区域，但这并不影响所配置存储空间的访问。令未用到的高位地址全为0，这样确定的存储器地址称为基本地址。

本例中，12K×8存储器的地址范围为0000H～3FFFH。部分译码法较全译码法简单，但存在地址重叠区。在实际应用中，存储器芯片的片选信号可根据需要使用上述某种方法或几种方法并用。比如综合全译码法和部分译码法，在图7-13的基础上将未用到的高位地址A15、A14连到2-4译码器使能端，使得只有A15、A14全为低电平时译码器才可以工作。这样既避免出现地址重叠区，又使电路得到最大的简化，降低了成本。

7.2.3 单片机存储器的扩展

MCS-51 单片机地址总线为 16 位，如果通过总线方式实现存储空间扩展，在外部可扩展的程序存储器的最大容量为 64KB，地址为 0000H~FFFFH。由于 MCS-51 单片机可通过不同指令实现对外部程序存储器和数据存储器的访问，所以允许两者的地址空间重叠，故外部可扩展的程序存储器与数据存储器可同时达到 64KB。由于 MCS-51 单片机访问外部扩展的 I/O 端口和外部数据存储器使用相同的指令（MOVX），因此可以将扩展的 I/O 端口看成特殊的外部数据存储器，则外部数据存储器与 I/O 端口采用统一编址，二者总的扩展容量为 64KB。

MCS-51 单片机存储器的扩展可以分为并行扩展和串行扩展。MCS-51 单片机存储器的并行扩展采用单片机外部总线（地址总线、数据总线和控制总线）实现，串行扩展利用其普通 I/O 端口模拟 SPI 或 I^{2}C 总线的时序实现。

当采用外部总线实现存储空间扩展时，其地址译码方法与前述的译码方法相同，即部分译码法和全译码法。下面将通过实例介绍 MCS-51 单片机并行和串行存储器扩展技术。

1. 程序存储器的扩展

MCS-51 系列单片机的程序存储器空间为 64K 字节（0000H~FFFFH），其中 8051、8751 内部包含 4KB 的 ROM 或 EPROM，8031 内部没有 ROM。当内部 ROM 不够时，须扩展程序存储器。扩展程序存储器时，通常选择芯片字长与单片机字长一致，只扩展容量，所需芯片数目按下式确定。

$$芯片数目 = \frac{系统扩展容量}{存储器芯片容量}$$

MCS-51 单片机进行程序存储器扩展时，需要进行 $\overline{EA}$、$\overline{PSEN}$ 引脚配置，当完全选择外部程序存储器时，$\overline{EA}$ 必须接低电平；$\overline{PSEN}$ 为 CPU 读取指令时的控制信号，须将该引脚与存储器的输出使能控制引脚连接。MCS-51 单片机程序存储器扩展电路如图 7-14 所示。图中的 74ALS573 实现单片机低 8 位地址锁存，其锁存控制端 C 直接与单片机的锁存控制信号 ALE 相连。27256 的容量为 32K×8 位，地址线为 15 位（A0~A14），数据线为 8 位（D0~D7）。具体的连线说明如下。

（1）地址线：27256 的 15 条地址线（A0~A14）中，低 8 位 A0~A7 通过锁存器 74ALS573 与 P0 端口连接，高 7 位 A8~A14 直接与 P2 端口的 P2.0~P2.6 连接，P2 端口有锁存功能。

（2）数据线：27256 的 8 位数据线直接与单片机的 P0 端口相连。

（3）控制线：CPU 在取指令阶段时，实际就是 CPU 对 27256 进行读操作。由于 CPU 对 EPROM 只能进行读操作，不能进行写操作，所以 CPU 与 27256 在电路连接时，需要正确处理与之相关的控制线。

① $\overline{CE}$：直接接地。由于系统中只扩展了一个程序存储器芯片，因此，27256 的片选端直接接地，表示 27256 一直被选中。若同时扩展多片，须通过译码器来完成片选工作。

② $\overline{OE}$：接 MCS-51 单片机的读选通信号端。在访问外部程序存储器时，只要 MCS-51 单片机的 $\overline{PSEN}$ 引脚出现低电平，表明需要从程序存储器读取指令，即 27256 需要输出数据，因此需要将 MCS-51 单片机的 $\overline{PSEN}$ 与 27256 的 $\overline{OE}$ 连接。

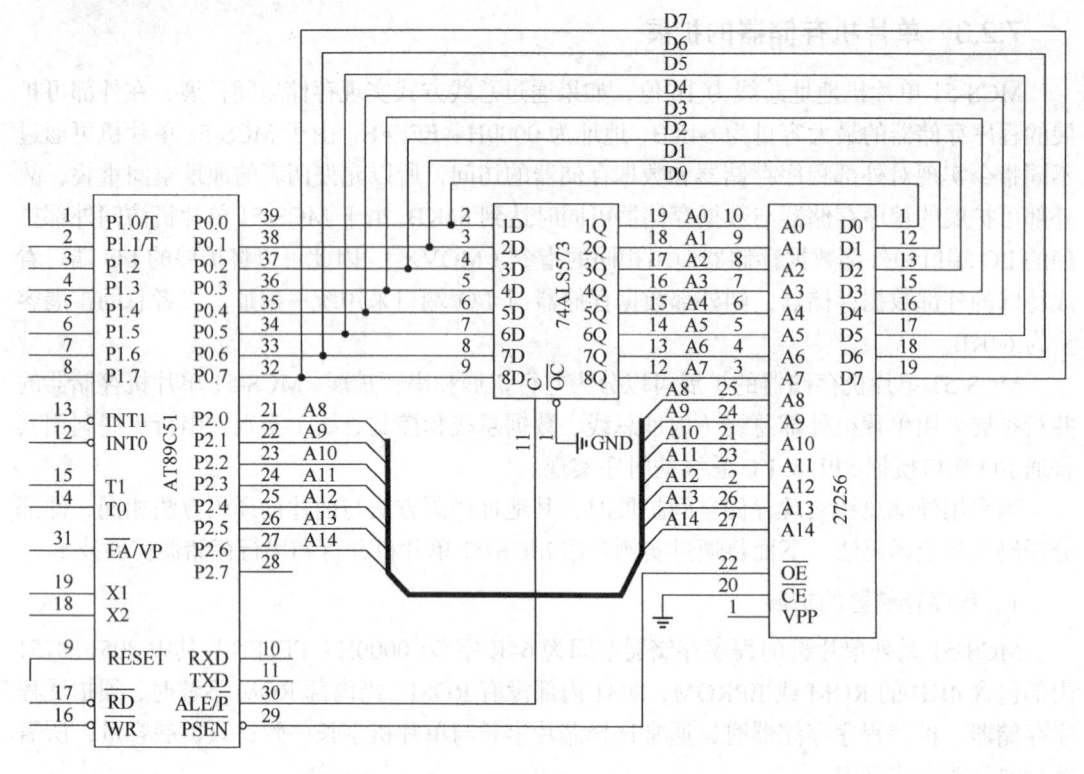

图 7-14 MCS-51 单片机程序存储器的扩展电路

2. 并行数据存储器的扩展

数据存储器是用来存放各种数据的，MCS-51 单片机内部有 128/256 字节的数据存储器，CPU 对内部数据存储器具有丰富的操作指令。但是，当 MCS-51 单片机用于实时数据采集或处理大批量数据时，仅靠内部提供的数据存储器是远远不够的。此时，可以利用 MCS-51 单片机的扩展功能，扩展外部数据存储器。数据存储器在使用时，可读可写，因此其读写控制连线不同于程序存储器的扩展，而地址译码方法、低 8 位地址锁存和数据总线连接与程序存储器的扩展是相同的。图 7-15 所示为 MCS-51 单片机数据存储器扩展电路。

图 7-15 所示的电路中，数据存储器为 8K×8 位的高速 CMOS SRAM 6164。由于电路中只有一片外扩 SRAM，因此存储器的片选信号 $\overline{CS1}$ 和 CS2 可以直接由高位地址信号进行控制。存储器的读、写控制信号 $\overline{OE}$、$\overline{WE}$ 分别与单片机的 $\overline{RD}$、$\overline{WR}$ 连接。在该电路中，高位地址 A15 没有使用，因此其电平可以为 1 也可以为 0。如果设定高位地址 A15 为 1，则 6164 的地址范围为 0C000H ~ 0DFFFH。假设 CPU 读取地址为 0C0FFH 的单元中的数据，并将该数据取反后写入该存储器的 0D000H 单元，参考程序如下。

```
MOV     DPTR, #0C0FFH
MOVX    A, @DPTR
CPL     A
MOV     DPTR, #0D000H
MOVX    @DPTR, A
```

在实际应用中，可能有多个数据存储器同时存在，此时采用前述的译码方法正确实现

各个数据存储器的片选控制即可。

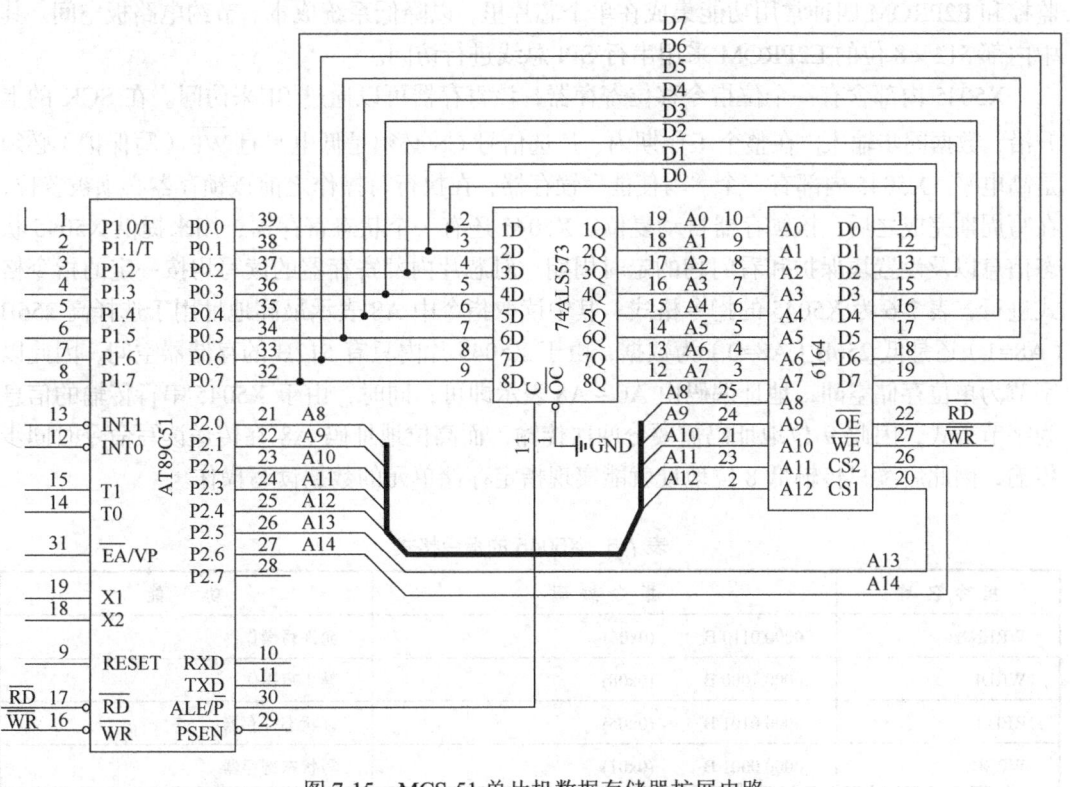

图 7-15　MCS-51 单片机数据存储器扩展电路

3. 串行数据存储器的扩展

在 MCS-51 单片机的实际应用中，通常需要外扩一些数据存储器，用于保存系统参数或测试数据。采用并行扩展外部数据存储器的方法，需要使用大量的地址总线和数据总线，一方面受到 MCS-51 单片机地址总线和数据总线数量的限制，另一方面也给 PCB 布线带来不便。为了解决这一矛盾，通常以串行方式实现数据存储器扩展。串行存储器扩展主要采用 SPI 总线和 I^{2}C 总线实现。下面将以实例介绍 MCS-51 单片机模拟 SPI 总线实现串行存储器扩展。

由于 MCS-51 单片机多数不具有标准的 SPI 总线接口，需要使用普通 I/O 端口模拟 SPI 总线时序，实现与外接 SPI 存储器进行读写控制。图 7-16 所示为 AT89C51 与 X5045 的连接电路。

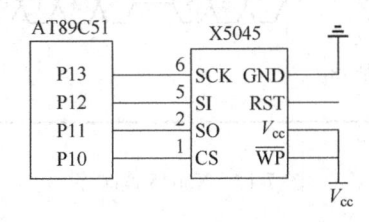

图 7-16　AT89C51 与 X5045 的连接电路

X5045是在单片机系统中广泛应用的一种看门狗芯片,将复位、看门狗定时器、电压监控和E2PROM四种常用功能集成在单个芯片里,以降低系统成本、节约电路板空间。其中内部512×8位的E2PROM采用串行SPI总线进行访问。

X5045内部含有一个位指令移位寄存器,该寄存器可以通过SI来访问。在SCK的上升沿,数据同步输入。在整个工作期内,片选信号CS必须是低电平且$\overline{WP}$(写保护)必须是高电平。X5045内部有一个"写使能"锁存器,在执行写操作之前该锁存器必须被置位,在写周期完成之后,该锁存器自动复位。X5045还有一个状态寄存器,用来提供X5045状态信息以及设置块保护和看门狗的定时周期。对芯片内部寄存器的读写均按一定的指令格式进行,表7-6为X5045的指令格式。其中读取指令中A8表示最高地址用于选择高256B(A8=1)还是低256B(A8=0)为数据,由于X5045片内只有512B的存储器空间,因此以字节为单位存储空间,地址编码由A0~A8表示即可;同时,由于X5045串行传输的信息为字节方式,因此9位地址码需要分两次传输,而高位地址码A8在传送读写命令时同步传输,因此后续只传输低8位地址就能实现指定存储单元的数据读写操作。

表7-6 X5045的指令格式

指令名称	指令编码		功　能
WREN	0000 0110 B	(0x06)	允许写操作
WRDI	0000 1000 B	(0x08)	禁止写操作
REDR	0000 0101 B	(0x05)	读状态寄存器
WRSR	0000 0001 B	(0x01)	写状态寄存器
READ	0000 A8 011 B	(0x03/0x0B)	从指定的地址读取数据
WRITE	0000 A8 010 B	(0x02/0x0A)	从指定的地址写入数据

当用单片机I/O端口模拟SPI总线时,需要严格遵守SPI设备的时序,否则无法正确读写数据。X5045的读写时序如图7-17和图7-18所示。

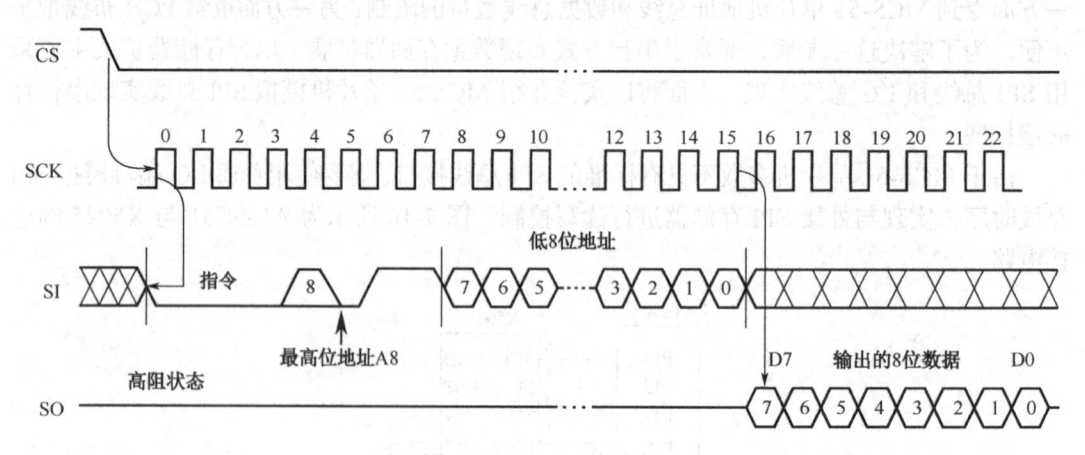

图7-17 X5045读时序

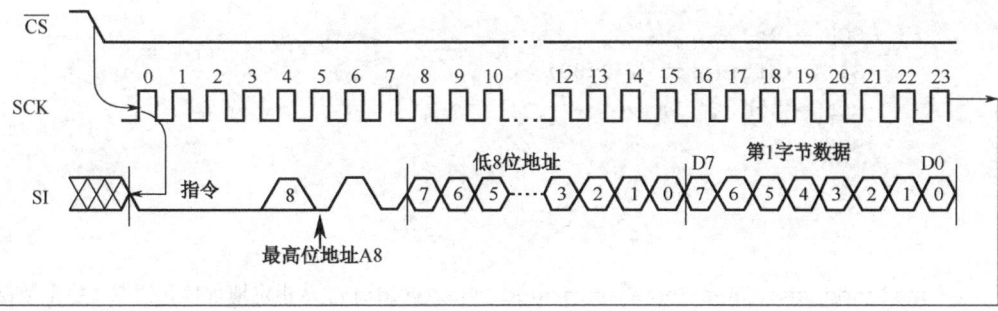

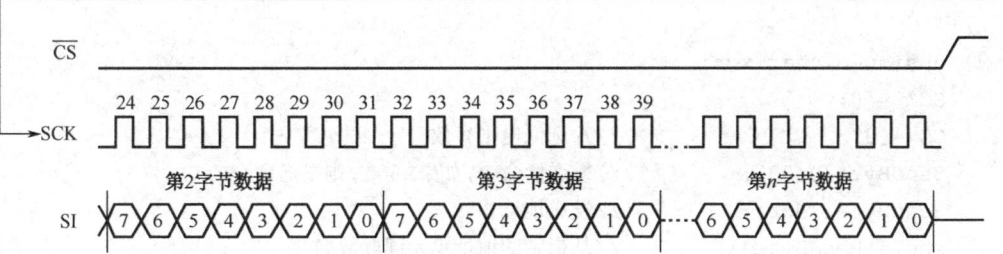

图 7-18 X5045 写时序

在图 7-16 中，单片机的 P10 控制 X5045 的片选信号端，P11 连接 X5045 的数据输出端，P12 控制 X5045 的数据输入端，P13 控制 X5045 的时钟输入端。根据图 7-17 和图 7-18 所示的 X5405 读写时序，单片机读写 X5045 的 C 语言参考代码如下。

```c
sbit CS = P1^0;     //X5045片选
sbit SO = P1^1;     //X5045输出数据，单片机接收输出
sbit SI = P1^2;     //单片机输出数据，X5045接收数据
sbit SCK = P1^3;    //时钟
unsigned char ReceByte()//接收一字节
{
    unsigned char i,xch;
    xch = 0;
    for(i = 0; i < 8; i++)
    {
    xch = xch<<1;
    SCK = 0;
    xch = xch | (unsigned char)(SO);
    SCK = 1;
    }
    return xch;
}

void SendByte(unsigned char xch)//发送一字节
{
    unsigned char i;
    for(i = 0; i < 8; i++)
    {
```

```
        SCK = 0;
        SI = (bit)(xch & 0x80);
        xch = xch << 1;
        SCK = 1;
    }
}

unsigned char ReadByte(unsigned char Addr)//从指定地址单元读取一字节数据
{
  unsigned char xch;
  SCK = 0;
  CS = 0;                    //片选低电平有效
  SendByte(0x03);            //发送读命令,如果A8=1,则发送命令0x0B
  SendByte(Addr);            //发送地址
  xch = ReceByte();          //从指定的地址单元读取数据
  CS = 1;
  return xch;
}

void WriteByte(unsigned char Addr, unsigned char xch)
{
    unsigned char j;
    SCK = 0;
    CS = 0;
    SendByte(0x06);          //写允许
    CS = 1;
    SCK = 0;
    CS = 0;
    SendByte(0x02);          //发送写命令,如果A8=1,则发送命令0x0A
    SendByte(Addr);          //发送本次需要写数据的存储单元地址
    SendByte(xch);           //发送具体要写的数据
    CS = 1;
    for(j=0;j<255;j++);      //等待写操作完成
}
```

如需要向地址05H单元写入数据11H,采用下面代码即可实现。

```
    unsigned char cDat =0x11;
    unsigned char cAdr=0x05;
    WriteByte(cAdr, cDat);
```

通过以上函数,AT89C51可以实现对X5045内部512B的存储空间进行读写操作。由于不同厂家的串行存储器的操作命令和工作时序存在差异,当单片机进行串行存储器扩展时,软件编写人员要准确把握这些存储器的操作命令和工作时序,然后通过单片机指令实现其读写操作。

在一个以 MCS-51 单片机为核心的控制电路中,通常有 I/O 接口扩展、并行数据存储器扩展和串行存储器扩展同时存在。串行存储器由于不存在地址分配问题,扩展时占用 CPU 固定的 I/O 引脚,通常在 P1 端口的 8 个引脚中选取控制引脚。但在处理并行 I/O 接口扩展和数据存储器扩展时,需要合理分配地址,避免数据存储器和 I/O 端口地址重叠。此外,CPU 访问外扩的 I/O 端口与访问外部数据存储器采用相同的指令(MOVX),因此可以将外扩 I/O 端口看成外部特殊的数据存储器。而在 MCS-51 单片机中,外部的任何存储单元都不具备位寻址功能,因此外扩的 I/O 端口不能使用位操作指令(CLR、SETB、CPL),这是外扩 I/O 端口与 MCS-51 单片机自身 P0、P1、P2 和 P3 端口的不同之处,因此在进行外部 I/O 端口访问时,必须按分配的端口地址以字节的方式访问。

本章小结

MCS-51 单片机在工程应用中,往往面临多种功能或资源的扩展。本章重点讲解了 MCS-51 单片机的 I/O 端口和存储器扩展技术。在单片机 I/O 端口扩展中,通常采用专用 I/O 端口芯片(如 8255)或常规 TTL 芯片实现。由于 MCS-51 单片机 I/O 端口编址与外部数据存储器共同占用外部的 64KB 存储空间,二者端口地址必须规划。此外,无论哪种 I/O 扩展,其端口访问指令与单片机访问外部数据存储器的指令相同。MCS-51 单片机的并行存储器扩展包括外部程序存储器和外部数据存储器扩展,需要注意二者在硬件电路连接中的不同之处。程序存储器一般只有读控制信号,由 MCS-51 单片机的 $\overline{PSEN}$ 引脚控制;而数据存储器可以进行读写操作,由单片机的 $\overline{RD}$ 和 $\overline{WR}$ 信号分别进行控制。当单片机采用外部串行存储器扩展时,须注意串行存储器的读写控制时序。

思考题与习题

7.1 存储器的性能指标有哪些?是如何定义的?

7.2 微型计算机中常用的存储器有哪些类型?它们各有什么特点?分别适用于哪些场合?

7.3 叙述存储器的类型及特征。

7.4 一个 8K×8 的 SRAM 芯片应有_____根地址信号引脚,_____根数据信号引脚,其存储体系共有_____个二进制存储元件。

7.5 使用 64K×1 的 DRAM 芯片共_____片,可组成 64KB 的存储器,须采用_____扩展连接方法。

7.6 使用 4K×8 的 SRAM 芯片共_____片,可组成 64K×8 的存储器,须采用_____扩展连接方法。

7.7 在对存储器芯片进行片选时,全译码法、部分译码法和线选法各有什么特点?

7.8 设某 CPU 有 16 位地址线和 8 位数据线,则该 CPU 可以外扩的存储器最多为_____字节,如果存储器由 8K×4 RAM 芯片组成,需要_____片,并需要_____位地址进行芯片译码输入控制。

7.9 简述8255的内部结构、特点。

7.10 8255有几种工作方式？如何选定8255的工作方式？

7.11 要求用8255实现对AT89C51的I/O端口扩展，设A端口为输出，B端口为基本输入，同时要求启动定时器/计数器0，通过控制8255，使8255的C端口某一个通道输出周期为10ms的方波。设时钟频率为12MHz。绘制电路连接图并编写程序。

7.12 说明如何使用74系列的器件扩展并行输入/输出端口。

7.13 为单片机扩展存储器时，主要应考虑哪些问题？

第 8 章　MCS-51 单片机与 A/D 和 D/A 转换器的接口技术

本章教学基本要求

1. 了解 A/D 转换器和 D/A 转换器的基本工作原理和主要性能指标。
2. 掌握串行、并行 A/D、D/A 转换器与 MCS-51 单片机的接口处理技术。

重点与难点

1. 以 TLC5510 和 XL2543 为实例，熟练掌握 A/D 转换器的串行或并行的控制时序。
2. 掌握串行 A/D 转换器和串行 D/A 转换器的程序编写方法。

8.1　A/D 转换器

8.1.1　A/D 转换器基本原理

A/D 转换器是模拟/数字（Analog/Digital）转换器的缩写，实现模拟量到数字量的转换。模拟量可以是电压、电流等电信号，也可以是压力、温度、湿度、位移、声音等非电信号。在 A/D 转换前，输入 A/D 转换器的输入信号必须经各种传感器把各种物理量转换成电压信号。A/D 转换后，输出的数字量有 8 位、10 位、12 位和 16 位等。A/D 转换器工作过程分为四个阶段：采样、保持、量化、编码，转换过程如图 8-1 所示。

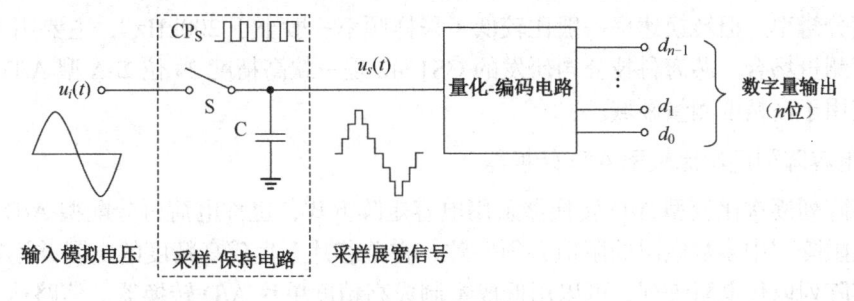

图 8-1　转换过程

模拟电子开关 S 在采样脉冲 CP_S 的控制下重复接通、断开。首先为采样过程，当开关 S 闭合时，输入的模拟电压量 $u_i(t)$ 对电容 C 充电；然后为保持过程，开关 S 断开，电容 C

上的电压保持不变。在保持过程中，采样的模拟电压经过 A/D 转换器，将模拟电压通过数字化编码电路转换成一组 n 位的二进制数输出。在实际电路中，这些过程有的是合并进行的，例如，采样和保持，量化和编码都是在转换过程中同时实现的。

8.1.2　A/D 转换器主要结构

目前 A/D 转换器主要的结构有以下几种。

1. 逐次比较型 A/D 转换器

逐次比较型 A/D 转换器是将输入模拟信号与不同的参考电压做多次比较，使转换所得的数字量在数值上逐次逼近输入模拟量的对应值。CBM79AD60G 是一款 18 位、5MSPS 逐次比较型 A/D 转换器，具有内部转换时钟产生电路和误差校正电路，采用通用串行接口。

2. 积分型 A/D 转换器

积分型 A/D 转换器的工作原理是将输入电压转换成时间（脉冲宽度信号）或频率（脉冲频率），然后由定时器/计数器获得数字值，其优点是用简单电路就能获得高分辨率，但缺点是转换精度依赖于积分时间，因此转换速率极低。

3. 并行/串行 A/D 转换器

并行 A/D 比较器仅做一次比较就实行转换，又称 Flash（闪速）型。由于转换速率极高，n 位的转换需要 $2n-1$ 个并行 A/D 转换器，因此电路规模极大，价格也高，只适用于视频转换等领域。

串行 A/D 转换器在结构上介于并行和逐次比较型之间，最典型的是由两个 $n/2$ 位的并行 A/D 转换器组成，用两次比较实现转换，称为 Halfflash（半闪速）型。分成三步或多步实现 A/D 转换的叫作分级（Multistep/Subrangling）型 A/D 转换器，从转换时序角度又称流水线（Pipelined）型 A/D 转换器。现代的分级型 A/D 转换器中还加入了对多次转换结果做数字运算来修正特性的功能。这类转换器的转换速度比逐次比较型 A/D 转换器高，电路规模比并行 A/D 转换器小，如苏州云芯微电子公司研发的 YA14D250，内核采用多级、差分流水线架构，采样率最高可以达到 250MSPS。

4. Σ–Δ 型 A/D 转换器

Σ-Δ 型 A/D 转换器由积分器、比较器、1 位 D/A 转换器和数字滤波器等组成，将输入电压转换成时间（脉冲宽度）信号，用数字滤波器处理后得到数字值。这类 A/D 转换器容易做到高分辨率，但转换速率一般比较低（采样频率一般小于 200kHz），主要用于音/视频和高精度测量场合。芯海科技公司研发的 CS1242 是一款高精度 24 位 Σ-Δ 型 A/D 转换器，可广泛应用于高精度测量领域。

5. 电容阵列逐次比较型 A/D 转换器

电容阵列逐次比较型 A/D 转换器采用电容矩阵方式，也称电荷再分配型 A/D 转换器。一般的电阻阵列中多数电阻的阻值必须一致，在单芯片上生成高精度的电阻并不容易。如果用电容阵列取代电阻阵列，可以用低成本制成高精度单片 A/D 转换器。信路达公司生产的 XL548 以 8 位开关电容逐次逼近的方法实现 A/D 转换，转换时间最长为 17μs。

第 8 章 MCS-51 单片机与 A/D 和 D/A 转换器的接口技术

6. 压频变换型 A/D 转换器

压频变换型 A/D 转换器是通过间接转换方式实现 A/D 转换的。其原理是首先将输入的模拟信号转换成频率，然后用计数器将频率转换成数字量。从理论上讲，这种 A/D 转换器的分辨率可以无限增加，只要采样的时间能够满足输出频率分辨率要求的累积脉冲个数的宽度，其优点是分辨率高、功耗低、价格低。信路达公司生产的 XD231/XD331 属于压频变换型 A/D 转换器。

8.1.3 A/D 转换器主要性能指标

1. 分辨率

A/D 转换器的分辨率用输出二进制数的位数表示，位数越多，误差越小，转换精度越高。例如，输入模拟电压的变化范围为 $-10 \sim +10V$，若第一位用来表示正、负符号，其余 $N-1$ 位（N 代表 A/D 转换器的位数）表示信号数值，8 位 A/D 转换器可以分辨的最小模拟电压为 $10V \times 2^{-7} \approx 80mV$，12 位 A/D 转换器可以分辨的最小模拟电压为 $10V \times 2^{-11} \approx 4.88mV$，而 16 位 A/D 转换器可以分辨的最小模拟电压为 $10V \times 2^{-15} \approx 0.31mV$。

2. 相对精度

对于线性 A/D 转换器，相对精准度就是它的线性程度。相对精确度是指实际输出值与理论输出值的接近程度，其计算方法如下：

$$相对精准度 = (实际输出 - 理想输出)/理想的满刻度输出 \times 100\%$$

3. 转换速率

转换速率是指完成一次模拟量转换成数字量所用的时间。转换时间越长，转换速率就越低。转换速率与 A/D 转换器的工作方式、内部结构有很大关系。转换速率还与位数有关，一般位数少的（转换精度差）转换速率高。目前常用 A/D 转换器转换位数有 8、10、12、14、16 位，其转换速率根据转换原理和转换位数不同，一般在几微秒至几百毫秒之间。

8.1.4 A/D 转换器应用实例

CPU 只能识别和处理数字信号，因此外部的模拟信号需要经过 A/D 转换才能被单片机识别。目前针对单片机系统的 A/D 转换方式有两种：一种是将 A/D 转换功能部件集成到单片机中，另一种是单片机通过外扩 A/D 转换芯片来实现模拟信号采集。

下面通过两个应用实例来介绍 MCS-51 单片机与 A/D 转换器的电路连接与控制技术。

1. TLC5510 应用实例

TLC5510 是美国 TI 公司生产的新型 8 位高阻抗并行 A/D 转换器，采用 CMOS 结构，分辨率为 8 位，采样最高速度为 20MSPS。该芯片采用单 5V 电源供电，内部具有采样和保持电路，带有标准分压电阻，可以从 +5V 电源获得 2V 满刻度的基准电压。TLC5510 引脚说明见表 8-1。

表 8-1 TLC5510 引脚说明

引脚号	名称	I/O	说明
3～10	D1～D8	O	8 位数据输出端口
1	OE	O	输出使能端，当 OE 为低电平时，允许数据输出。当 OE 为高电平时，D1～D8 为高阻状态
2, 24	DGND	I	数字地
11, 13	VDDD	I	数字电路工作电源
12	CLK	I	时钟输入端
14, 15, 18	VDDA	O	模拟电路工作电源
16	REFTS	I	内部基准电压引出端（高），当内部使用电压分压器以产生额定 2V 基准电压时，此端短路至 REFT 端
17	REFT	I	内部基准电压引出端（高）
19	ANALOG IN	I	模拟信号输入端
20, 21	AGND	I	模拟地
22	REFBS	I	内部基准电压引出端（低），当使用内部电压分压器以产生额定 2V 基准电压时，此端短路至 REFB 端
23	REFB	I	内部基准电压引出端（低）

TLC5510 内部结构图如图 8-2 所示，内部包含两路参考电压选择模式控制器，3 路采样比较器和编码器。转换结果的高 4 位由高位编码器提供，低 4 位采样数据由两个低位编码器交替提供，最后的 8 位数据输出到数据锁存器中锁存输出。

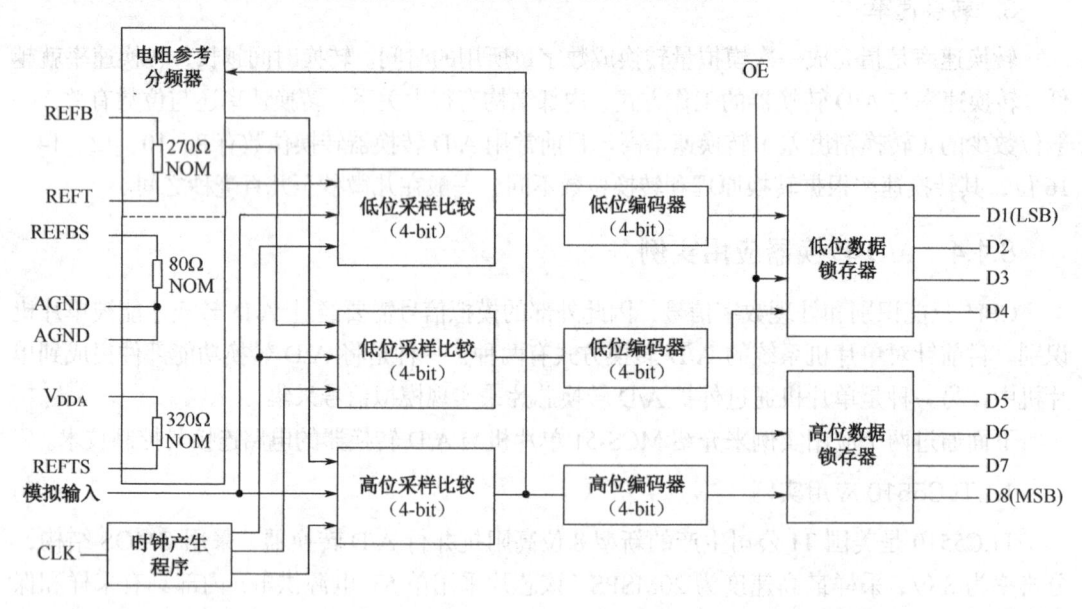

图 8-2 TLC5510 内部结构图

从 TLC5510 的内部结构可以看出，内部寄存器必须配合时序进行工作，其工作时序图如图 8-3 所示，时钟信号 CLK 在每一个下降沿采集模拟输入信号。启动 A/D 转换后，在 2.5 个时钟周期后，完成 A/D 转换，将数据送到内部数据总线上，外部 CPU 可以读取到此次 A/D 转换的结果。

第 8 章 MCS-51 单片机与 A/D 和 D/A 转换器的接口技术

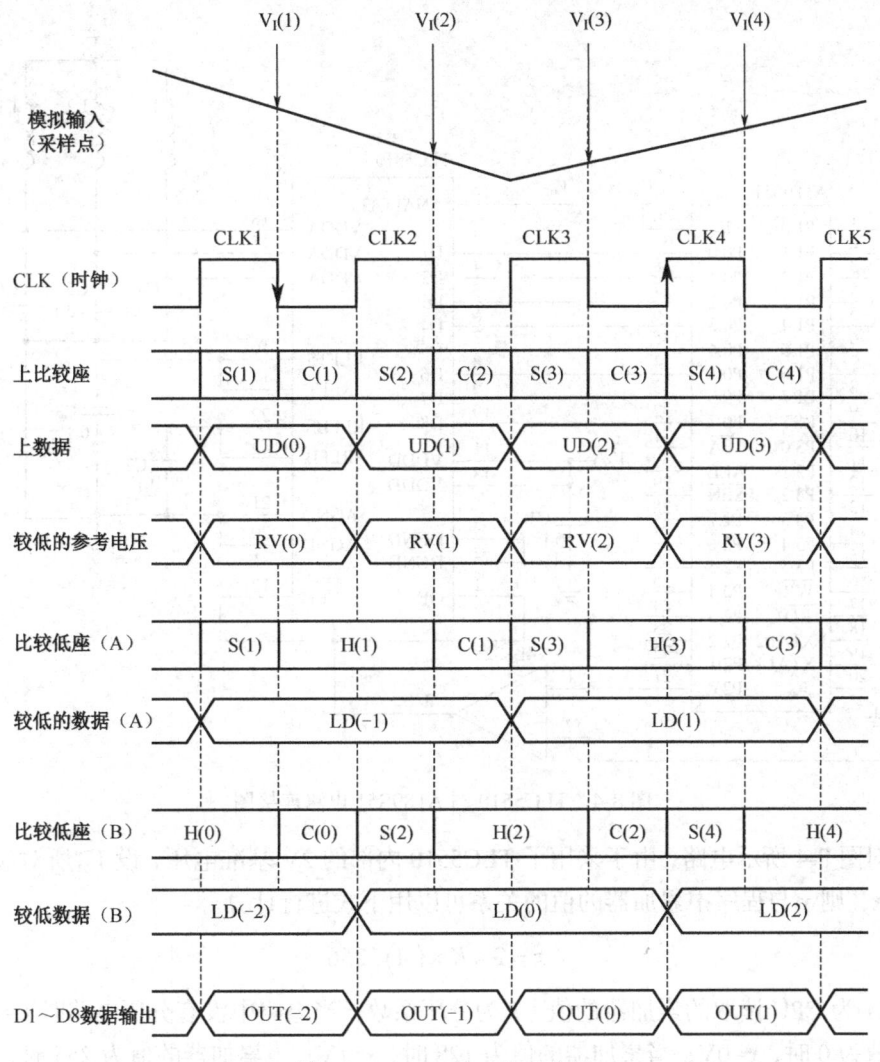

图 8-3 TLC5510 工作时序图

当第 1 个时钟周期的下降沿到来时,模拟输入电压将被采样到高比较器块和低比较器块。高比较器块在第 2 个时钟周期上升沿的最后,确定高位数据;同时,低基准电压产生与高位数据相应的电压。低比较器块在第 3 个时钟周期上升沿的最后,确定低位数据。高位数据和低位数据在第 4 个时钟周期的上升沿进行组合。这样,第 N 次采集的数据经过 2.5 个时钟周期的延迟之后,便可送到内部数据总线上。此时如果输出使能 $\overline{OE}$ 有效,则数据便可送至 8 位数据总线上。

TLC5510 与 AT89S51 电路连接如图 8-4 所示,TLC5510 的 $\overline{OE}$ 信号、时钟信号、数据输出分别连接 P2.0、P0.0～P0.7,转换结果由 P0 端口读出,采用外部寻址方式读取 A/D 转换器数据。单片机操作 TLC5510 的参考程序如下。

```
MOV  DPTR, #0FEFFH;   指向TLC5510的地址
MOVX A, @DPTR;        读取TLC5510的转换数据
```

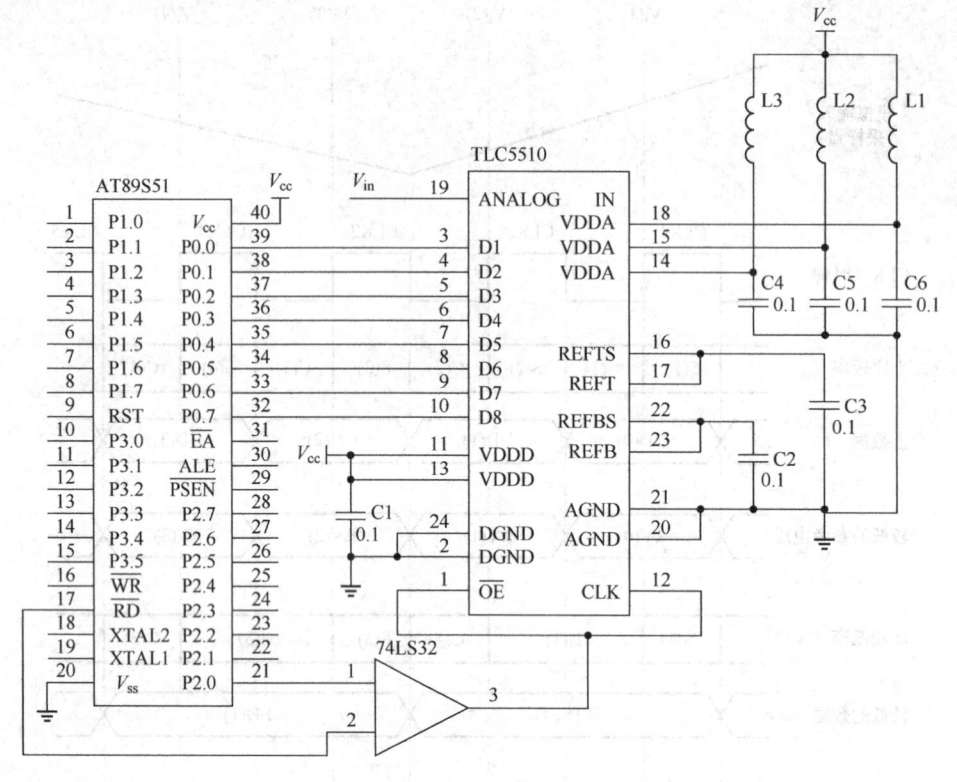

图 8-4 TLC5510 与 AT89S51 电路连接图

针对图 8-4 所示电路，由于采用了 TLC5510 内部的 2V 基准电压，设 V_{in} 所对应物理电压值为 x，则 x 与程序中累加器的值的关系可以用下式进行计算。

$$x = 2 \times K \times (A)/256$$

其中，(A) 为 CPU 读取的累加器的值，k 为分压系数，当电路中没有分压电路时 $k=1$。当累加器的值为 0 时，$x=0V$；当累加器的值为 128 时，$x=1V$；当累加器的值为 255 时，$x\approx 2V$。

2. XL2543 应用实例

并行 A/D 转换器的程序编写简单，但芯片的引脚较多，会使芯片体积增加，同时也增加了 PCB 的布线难度。为解决这一问题，很多公司相继推出了串行 A/D 转换器。

XL2543 是信路达公司生产的 12 位串行 A/D 转换器，它具有三个控制输入端，采用简单的 4 线 SPI 串行接口与单片机进行连接，实现 11 路的模拟量数据采集。

由于采用串行数据传输方式，XL2543 的控制引脚只有 4 个，分别为 $\overline{CS}$（片选）、输入/输出时钟（I/O CLOCK）、串行数据输入端（DATA INPUT）和输出端（DATA OUT）。XL2543 的 11 个输入通道（AIN0~AIN10）可由片内的通道多路选择器进行任意选取。当 A/D 转换结束，EOC 引脚输出高电平，根据读取时序，CPU 可以方便地获取指定通道的 A/D 转换结果。

第 8 章　MCS-51 单片机与 A/D 和 D/A 转换器的接口技术

XL2543 的主要特性如下：

① 11 个模拟输入通道；
② 最大转换时间为 10μs；
③ SPI 串行接口；
④ 线性度误差最大为 ±1LSB；
⑤ 工作电源电流为 1mA；
⑥ 掉电模式电流为 4μA。

XL2543 引脚说明见表 8-2。

表 8-2　XL2543 引脚说明

引脚号	名　称	I/O	说　　明
1～9, 11, 12	AIN0～AIN10	I	模拟量输入端。11 路输入信号由内部多路选择器选通。对于 4.1MHz 的 I/O CLOCK，驱动源阻抗必须小于或等于 50Ω，而且用 60pF 电容来限制模拟输入电压的斜率
10	GND	I	地。GND 是内部电路的地回路端。除另有说明外，所有电压测量都相对 GND 而言
13	REF-	I	负基准电压端。基准电压的低端（通常为地）被加到 REF-
14	REF+	I	正基准电压端。基准电压的正端（通常为 V_{cc}）被加到 REF+，最大的输入电压范围由本端与 REF-端的电压差决定
15	$\overline{CS}$	I	片选端。在 $\overline{CS}$ 的电平由高变低时，内部计数器复位，并启用 DATA OUT、DATA INPUT 和 I/O CLOCK。由低变高时，在设定时间内禁用 DATA INPUT 和 I/O CLOCK
16	DATA OUT	O	A/D 转换结果的三态串行输出端。$\overline{CS}$ 为高电平时处于高阻抗状态，为低电平时处于激活状态
17	DATA INPUT	I	串行数据输入端。由 4 位的串行地址输入来选择模拟量输入通道
18	I/O CLOCK	I	输入/输出时钟端。I/O CLOCK 接收串行输入信号并完成以下四个功能：① 在 I/O CLOCK 的前 8 个上升沿，8 位输入数据存入输入数据寄存器。② 在 I/O CLOCK 的第 4 个下降沿，被选通的模拟输入电压开始向电容器充电，直到 I/O CLOCK 的最后一个下降沿为止。③ 将前一次转换数据的其余 11 位输出到 DATA OUT 端，在 I/O CLOCK 的下降沿时数据开始变化。④ 在 I/O CLOCK 的最后一个下降沿，将转换的控制信号传送到内部状态控制位
19	EOC	O	转换结束端。在最后的 I/O CLOCK 下降沿之后，EOC 从高电平变为低电平，并保持到转换完成和数据准备传输为止
20	V_{cc}	I	电源

AT89S51 与 XL2543 电路连接图如图 8-5 所示。XL2543 的 $\overline{CS}$、I/O CLOCK、DATA INPUT 分别连接 P2.0、P2.1、P2.2 引脚，转换结果由 P2.3 引脚读出。

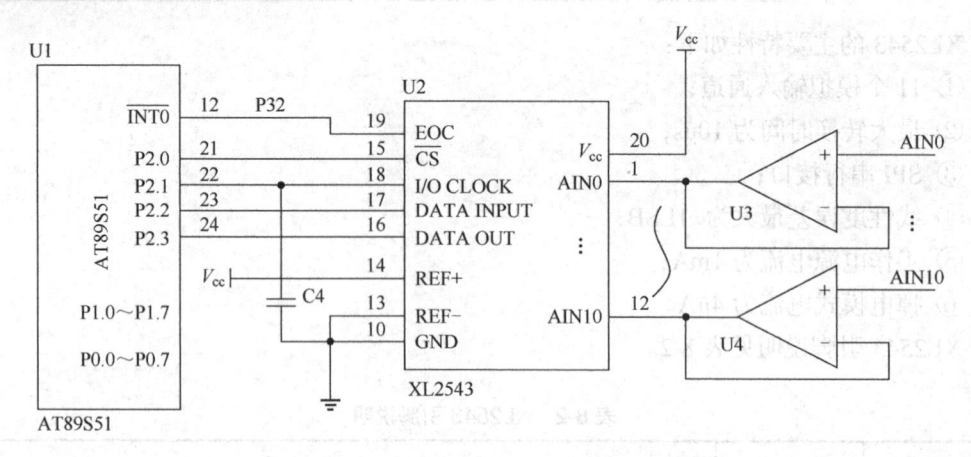

图 8-5　AT89S51 与 XL2543 电路连接图

CPU 要正确读写 SPI 设备，必须严格遵守 SPI 工作时序。XL2543 的工作时序如图 8-6 所示。XL2543 的数据格式可以通过设置其内部寄存器进行选择，可以使用 12 或 16 个时钟周期得到 12 位分辨率；可以使用 8 个时钟周期得到 8 位分辨率。XL2543 的输入数据是 8 位数据流，高四位（D7~D4）用于选择模拟通道地址，第三位和第四位（D3~D2）用于决定输出数据长度，第二位（D1）用于决定输出数据格式，第一位（D0）用于选择输出的单/双极性。为了最小化 $\overline{CS}$ 噪声引起的误差，内部电路会在 $\overline{CS}$ 变为低电平之后建立等待时间，然后再响应控制输入信号。因此，在 $\overline{CS}$ 设置的等待时间结束之前，不要开始传输输入信号。XL2543 输入寄存器格式见表 8-3。

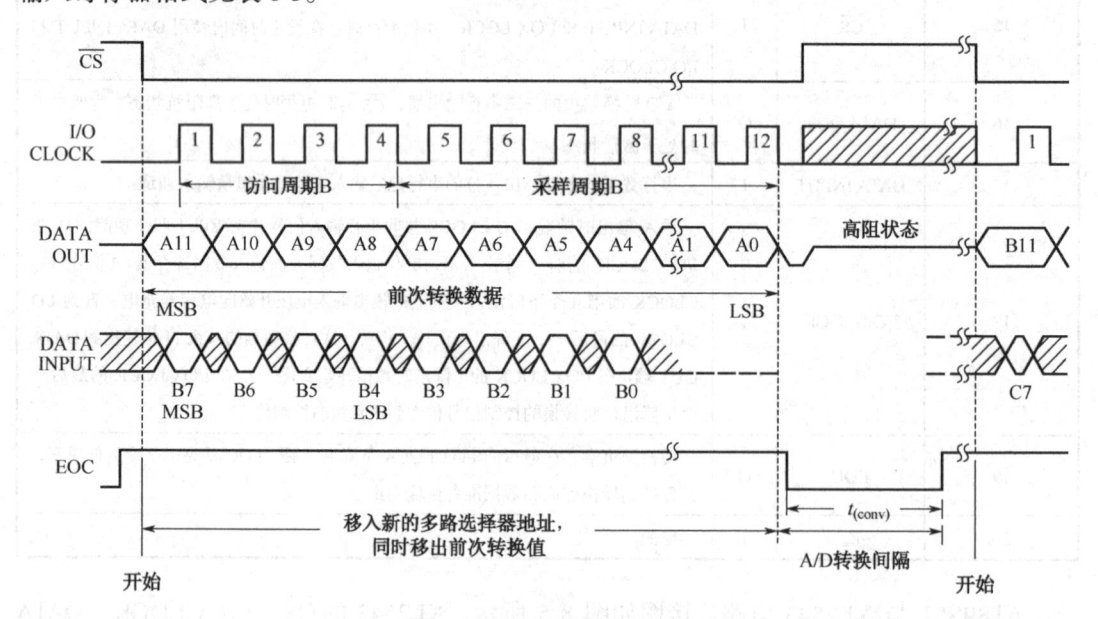

图 8-6　XL2543 的工作时序

第 8 章 MCS-51 单片机与 A/D 和 D/A 转换器的接口技术

表 8-3 XL2543 输入寄存器格式

功能选择	输入数据字节						
	地址位				L1	L0	LSBF	BIP
	D7(MSB)	D6	D5	D4	D3	D2	D1	D0(LSB)
选择输入通道								
AIN0	0	0	0	0				
AIN1	0	0	0	1				
AIN2	0	0	1	0				
AIN3	0	0	1	1				
AIN4	0	1	0	0				
AIN5	0	1	0	1				
AIN6	0	1	1	0				
AIN7	0	1	1	1				
AIN8	1	0	0	0				
AIN9	1	0	0	1				
AIN10	1	0	1	0				
选择测试电压								
$(V_{ref}+ - V_{ref}-)/2$	1	0	1	1				
$V_{ref}-$	1	1	0	0				
$V_{ref}+$	1	1	0	1				
软件掉电	1	1	1	0				
输入数据长度								
8 位					0	1		
12 位					X	0		
16 位					1	1		
输出数据格式								
MSB 前导							0	
LSB 前导							1	
输出极性								
单极性								0
双极性								1

CPU 要启动 XL2543，首先在 $\overline{CS}$ 引脚送出一个低电平，同时给 XL2543 的时钟引脚送出周期性的脉冲信号。之后，单片机根据要求发出一系列方波信号，并且将通道选择、输出数据长度选择、前导选择、单/双极性选择的控制信息送入 DATA INPUT 引脚，由于 EOC 信号在第一个 I/O CLOCK 下降沿的时候变为高电平了，因此，DATA OUT 引脚会送出 A/D 转换的结果，但是该数据为上一次 XL2543 转换完成的数据，所以要获取当前选定的通道或重新设置参数后的转换结果，需要等到下一次启动 XL2543。单片机实现 XL2543 读写控制的 C 语言参考代码如下。

```
//XL2543 控制位定义
sbit XL2543_EOC        = P3^2;
sbit XL2543_CS         = P2^0;
sbit XL2543_IO_CLOCK   = P2^1;
sbit XL2543_DATA_INPUT = P2^2;
sbit XL2543_DATA_OUT   = P2^3;
```

```c
//========================================================
//XL2543 A/D转换程序
/*
通道选择  0000---AIN0  0001---AIN1  0010---AIN2  0011---AIN3
         0100---AIN4  0101---AIN5  0110---AIN6  0111---AIN7
         1000---AIN8  1001---AIN9  1010---AIN10
数据长度选择   01---8位   10---12位   11---16位
数据方向选择   0---MSB前导   1---LSB前导
单/双极性选择  0---单极性    1---双极性
*/
//D7 D6 D5 D4 D3 D2 D1 D0
//*  *  *  *  1  1  0  0
//通道0~10全部采用16位、MSB前导、单极性输出
unsigned char XL2543_channel_select[11]=
{
    0x0C,  // 选择通道 00
    0x1C,  // 选择通道 01
    0x2C,  // 选择通道 02
    0x3C,  // 选择通道 03
    0x4C,  // 选择通道 04
    0x5C,  // 选择通道 05
    0x6C,  // 选择通道 06
    0x7C,  // 选择通道 07
    0x8C,  // 选择通道 08
    0x9C,  // 选择通道 09
    0xAC,  // 选择通道 10
};
unsigned int Chan_AD[11];//表示上次选择通道的转换结果
unsigned char PrevChan; //上一个周期选择的通道
unsigned char NextChan; //下一个转换的通道
//当前配置通道在下一个周期读取转换结果,因此当前读取的转换结果是
//上一次配置的通道的转换结果
//XL2543 读出上一次A/D转换结果(12位精度),并开始下一次转换
void XL2543_work(unsigned char channel_select)
{
    unsigned int AD_data;
    unsigned char AD_Comm, i;
    AD_data =0;
    AD_Comm = XL2543_channel_select[channel_select];//选择控制命令
    XL2543_IO_CLOCK=0;
    while(XL2543_EOC==0);
    AD_data =0;   //该语句用于延时
    XL2543_CS=0;
    for(i=0;i<3;i++);  //该语句用于CS下降沿稳定
```

```c
        for(i=0;i<16;i++)
        {
            if(AD_Comm &0x80) //控制命令从MSB-LSB,发送数据
                XL2543_DATA_INPUT=1;
            else
                XL2543_DATA_INPUT=0;
            XL2543_IO_CLOCK=1;
            AD_Comm <<=1;
            AD_data <<=1;
            if(XL2543_DATA_OUT==1)  //接收A/D转换数据
                AD_data |=0x0001;
            XL2543_IO_CLOCK=0;
        }
    XL2543_CS =1; //关闭片选
    Chan_AD[PrevChan]= AD_data; //当前获取值为上一个通道转换结果
    PrevChan= channel_select;
}
//单片机主程序
void main(void)
{
    PrevChan=0;
    NextChan=0;
    While(1)
    {
        XL2543_work(NextChan);
        //other task;
    }
}
```

在图 8-5 所示的电路中，A/D 转换器的参考电压为外部的 V_{cc}，设输入电压值为 x，设 y 为函数 XL2543_work(channel_select)当前获取的 A/D 转换数字量，则 x 可以用下式表示。

$$x = V_{cc} \times K \times y / 4096$$

式中，K 是分压系数，当电路中没有分压电路时，K=1。在采集电路中，需要注意的是模拟信号变化范围，该信号一方面不能超过芯片信号输入端能够承受的最大安全电压，否则会损坏电路；另一方面不能超过参考电压，否则超过的值均为满刻度值，即在图 8-5 中，如果 V_{cc}=5V，那么当输入信号 AINx≥5V 时，则 y 的取值始终为 4095。因此，当输入信号超过参考电压时，需要在前端进行分压处理，在后续计算中在将分压系数 K 代入上式。

8.2 D/A 转换器

8.2.1 D/A 转换器基本原理

D/A 转换器可将数字量转换成模拟量输出。数字量是用二进制按数位组合起来表示的，对于有权码,每位代码都有一定的权。为了将数字量转换成模拟量,必须将每一位的代码按其权的大小转换成相应的模拟量,然后将这些模拟量相加,即可得到与数字量成正比的总模拟量,从而实现 D/A 转换。

图 8-7 是 D/A 转换器的输入/输出关系框图,$D_0 \sim D_{n-1}$ 是输入的 n 位二进制数,V_o 是与输入二进制数成比例的输出电压。

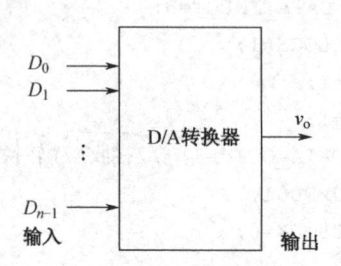

图 8-7 D/A 转换器的输入/输出关系框图

8.2.2 D/A 转换器主要结构

D/A 转换器主要有二进制权电阻网络 D/A 转换器、倒 T 型电阻网络 D/A 转换器和权电流型 D/A 转换器三类。

1. 二进制权电阻网络 D/A 转换器

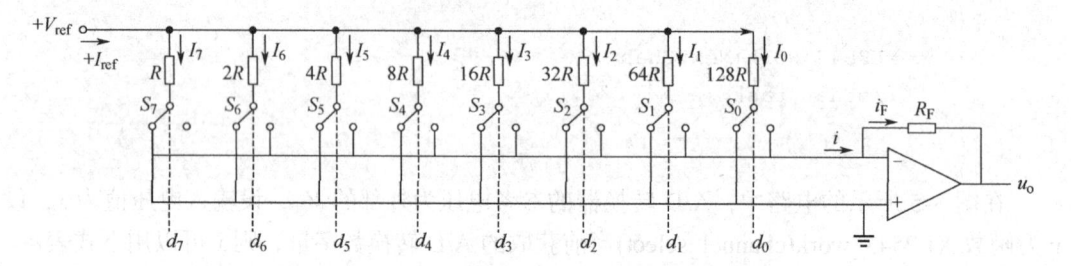

如图 8-8 所示为二进制权电阻网络 D/A 转换器的电路原理图。不论模拟开关接运算放大器的反相输入端(虚地)还是接地,也就是说,不论输入数字信号是 1 还是 0,各支路的电流是不变的。

图 8-8 二进制权电阻网络 D/A 转换器的电路原理图

根据图 8-8 所示的电路,各分支电流可表示为:

$$I_0 = \frac{V_{ref}}{128R}, \quad I_1 = \frac{V_{ref}}{64R}, \quad I_2 = \frac{V_{ref}}{32R}, \quad I_3 = \frac{V_{ref}}{16R}$$

$$I_4 = \frac{V_{ref}}{8R}, \quad I_5 = \frac{V_{ref}}{4R}, \quad I_6 = \frac{V_{ref}}{2R}, \quad I_7 = \frac{V_{ref}}{R}$$

输出电流 i 可以表示为

$$i = \sum_{k=0}^{7} I_k d_k = \sum_{k=0}^{7} \frac{V_{ref}}{2^{7-k} R} d_k = \frac{V_{ref}}{2^7 R} (\sum_{k=0}^{7} d_{7-k} \cdot 2^{7-k})$$

因此输出电压 U_o 可以表示为

$$U_o = -R_F i_F = -\frac{R}{2} \cdot i$$

2. 倒 T 型电阻网络 D/A 转换器

图 8-9 所示为倒 T 型电阻网络 D/A 转换器的电路原理图。从图中可以看出，从虚线 A、B、C、D、E、F、G、H 处向右看的二端网络等效电阻都是 R，不论模拟开关接运算放大器的反相输入端（虚地）还是接地，也就是说，不论输入数字信号是 1 还是 0，各支路的电流不变。

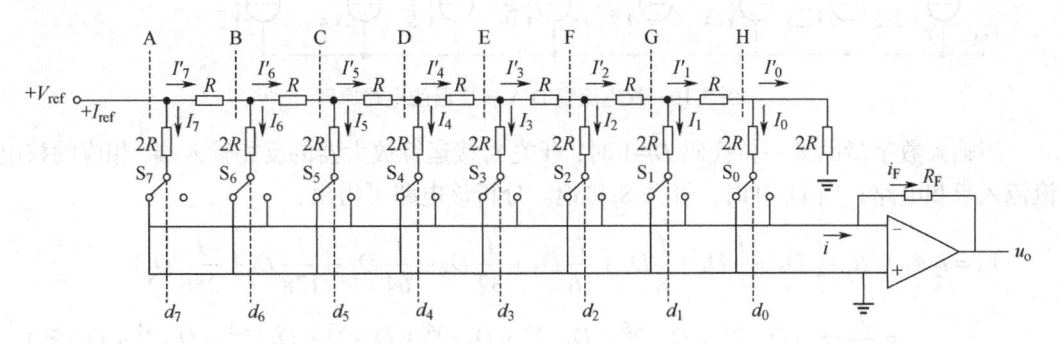

图 8-9 倒 T 型电阻网络 D/A 转换器的电路原理图

从参考电压端输入的电流为

$$I_{ref} = \frac{V_{ref}}{R}$$

各个分支电流可表示为

$$I_0 = \frac{1}{256} I_{ref} = \frac{V_{ref}}{256R}, \quad I_1 = \frac{1}{128} I_{ref} = \frac{V_{ref}}{128R}$$

$$I_2 = \frac{1}{64} I_{ref} = \frac{V_{ref}}{64R}, \quad I_3 = \frac{1}{32} I_{ref} = \frac{V_{ref}}{32R}$$

$$I_4 = \frac{1}{16} I_{ref} = \frac{V_{ref}}{16R}, \quad I_5 = \frac{1}{8} I_{ref} = \frac{V_{ref}}{8R}$$

$$I_6 = \frac{1}{4} I_{ref} = \frac{V_{ref}}{4R}, \quad I_7 = \frac{1}{2} I_{ref} = \frac{V_{ref}}{2R}$$

运算放大器输入端电流为

$$i = \sum_{k=0}^{7} I_k d_k = (\sum_{k=0}^{7} \frac{1}{2^{8-k}} d_k) \frac{V_{ref}}{R} = \frac{V_{ref}}{2^8 R} (\sum_{k=0}^{7} d_{7-k} \cdot 2^{7-k})$$

则输出电压 U_o 可表示为

$$U_o = -R_F i_F = -R_F i$$

3. 权电流型 D/A 转换器

尽管倒 T 型电阻网络 D/A 转换器具有较高的转换速度，但由于电路中存在模拟开关电压降，当流过各支路的电流稍有变化时，就会产生转换误差。为进一步提高 D/A 转换器的转换精度，可采用权电流型 D/A 转换器，其电路原理图如图 8-10 所示。在图 8-10 中，电

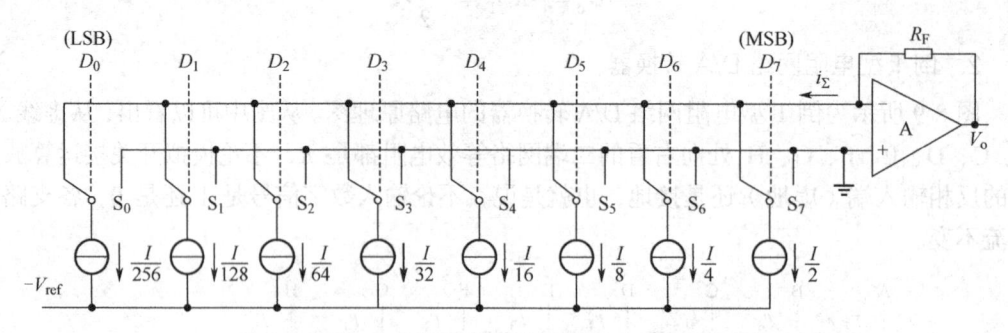

流大小依次为 $I/2$、$I/4$、$I/8$、$I/16$、$I/22$、$I/64$、$I/128$、$I/256$。

图 8-10 权电流型 D/A 转换器的电路原理

当输入数字量的某一位代码 $D_i=1$ 时，开关 S_i 接运算放大器的反相输入端，相应的权电流流入求和电路；当 $D_i=0$ 时，开关 S_i 接地。分析该电路可得出：

$$V_0 = i_\Sigma R_f = R_f(\frac{I}{2}D_7 + \frac{I}{4}D_6 + \frac{I}{8}D_5 + \frac{I}{16}D_4 + \frac{I}{32}D_3 + \frac{I}{64}D_2 + \frac{I}{128}D_1 + \frac{I}{256}D_0)$$

$$= \frac{I}{2^8} \cdot R_f(D_7 \cdot 2^7 + D_6 \cdot 2^6 + D_5 \cdot 2^5 + D_4 \cdot 2^4 + D_3 \cdot 2^3 + D_2 \cdot 2^2 + D_1 \cdot 2^1 + D_0 \cdot 2^0)$$

$$= \frac{I}{2^8} \cdot R_f \sum_{j=0}^{7} D_j \cdot 2^j$$

采用了恒流源电路之后，各支路权电流的大小均不受开关导通电阻和压降的影响，这就降低了对开关电路的要求，提高了转换精度。

8.2.3 D/A 转换器输出信号类型

根据电路内部结构差异，D/A 转换器输出的信号可以分为电压输出和电流输出两类。电压输出型 D/A 转换器有的直接从电阻阵列输出电压，但一般采用内置运算放大器实现低阻抗输出。对于没有内置运算放大器的 D/A 转换器一般仅用于高阻抗负载，由于输出没有运算放大器的延迟，这种 D/A 转换器的速度更快。电流输出型 D/A 转换器则多数将恒流源注入电阻网络，由于恒流源内阻极大，相当于开路，所以连同电子开关在内，对它的转换精度影响较小，又因电子开关大多采用非饱和型的 ECL 开关电路，使这种 D/A 转换器可以实现高速转换，且转换精度较高。

根据输出信号的极性，D/A 转换器又分为单极性输出信号 D/A 转换器和双极性输出信号 D/A 转换器。如输出的模拟信号幅度是 5V，则单极性输出信号范围是 0~5V，双极性输出信号范围是-2.5~+2.5V。当需要双极性输出时，D/A 转换器需要有正、负两个电源。

8.2.4 D/A 转换器性能指标

1. 分辨率

一般来说，输入数字量的位数表示 D/A 转换器的分辨率。此外，D/A 转换器的分辨率也可以用能分辨的最小输出电压（此时输入的数字代码只有最低有效位为 1，其余各位都是 0）与最大输出电压（此时输入的数字代码各有效位全为 1）之比给出。n 位 D/A 转换器的分辨率可表示为 $1/(2^n-1)$，它表示 D/A 转换器在理论上可以达到的精度。

第 8 章 MCS-51 单片机与 A/D 和 D/A 转换器的接口技术

2. 转换误差

D/A 转换过程中产生误差的因素很多，各元件参数值的误差、参考电源不够稳定和运算放大器的零漂都会使转换结果不准确。D/A 转换器的绝对误差是指输入端输入最大数字量（全 1）时，D/A 转换器的理论值与实际值之差。该误差值应低于 LSB/2。

3. 转换时间

转换时间是指从输入数字量开始到输出电压变化到稳定电压值所需的时间。一般用 D/A 转换器输入的数字量从全 0 变为全 1 时，输出电压达到规定的误差范围（±LSB/2）时所需时间表示。根据转换时间的长短，可以将 D/A 转换器分成超高速（<1μs）、高速（1~10μs）、中速（10~100μs）、低速（≥100μs）几类。

8.2.5　D/A 转换器应用实例

TLV5636 是 TI 公司生产的内置基准源的 12 位串行电压输出型高速 D/A 转换器，具有 4 线串行接口，能与 MCS-51 单片机、DSP 芯片连接，串行接口时钟频率最高可达 20MHz，输出刷新频率可达 1.25MHz，其输出建立时间可短至 1μs，积分非线性度小于 –3LSB，差分非线性度小于 –0.5LSB。TLV5636 包括通电复位电路、串行接口及控制逻辑、功率及速度控制电路、电压基准源、程控增益放大器、2 位控制数据锁存器、12 位 DAC 数据锁存器等。TLV5636 内部结构如图 8-11 所示，引脚说明见表 8-4。

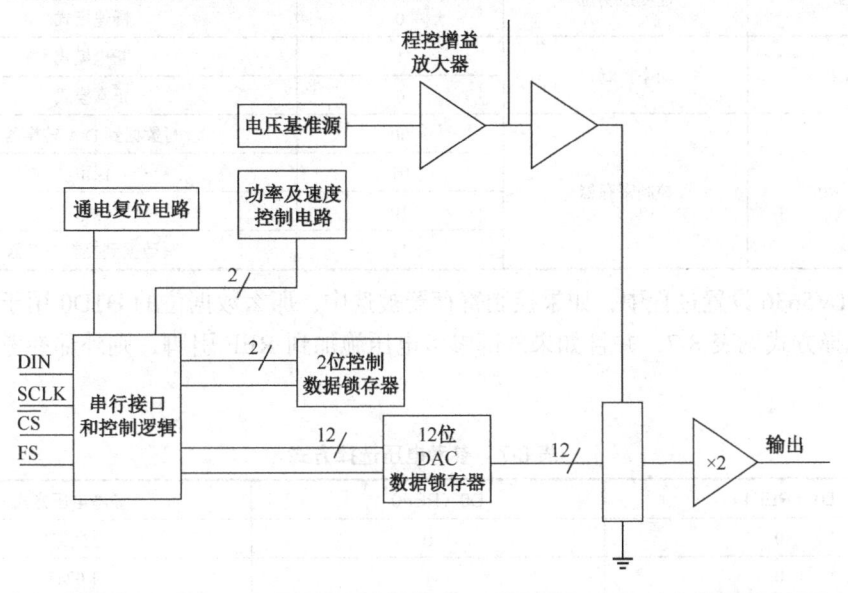

图 8-11　TLV5636 内部结构

表 8-4　TLV5636 引脚说明

引脚号	名　称	I/O	功能说明
1	DIN	I	串行数据输入
2	SCLK	I	串行时钟输入
3	$\overline{CS}$	I	片选，低电平有效
4	FS	I	帧同步输入

续表

引脚号	名 称	I/O	功 能 说 明
5	AGND	—	电源地
6	REF	I/O	基准输入或输出
7	OUT	O	转换输出引脚
8	VDD	—	电源

TLV5636 串行接口可用于两种基本模式：① 三线制，不带片选，仅支持单个设备连接到 CPU 上工作；② 四线制，带片选，可支持多个设备连接到 CPU 上同时工作。TLV5636 命令字长度为 16bit，格式见表 8-5。

表 8-5　TLV5636 命令字格式

D15	D14	D13	D12	D11	D10	D9	D8	D7	D6	D5	D4	D3	D2	D1	D0
R1	SPD	PWR	R0	12bit 数据											

其中 SPD、PWR、R0、R1 说明见表 8-6。

表 8-6　SPD、PWR、R0、R1 说明

名 称	说 明	逻辑状态	含 义
SPD	速度控制位	1	快速模式
		0	慢速模式
PWR	功率控制位	1	断电模式
		0	正常模式
R1、R0	控制寄存器	00	写数据到 D/A 转换器
		01	保留
		10	保留
		11	写数据到控制寄存器

在 TLV5636 设置过程中，如果控制寄存器被选中，那么数据位的 D1D0 用于选择参考电压，选择方式见表 8-7，并且如果外部参考电压施加到 REF 引脚，则外部参考电压必须被选中。

表 8-7　参考电压选择方式

D1（REF1）	D0（REF0）	参考电压方式
0	0	外部
0	1	1.024V
1	0	2.048V
1	1	外部

TLV5636 的工作时序图如图 8-12 所示。当 $\overline{CS}$ 为低电平时，TLV5636 的 D/A 电路才能开始工作。当 FS 出现正脉冲的下降沿时，数据传输过程就被确认，然后开始数据传输。在每一个 SCLK 时钟脉冲的下降沿，数据输入引脚上的串行数据被读入片内的 16 位移位寄存器，最终在输出引脚上输出电压。

第 8 章　MCS-51 单片机与 A/D 和 D/A 转换器的接口技术

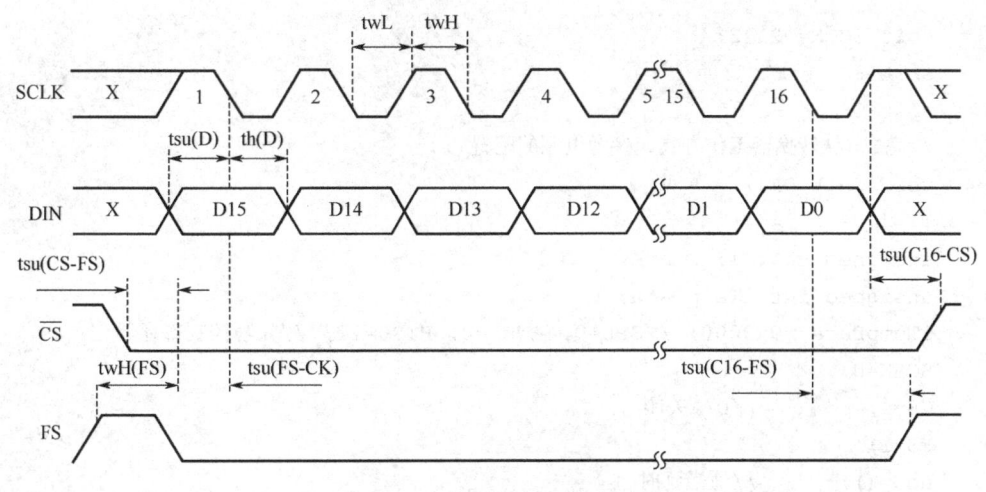

图 8-12　TLV5636 工作时序图

　　TLV5636 与 AT89S51 的电路连接示意图如图 8-13 所示。图 8-13 中，TLV5636 的输出加入了运算放大器进行阻抗匹配，而该 D/A 转换器内部有运放输出，因此可以根据需要进行外部运放电路更改，如果外部需要进行放大，则该电路中的电压跟随器可以根据实际需要进行放大倍数匹配。在工程应用中，须考虑所采用的 D/A 转换器是否内部具有电压跟随功能，如果不具备则在外部配置电压跟随。其次，本电路中 D/A 转换器的参考电源采用了芯片的工作电源 V_{cc}。

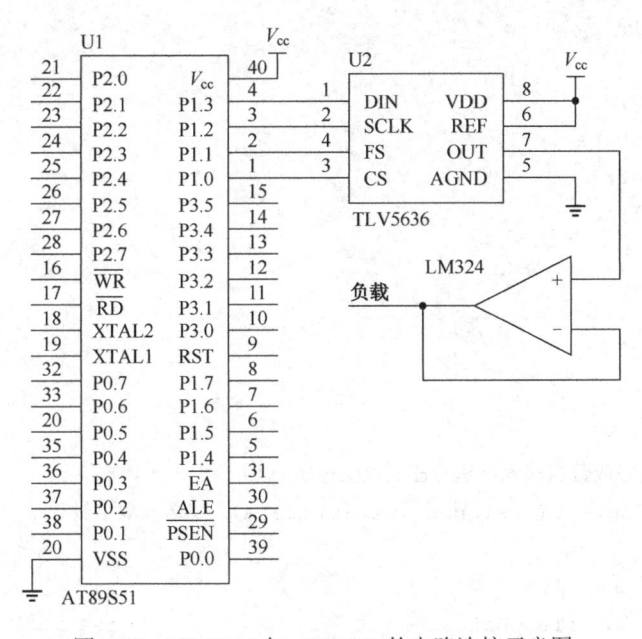

图 8-13　TLV5636 与 AT89S51 的电路连接示意图

　　单片机实现 TLV5636 读写控制的 C 语言参考代码如下。

```
#include<reg51.h>
//引脚位变量声明
sbit DIN = P1^3;
```

```c
sbit SCLK= P1^2;
sbit FS  = P1^1;
sbit CS  = P1^0;
//完成D/A转换器工作方式、参考电源的配置
void Init_DA()
{
unsigned char i;
unsigned int iTempData;
iTempData =0x9000; //SPD=0, PWR =0, R1R0=11; //先写控制寄存器
SCLK=0;
CS=1;          //D/A关闭
FS=1;
nop_();        //适当延时
nop_();        //适当延时
CS=0;          //D/A使能
FS=0;
//写数据到控制寄存器,确定TLV5636的工作方式,该部分也可以单独写为初始化程序
for(i=0;i<16;i++)
{
    SCLK=1;
    if(iTempData & 0x8000)
    DIN=1;
    else
    DIN=0;
    iTempData <<=1;
    SCLK=0;
    nop_();
}
    SCLK=0;
    CS=1;
    FS=1;
}

//以下函数完成数据输入,进行正式D/A转换
void DA_Convert(unsigned int iOutData)  //送入数字量
{
unsigned char i;
unsigned int iTempData;
SCLK=0;
CS=1;          //D/A关闭
FS=1;
nop_();        //适当延时
nop_();        //适当延时
CS=0;          //D/A使能
```

```
FS=0;
iTempData = iOutData&0x0FFF;
for(i=0;i<16;i++)
{
    SCLK=1;
    if(iTempData &0x8000)
    DIN=1;
    else
    DIN=0;
    iTempData <<=1;
    SCLK=0;
    nop_();          //适当延时
}
SCLK=0;
CS=1;                //D/A关闭
FS=1;
}
void main()
{
unsigned char i;
unsigned int DAData;
Init_DA();      //初始化D/A转换器
DAData=0;
while(1)
{
DA_Convert(DAData);   //D/A转换
for(i=0;i<255;i++);
DAData++;
if(DAData>4095)
    DAData=0;
}
}
```

在图 8-13 所示电路中，D/A 转换器的参考电压为外部的 V_{cc}，TLV5636 的输出端通过运算放大器 LM324 构成的电压跟随器产生最后输出的电压，其输出电压大小设为 y，则 y 可以用下式表示。

$$y = V_{cc} \times \text{DAData} / 4096$$

上式中，DAData 取值为 0～4095。

本章小结

A/D 转换器的功能是将输入的模拟信号转换成一组多位的二进制数字信息输出，A/D

转换器主要有逐次比较型、积分型、并行/串行、$\Sigma-\Delta$型、电容阵列逐次比较型和压频变换型等类型。不同类型A/D转换器的性能具有差异，在应用中根据实际需求，结合A/D转换器所需的性能指标选择适当的器件。需要注意的是A/D转换电路中是否存在分压电路，如果存在则需要在计算中代入分压系数。

D/A转换器的功能是将输入的二进制数字信号转换成相对应的模拟信号输出。多数D/A转换器由电阻阵列和n个电流开关（或电压开关）构成。按数字输入值切换开关，产生对应比例的电流或电压。D/A转换器分为电压输出型和电流输出型两大类，电压输出型D/A转换器有二进制权电阻网络、T型电阻网络和树形开关网络等，电流输出型D/A转换器有权电流型电阻网络和倒T型电阻网络等。

无论是A/D还是D/A转换电路，当对信号采集、输出精度和稳定性要求较高时，在硬件电路中需要对数字电路和模拟电路的电源进行隔离或独立处理，避免数字电路的电源波动对模拟信号产生干扰；此外，也可以采用外挂高精度、高稳定性的参考电源，这些对于提高A/D或D/A采集或输出的信号精度至关重要。

思考题与习题

8.1 简述逐次比较型A/D转换器的工作原理。

8.2 A/D和D/A转换器的性能指标有哪些？

8.3 D/A转换器的工作过程中，哪些因素会影响输出电压的精度？

8.4 PCF8591是单片低功耗8位CMOS数据采集器件，具有四个模拟输入、一个输出和一个串行I^2C总线接口，查阅该芯片资料，编写完整程序，使PCF8591输出正弦波，波形频率为500Hz，每个周期内波形点数不少于64点，通过仿真工具（Proteus）验证输出波形是否满足要求。

第9章 MCS-51单片机系统的键盘及显示技术

本章教学基本要求

1．掌握 MCS-51 单片机键盘不同输入控制电路的结构和特点，理解矩阵键盘的工作原理。

2．掌握 MCS-51 单片机显示输出控制电路的结构和特点，掌握 LED 和 LCD 段码的显示方法。

重点与难点

1．掌握单片机按键软件消抖的延时处理方法。
2．掌握 MCS-51 单片机矩阵键盘控制程序的实现方法。
3．掌握多位 LED 动态显示控制方法。

9.1 MCS-51单片机应用系统中键盘的设计

9.1.1 键盘的工作特点

1．键盘分类

按照结构原理的不同，按键可分为两类，一类是触点式开关按键，如机械式按键、导电橡胶式按键等；另一类是无触点式开关按键，如电气式按键、磁感应按键等。目前，微型计算机系统中最常见的是触点式开关按键。

按照接口原理的不同，键盘可分为编码键盘与非编码键盘两类。这两类键盘的主要区别是能否识别键符及给出相应键码。编码键盘主要用硬件来实现对按键值的识别，非编码键盘主要由软件来实现键盘的定义与识别。非编码键盘又分为独立键盘、矩阵键盘、专用芯片键盘。

2．键盘结构与特点

微型计算机键盘通常使用触点式开关按键，其主要功能是把机械上的通断转换成电气上的逻辑关系，并提供标准的 TTL 逻辑电平，以便与通用数字系统的逻辑电平保持兼容。

机械式按键按下或释放时，由于机械弹性作用的影响，通常伴随一定时间的触点机械抖动，然后其触点才稳定下来，其抖动过程如图 9-1 所示；抖动时间的长短与开关的机械特性有关，一般为 20~60ms，不同材质键盘的抖动时间有差异。

在触点抖动期间检测按键的通断状态，可能导致判断出错，即一次键盘按下或释放的操作被错误地认为是多次操作，这种情况是不允许出现的。为了克服按键触点机械抖动所致的检测误判，必须采取消抖措施。键盘消抖可从硬件、软件两方面予以考虑。在键数较少时，可采用硬件消抖；当键数较多时，常采用软件消抖。

1）双稳态消抖

在硬件上可采用在键输出端加 R-S 触发器（双稳态触发器）或单稳态触发器构成消抖动电路。图 9-2 所示是双稳态消抖电路，触发器一旦翻转，触点抖动不会对其产生任何影响。

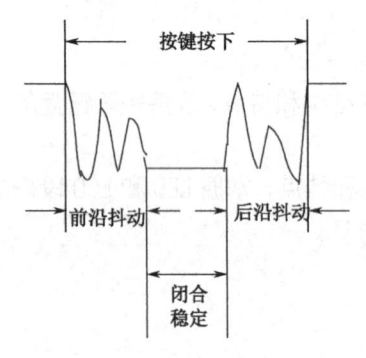

图 9-1 机械式按键抖动过程 　　　　图 9-2 双稳态消抖电路

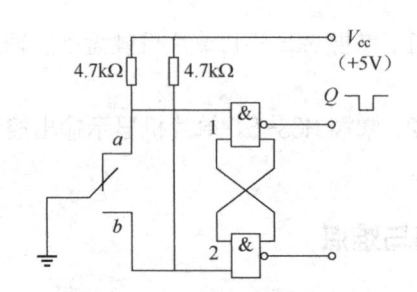

电路工作过程如下：按键未按下时，$a = 0$，$b = 1$，输出 $Q = 1$。按键按下时，因按键的机械弹性作用的影响，使按键产生抖动。当开关没有稳定到达 b 端时，因与非门 2 输出为 0 反馈到与非门 1 的输入端，封锁了与非门 1，双稳态电路的状态不会改变，输出保持为 1，输出 Q 不会产生抖动的波形。当开关稳定到达 b 端时，因 $a = 1$，$b = 0$，使 $Q = 0$，双稳态电路状态发生翻转。当释放按键时，在开关未稳定到达 a 端时，因 $Q = 0$，封锁了与非门 2，双稳态电路的状态不变，输出 Q 保持不变，消除了后沿的抖动波形。当开关稳定到达 a 端时，因 $a = 0$，$b = 0$，使 $Q = 1$，双稳态电路状态发生翻转，输出 Q 重新返回原状态。由此可见，键盘输出经双稳态电路之后，输出已变为规范的矩形方波。

2）滤波消抖电路

因为 RC 积分电路具有吸收干扰脉冲的作用，所以只要选择适当的时间常数，让按键的抖动通过此滤波电路，便可消除抖动的影响，如图 9-3 所示。

当按键 S1 未按下时，电容两端电压为 0，与非门输出为 1。当按键 S1 按下时，由于 C1 两端电压不能突变，即使在接触过程中出现了抖动，只要 C1 两端的放电电压波动不超过门的开启电压（TTL 为 0.7V 左右），门的输出将不会改变，这可通过适当选取 R1、R2 和 C1 的值来实现。同样，S1 在断开的过程中，即使出现抖动，由于 C1 两端电压不能突变，它要经过 RC 放电，只要 C1 两端的放电电压波动不超过门的关闭电压，门的输出也不会改变。所以，关键在于 R1、R2 和 C1 的时间常数的选取，一般要求 C1 由稳态电压的充电到开启电压或放电到关闭电压的延迟时间大于或等于 10ms。

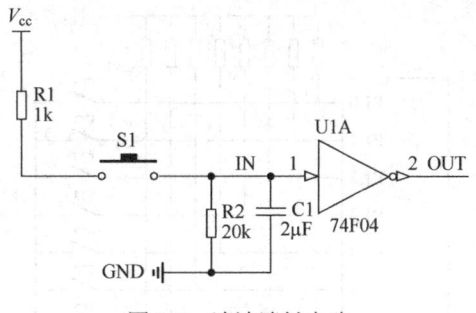

图 9-3　滤波消抖电路

3）软件消抖

如果按键较多，硬件消抖成本较高且电路复杂度增加，多数采用软件的方法进行消抖。在第一次检测到有键按下时，执行一段延时 20~60ms 的子程序后，再确认该按键电平是否仍保持闭合状态电平，如果保持闭合状态电平，则确认真正有按键按下，从而消除了抖动的影响。

3. 键盘编码

一组按键或键盘都要通过 I/O 端口查询按键的开关状态。根据键盘结构的不同，采用不同的编码。无论有无编码，以及采用什么编码，最后都要转换成与累加器中数值相对应的键值，以实现按键功能程序的跳转。

4. 键盘控制程序

一个完善的键盘控制程序应具备以下功能。

① 检测有无按键按下，并采取硬件或软件措施，消除按键机械触点抖动的影响。

② 有可靠的逻辑处理办法。每次只处理一个按键，其间任何按键的操作对系统不产生影响，如果一次有效按键包含按下和释放过程，则表示一次按键无论时间有多长，系统仅执行一次按键功能程序。

③ 准确输出键值（或键号），以满足跳转指令要求。

9.1.2　独立按键接口设计

在一般的单片机控制系统中，按键功能较少，因此，采用独立按键结构的较多。独立按键是直接用 I/O 端口加简单的电路构成的按键电路，每个按键单独占用一个 I/O 引脚，按键工作相互独立，不会相互影响，其电路如图 9-4 所示。

这种按键电路硬件设计简单灵活，软件设计也简单，但每个按键必须占用一个独立的 I/O 引脚，因此，按键较多时，需要的 I/O 引脚较多。当按键数量在 8 个以下时，并且 I/O 引脚较为富余，可采用这种按键方式。

独立按键的软件常采用查询方式。先逐位查询每个 I/O 引脚的输入状态，如某一个 I/O 引脚输入为低电平，则可确认该 I/O 引脚所对应的按键已按下，然后，再转向该按键的功能处理程序。键盘处理程序的任务如下。

1. 输入

检查键盘是否有按键被按下，消除按键抖动。确定键号，获取键值。

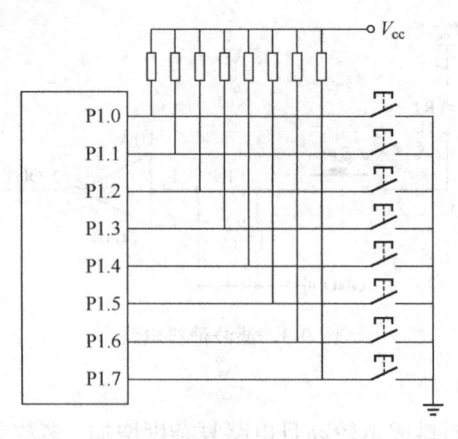

图9-4 独立按键电路

2. 译码

键值为键盘位置码，根据键号查表得出被按键的键值。键值：数字键为 0~9、字符键为 0AH~0FH 等。

3. 处理

根据键值转移到不同程序段。若键值属于数字、字符键，则调用显示数字和字符的子程序。若键值属于功能键，则进行多分支转移，执行各个功能程序段。

【例9.1】 图 9-5 所示为独立四按键电路，键值由软件用中断或查询方式获得。分析如下。

（1）K0~K3 四个按键在没有按下时，P1.0~P1.3 引脚均处于高电平状态；只要有按键按下，则与之相连的 I/O 引脚就变成低电平。

（2）在图 9-5 中，为了使 CPU 能及时处理键盘功能，四根键盘状态输出线被送到四与门输入端。这样，只要有任一按键按下，该四与门输出端便由高电平变成低电平，再通过 $\overline{INT0}$ 向 CPU 发出中断请求。

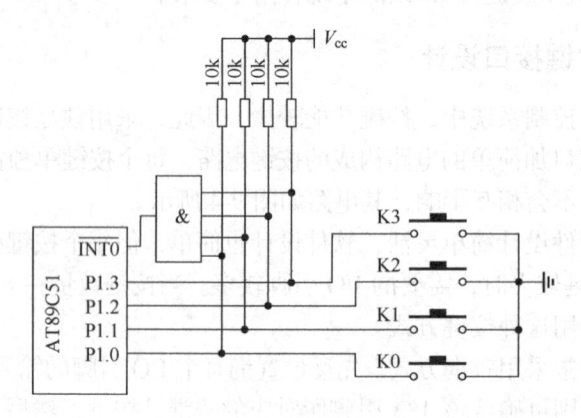

图9-5 独立四按键电路

独立键盘控制的参考程序如下。

```
        ORG     0000H
        AJMP    MAIN                    ;转向主程序
```

第9章 MCS-51单片机系统的键盘及显示技术

```
              ORG    0003H
              AJMP   KeyProc            ;设置键识别中断服务程序入口
              ORG    0030H
MAIN:         MOV    SP, #30H           ;设置堆栈
              SETB   EA                 ;开中断
              SETB   EX0                ;允许INT0中断
              MOV    P1, #0FFH          ;设P1口为输入方式
HERE:         SJMP   HERE               ;等待键闭合
        /****** 键识别中断服务程序**************/
KeyProc: PUSH  ACC                      ;保护现场
         CLR   EA                       ;暂时关中断
         MOV   A, P1                    ;取P1口当前状态
         ANL   A, #0FH                  ;屏蔽高4位
         CJNE  A, #0FH, KEY             ;有键按下,转键处理KEY
         SJMP  Exit;
KEY:     LCALL DELAY10                  ;延时10ms,消抖,此处可以通过循环实现延时
         MOV   A, P1                    ;取P1口状态
         ANL   A, #0FH                  ;屏蔽高4位
         CJNE  A, #0FH, LOOP            ;等待键释放
         SJMP  Exit                     ;//没有按键发生,退出中断
LOOP:    JNB   ACC.0, KEY0              ;若K0按下,转键处理程序KEY0
         JNB   ACC.1, KEY1              ;若K1按下,转键处理程序KEY1
         JNB   ACC.2, KEY2              ;若K2按下,转键处理程序KEY2
         AJMP  KEY3                     ;转键处理程序KEY3
        //以上每个任务结束都需要调到Exit;
Exit:;   POP   ACC                      ;退出中断
         SETB  EA                       ;开中断
         RETI                           ;返回
```

【例9.2】 图9-6所示为独立五按键电路,键值通过软件查询方式获得,请编程实现。

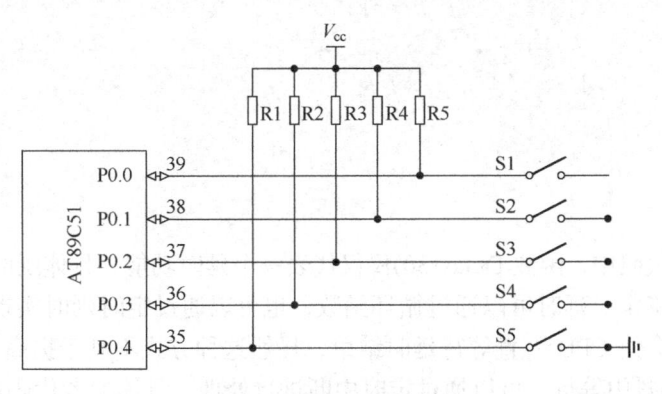

图9-6 独立五按键电路

图9-6中键盘只能采用查询方式进行按键处理,扫描键盘的C语言参考程序如下。

```
void main()
```

```c
        unsigned char  KeyData;
        while(1)
          {
              KeyData =P0;
              KeyData &=0x1f; //取键值
              if(KeyData!=0x1f)
              {
                  Delay(30);   //软件延迟30ms，消抖
              KeyData =P0;
                  KeyData &=0x1f; //再次取键值
                  if(KeyData!=0x1f)  //确实有按键按下
                  {
                      switch(KeyData)
                      {
                          case 0x1e:
                              //按键1任务
                              break;
                          case 0x1d:
                              //按键2任务
                              break;
                          case 0x1b:
                              //按键3任务
                              break;
                          case 0x17:
                              //按键4任务
                              break;
                          case 0x0f:
                              //按键5任务
                              break;
                          default:
                              break;
                      }
                  }
              }
          }
      }
```

在上面参考代码中，函数 Delay(30)仅仅代表一个延时功能，具体延时时间需要结合实际消抖效果进行确定。延时可以通过循环函数，也可以通过定时延时实现，但这些方式都存在一个缺陷，会使 CPU 一直等待延时结束，显然这种方式不利于提高 CPU 的利用率。为避免 CPU 在消抖中等待，可以通过定时中断进行处理，具体参考代码如下。

假设 MCS-51 单片机的系统时钟频率为 22.1184MHz，采用定时器 0，定时中断时间间隔为 1ms。

```c
unsigned char KeyTime;
void InitTimer0() //初始化定时器
{
TMOD = 0x01;        //8 bit ->GATE C/T M1 M0  GATE C/T M1 M0
 TH0 = 0xF8;        //22.1184M,计数值1843
TL0 = 0xCD;         //设定值=65536-1843=63693=F8CDH
ET0 = 1;            //允许定时器0的溢出中断
EA=1;               //打开中断总开关
TR0 = 1;            //启动定时器0
}//void InitTimer0 ()

void Timer0IRQ() interrupt 1//定时器0中断，1号中断
{
 TH0 = 0xF8;                //22.1184M,计数值1843,1ms中断一次
 TL0 = 0xCD;                //设定值=65536-1843=63693=F8CDH
 if(KeyTime >0)             //按键消抖计时参数
    KeyTime --;
}//void Timer0IRQ() interrupt 1
void main()
{
 unsigned char KeyData;
bit KeyFlag=0;      //用于判断是否需要进行消抖处理
InitTimer0();       //初始化定时器0
 while(1)
  {
      if(KeyFlag==0) //没有按键按下
{
      KeyData =P0;
        KeyData &=0x1f;//取键值
        if(KeyData!=0x1f)
        {
        KeyFlag=1;      //有按键按下，需要进行消抖计时
        KeyTime=30;     //消抖计时长度
            }
        }
        else//说明已经有按键判断任务了，需要进行消抖处理
            {
            if(KeyTime==0)
            {//消抖计时完成，如果该变量不为0,则迅速退出，避免CPU死等
            KeyFlag=0;   //清除按键消抖标志
            KeyData =P0;
            KeyData &=0x1f; //再次取键值
            if(KeyData!=0x1f) //确实有按键按下
            {
```

```
            switch(KeyData)
            {
                case 0x1e:
                    //按键1任务
                break;
                case 0x1d:
                    //按键2任务
                break;
                case 0x1b:
                    //按键3任务
                break;
                case 0x17:
                    //按键4任务
                break;
                case 0x0f:
                    //按键5任务
                break;
                default:
                break;
            }//switch(KeyData)
        }//确实有按键按下
    }//消抖计时完成,避免CPU死等
  }//说明已经有按键判断任务了
 }// while(1)
}// void main()
```

在该参考程序中,主程序 main()中的主循环程序中没有使用 Delay(30)函数,而是通过定时中断进行计时,只有当消抖时间到了,CPU 再次读取按键状态,并根据按键状态进行任务处理,这样可避免 CPU 死等消抖结束,有效提高了 CPU 的运行效率。

9.1.3 矩阵键盘接口设计

在按键较少的情况下,采用独立按键方式,如果按键较多,通常采用矩阵(也称行列)键盘。

矩阵键盘由行线和列线组成,按键位于行、列线的交叉点上。图 9-7 所示为 4×4 矩阵键盘。矩阵键盘中,行、列线分别连接到按键开关的两端,行线通过上拉电阻接到 +5V 上。当无按键按下时,行线处于高电平状态;当有按键按下时,行、列线将导通,此时,行线电平将由与此行线相连的列线电平决定,这是识别按键是否按下的关键。然而,矩阵键盘中的行线、列线和多个按键相连,各按键按下与否均影响该按键所在行线和列线的电平,各按键间将相互影响,因此,必须将行线、列线信号配合起来做适当处理,才能确定闭合按键的位置。

对于独立按键键盘,因按键数量少,可根据实际需要灵活编码。对于矩阵键盘,按键的位置由行号和列号唯一确定,因此可分别对行号和列号进行二进制编码,然后将两值合成一字节，高 4 位是行号，低 4 位是列号。如图 9-7 中的 8 号按键，它位于第 2 行、第 0 列，因此，其编码应为 20H。采用上述编码，不同行的按键离散性较大，根据按键键值进行任务处理的软件编写不方便。因此，可采用依次排列键号的方式对按键进行编码。以图 9-7 中的 4×4 键盘为例，可将键号编码为 01H、02H、03H、⋯、0EH、0FH、10H 共 16 个键号，编码相互转换可通过计算或查表的方法实现。

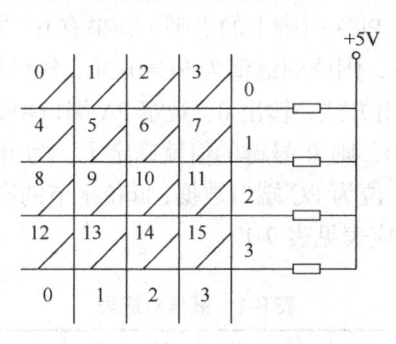

图 9-7 4×4 矩阵键盘

对键盘的响应取决于键盘的工作方式，键盘的工作方式应根据实际应用系统中 CPU 的工作状况而定，其选取的原则是既要保证 CPU 能及时响应按键操作，又不要过多占用 CPU 的工作时间。通常，键盘的工作方式有三种，即编程扫描方式、定时扫描方式和中断扫描方式。

1. 编程扫描方式

编程扫描方式是利用 CPU 完成其他工作的空余时间，调用键盘扫描子程序来响应键盘输入。在执行按键功能程序时，CPU 不再响应按键输入，直到 CPU 重新扫描键盘为止。键盘扫描程序一般应包括以下内容。

① 判别有无按键按下；
② 键盘扫描取得闭合按键的行、列值；
③ 用计算法或查表法得到键值；
④ 判断闭合按键是否释放，如没释放则继续等待；
⑤ 将闭合按键的键号保存，同时转去执行该闭合按键的处理程序。

图 9-8 所示是 4×8 矩阵键盘电路，由图可知，其与单片机的接口采用 8155 扩展 I/O 芯片，键盘采用编程扫描方式工作。8155 的 PC 端口低 4 位输入行扫描信号，PA 端口输出 8 位列扫描信号，二者均为低电平有效。8155 的 $\overline{IO/M}$ 与 P2.0 相连，$\overline{CS}$ 与 P2.7 相连，$\overline{WR}$、$\overline{RD}$ 分别与单片机的 $\overline{WR}$、$\overline{RD}$ 相连。由此可确定 8155 的口地址如下。

命令/状态口：07E00H
PA 端口：07F01H
PB 端口：07F02H
PC 端口：07F03H

图 9-8 中，PA 端口为基本输出端口，PC 端口为基本输入端口，因此，方式命令控制字应设置为 43H。在编程扫描方式下，键盘扫描子程序应完成如下几个功能。

① 判断有无按键按下。其方法为：PA 端口输出全为 0，读 PC 端口状态，若 PC0~PC3

全为1，则说明无按键按下；若不全为1，则说明有按键按下。

② 消除按键抖动的影响。其方法：在判断有按键按下后，用软件延时的方法延时10~30 ms，再判断键盘状态，如果仍为有按键按下状态，则认为有一个按键按下；否则当作按键抖动来处理。

③ 求按键位置。根据前述键盘扫描法，进行逐列置0扫描。当设置PA0输出为0，PA1~PA7输出为1时，观察PC0~PC3引脚上的电平。如果有0~7号键任意一个按下，则PC0出现0；如果仅有0号键按下，则读到键值为PC=0x0E，然后将PA端口改为输入方式，默认电平为1，PC端口改为输出方式，输出0，观察PA端口中哪些引脚出现0。如果是0号键按下，则PA0电平由1→0，则0号键的值就确定了，为0xFE0E。其中高位字节为PA端口数据，而低位字节的低4位为PC端口数据，低位字节的高4位没有用到，默认值为0。图9-8中32个按键的键值对应表见表9-1。

表9-1 键值对应表

键号	键值	键号	键值	键号	键值	键号	键值
0	0xFE0E	8	0xFE0D	16	0xFE0B	24	0xFE07
1	0xFD0E	9	0xFD0D	17	0xFD0B	25	0xFD07
2	0xFB0E	10	0xFB0D	18	0xFB0B	26	0xFB07
3	0xF70E	11	0xF70D	19	0xF70B	27	0xF707
4	0xEF0E	12	0xEF0D	20	0xEF0B	28	0xEF07
5	0xDF0E	13	0xDF0D	21	0xDF0B	29	0xDF07
6	0xBF0E	14	0xBF0D	22	0xBF0B	30	0xBF07
7	0x7F0E	15	0x7F0D	23	0x7F0B	31	0x7F07

④ 判别闭合的按键是否释放。按键闭合一次只能进行一次功能操作，因此，等按键释放后才能根据键号执行相应的处理程序。

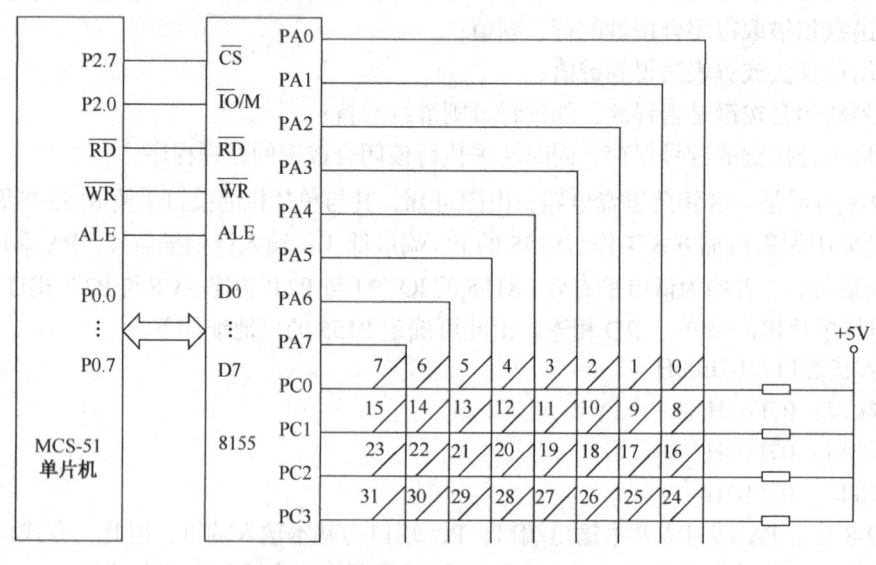

图9-8 4×8矩阵键盘电路

2. 定时扫描方式

定时扫描方式就是每隔一段时间对键盘扫描一次，它利用单片机内部的定时器产生一定时间（例如 10 ms）的定时，定时时间到就产生定时器溢出中断。CPU 响应中断后对键盘进行扫描，并在有按键按下时识别出该按键，再执行该按键的处理程序。定时扫描方式的硬件电路与编程扫描方式相同，程序流程图如图 9-9 所示。

图 9-9 中，标志 1 和标志 2 是在单片机内部 RAM 的位寻址区设置的两个标志位，标志 1 为消抖标志位；标志 2 为识别完按键的标志位。初始化时将这两个标志位设置为 0，执行中断服务程序时，首先判别有无按键闭合，若无按键闭合，将标志 1 和标志 2 清 0 后返回；若有按键闭合，先检查标志 1，当标志 1 为 0 时，说明还未进行消抖处理，此时置位标志 1，并中断返回。由于中断返回后要经过 10 ms 后才会再次中断，相当于延时了 10 ms，因此，程序无须再延时。

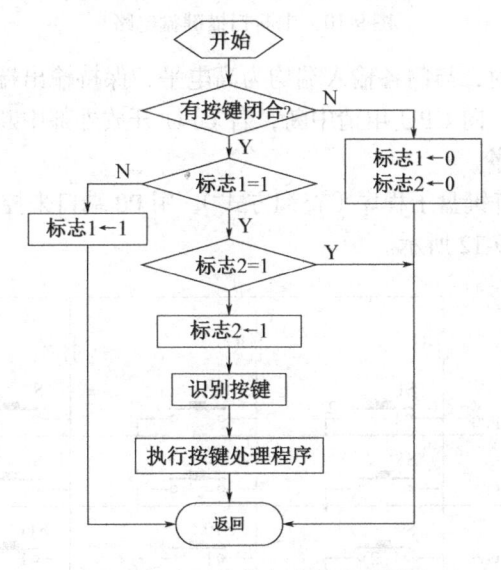

图 9-9 定时扫描方式程序流程图

下次中断时，因标志 1 为 1，CPU 再检查标志 2，如标志 2 为 0 说明还未进行按键的识别处理，这时，CPU 先置位标志 2，然后进行按键识别处理，再执行相应的按键处理程序，最后，中断返回。如标志 2 已经为 1，则说明此次按键已做过识别处理，只是还未释放按键。当按键释放后，在下一次中断服务程序中，标志 1 和标志 2 又重新清 0，等待下一次按键。

3. 中断扫描方式

采用上述两种键盘扫描方式时，无论是否按键，CPU 都要定时扫描键盘，而单片机应用系统工作时，并非经常需要键盘输入。因此，CPU 经常处于空扫描状态。为提高 CPU 工作效率，可采用中断扫描方式。其工作过程如下：当无按键按下时，CPU 处理自己的工作；当有按键按下时，产生中断请求，CPU 转去执行键盘扫描子程序，并识别键号。

图 9-10 所示是中断扫描键盘电路，该键盘是由 8051 的 P1 端口的高、低字节构成的 4×4 键盘。键盘的列线与 P1 端口的高 4 位相连，键盘的行线与 P1 端口的低 4 位相连，因此，P1.4～P1.7 是键输出线；P1.0～P1.3 是扫描输入线。图中的四输入与门用于产生按键中断，

其输入端与各列线相连，再通过上拉电阻接至+5V电源，输出端接至8051的外部中断输入端。

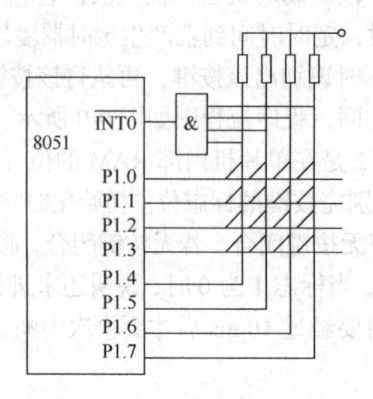

图 9-10 中断扫描键盘电路

当键盘无按键按下时，与门各输入端均为高电平，保持输出端为高电平；当有按键按下时，输出端为低电平，向CPU申请中断，若CPU开放外部中断，则会响应中断请求，转去执行键盘扫描子程序。

【例9.3】 4×4矩阵键盘子程序（查询方式），用P0端口来控制，如图9-11所示；矩阵键盘识别流程图如图9-12所示。

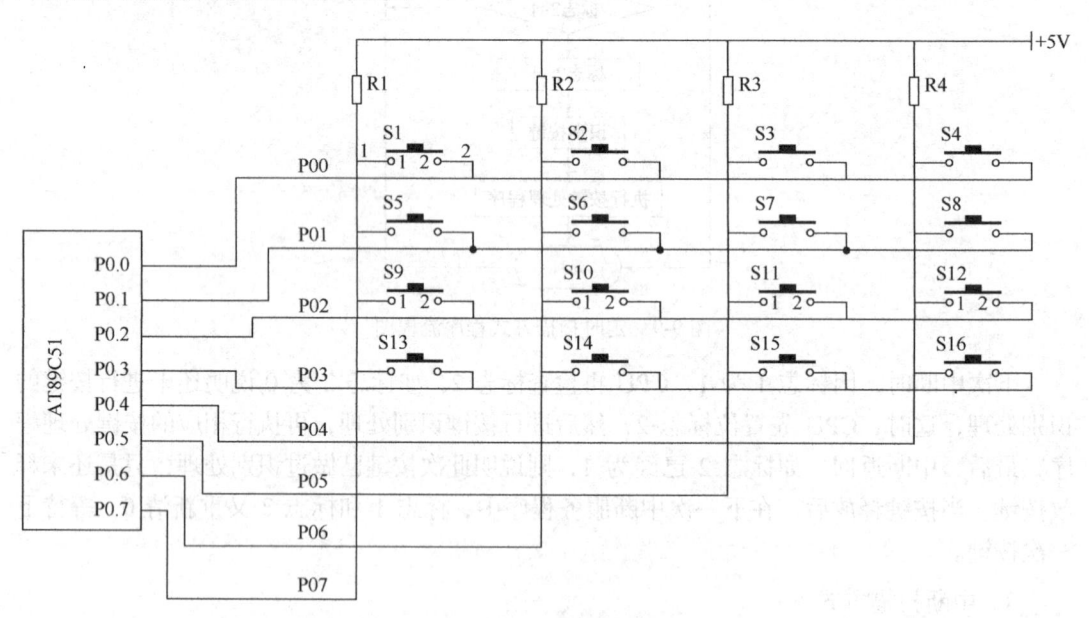

图 9-11 4×4矩阵键盘

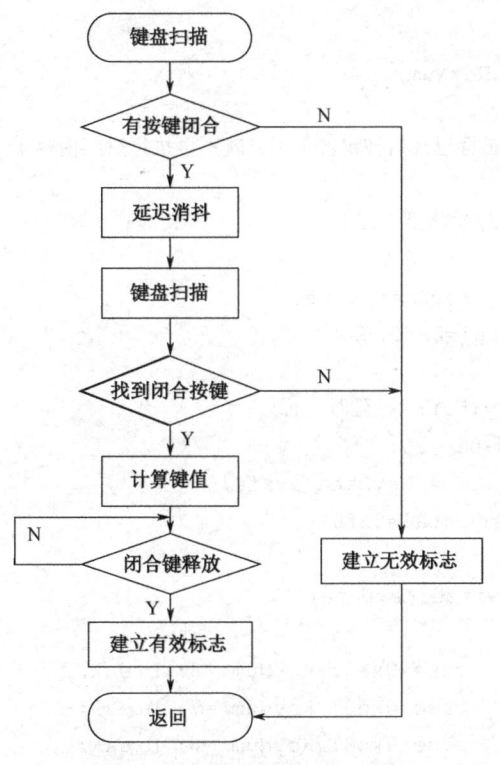

图 9-12 矩阵键盘识别流程图

键盘扫描判断参考程序如下。

```c
unsigned char KeyScan()
{
  unsigned char KeyData;
   unsigned char KeyNum=0;
  P0=0xfe; //检测第一行
  KeyData =P0;
  KeyData = KeyData &0xf0;
  if(KeyData!=0xf0)
  {
     Delay(50);    //可以采用程序延时50ms，或者利用定时器实现延时
     KeyData =P0;
     KeyData = KeyData &0xf0;
     if(KeyData!=0xf0)//消抖，重新判断是否有按键按下
     {
        switch(KeyData)
        {
           case 0xe0: KeyNum =4; break;
           case 0xd0: KeyNum =3; break;
           case 0xb0: KeyNum =2; break;
           case 0x70: KeyNum =1; break;
        }
```

```c
            }
            return KeyNum;
        }
    else  //如果前面已经有按键按下了,就不再执行后续内容了
    {
        P0=0xfd;//检测第二行
        KeyData =P0;
        KeyData = KeyData &0xf0;
        if(KeyData!=0xf0)
        {
            Delay(50); //延时50ms
            KeyData =P0;
            KeyData = KeyData &0xf0;
            if(KeyData!=0xf0)
            {
                switch(KeyData)
                {
                    case 0xe0: KeyNum =8; break;
                    case 0xd0: KeyNum =7; break;
                    case 0xb0: KeyNum =6; break;
                    case 0x70: KeyNum =5; break;
                }
            }
            return KeyNum;
        }
        else
        {
            P0=0xfb;//判断第三行
            KeyData =P0;
            KeyData = KeyData &0xf0;
            if(KeyData!=0xf0)
            {
                Delay(50); //延时50ms
                KeyData =P0;
                KeyData = KeyData &0xf0;
                if(KeyData!=0xf0)
                {
                    switch(KeyData)
                    {
                        case 0xe0: KeyNum =12; break;
                        case 0xd0: KeyNum =11; break;
                        case 0xb0: KeyNum =10; break;
                        case 0x70: KeyNum =9; break;
                    }
```

```
                }
                return KeyNum;
            }
            else
            {
                P0=0xf7;//判断第四行
                KeyData =P0;
                KeyData = KeyData &0xf0;
                if(KeyData!=0xf0)
                {
                    Delay(50);  //延时50ms
                    KeyData =P0;
                    KeyData = KeyData &0xf0;
                    if(KeyData!=0xf0)
                    {
                        switch(KeyData)
                        {
                            case 0xe0: KeyNum =16; break;
                            case 0xd0: KeyNum =15; break;
                            case 0xb0: KeyNum =14; break;
                            case 0x70: KeyNum =13; break;
                        }
                    }
                }
                return KeyNum;
            }
        }
    }
}
```

其中，Delay(50)为延时函数，该函数可以采用程序延时，但该程序在实际工程应用中执行效率不高，因此多数采用例 9.2 中的定时中断方式实现延时。

9.2 LED 数码显示接口电路设计

9.2.1 LED 数码显示结构与原理

LED 数码显示管是由若干个发光二极管组成的。当发光二极管导通时，相应的点或线段发光。将这些二极管排成一定图形，控制不同组合的二极管导通，就可以显示出不同的数字或字符。在应用系统中通常使用的是七段 LED 数码显示管，如图 9-13 所示；这种数码显示管分为共阴极[图 9-13（b）]与共阳极[图 9-13（c）]两种。

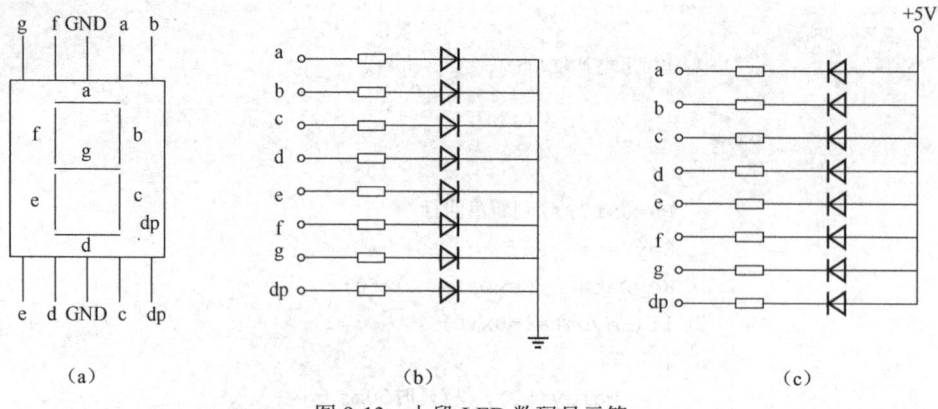

图 9-13 七段 LED 数码显示管

为了显示数字或字符，必须对数字或字符进行编码，简称段码。七个数码加上一个小数点，共计 8 段。因此为 LED 数码显示管提供的段码正好是 8 位，一字节。实际使用中，通过单片机向 LED 显示接口输出不同段码，即可显示相应的数字。LED 段码见表 9-2。

表 9-2 LED 段码

显示数字	共阴极接法的七段状态 gfedcba	共阴极接法 段码（十六进制数）	共阳极接法 段码（十六进制数）
0	0111111	3F	40
1	0000110	06	79
2	1011011	5B	24
3	1001111	4F	30
4	1100110	66	19
5	1101101	6D	12
6	1111101	7D	02
7	0000111	07	78
8	1111111	7F	00
9	1101111	6F	90
A	1110111	77	08
B	1111100	7C	03
C	0111001	39	46
D	1011110	5E	21
E	1111001	79	06
F	1110001	71	0E

9.2.2 LED 数码显示接口技术

1. 静态显示

所谓静态显示，就是显示某一字符时，相应段的发光二极管恒定地导通或截止。这种显示方法的每一位都需要一个 8 位输出端口控制。

静态显示的优点是显示稳定，在发光二极管导通电流一定的情况下亮度高，控制系统在运行过程中，仅仅在需要更新显示内容时，CPU 才执行一次显示更新子程序，这样可以

节省 CPU 的时间，提高 CPU 的工作效率；缺点是位数较多时，所需的 I/O 引脚较多，硬件资源开销较大。

【例 9.4】 设单片机时钟频率为 22.1184MHz，通过单片机 P2 端口并经 74LS245 驱动共阴极 LED 数码显示管，让一位数码显示管循环显示数字 0~9，静态显示电路如图 9-14 所示。参考程序如下。

```c
#include <reg51.h>
unsigned char CC[10]={0x3f,0x06,0x5B,0x4F,0x66,0x6D,0x7D,0x07,0x7F,0x6f};
unsigned int LEDTime;
void InitTimer0()        //初始化定时器
{
 TMOD = 0x01;            //8 bit ->GATE C/T M1 M0  GATE C/T M1 M0
 TH0 = 0xF8;             //22.1184M,计数值1843
 TL0 = 0xCD;             //设定值=65536-1843=63693=F8CDH
 ET0 = 1;                //允许定时器0的溢出中断
 EA=1;                   //中断总开关
 TR0 = 1;                //启动定时器0
}//void InitTimer0 ()
void Timer0IRQ() interrupt 1 //定时器0中断，1号中断
{
 TH0 = 0xF8;             //22.1184M,计数值1843,1ms中断一次
 TL0 = 0xCD;             //设定值=65536-1843=63693=F8CDH
 if(LEDTime >0)          //按键消抖计时参数
     LEDTime --;
}//void Timer0IRQ() interrupt 1


void main()
{
 unsigned char i=0;
 LEDTime=0;
 InitTimer0();
 while(1)
 {
     if(LEDTime==0)
     {
         P2= CC[i];
         i++;
         if(i==10)
             i=0;
         LEDTime=1000;  //1000ms
     }
 }
}
```

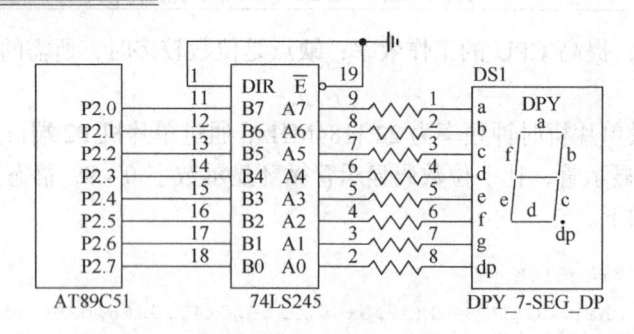

图 9-14 静态显示电路

2. 动态显示

动态显示是一位一位地轮流点亮各数码显示管，这种逐位点亮的方式称为位扫描。通常，各数码显示管的段选线相应并联在一起，由一个 8 位的 I/O 端口控制；各位的位选线（公共阴极或阳极）由另外的 I/O 端口控制。动态显示时，各数码显示管分时轮流选通。要使其稳定显示，必须采用扫描方式，即在某一时刻只选通一个数码显示管，并送出相应的段码，在另一时刻选通另一个数码显示管，并送出相应的段码。依此规律循环，即可使各数码显示管显示相应字符。虽然这些字符是在不同的时刻分别显示，但由于人眼存在视觉暂留效应，只要显示间隔足够短就可以给人以同时显示的感觉。

采用动态显示方式比较节省 I/O 端口，硬件电路也比静态显示方式简单，但其亮度不如静态显示方式，而且在显示位数较多时，CPU 要依次扫描，占用 CPU 较多的时间。图 9-15 为 MCS-51 单片机通过 I/O 接口芯片 8155 构建 6 位 LED 数码管动态显示的电路连接示意图。设待显示的 6 位数字的段码存在单片机内部 RAM 中，其地址为 78H～7DH。8155 的 PA 口地址为 7F00H，PB 口地址为 7F01H，PC 口地址为 7F02H，控制寄存器地址为 7F03H。8155 的 PC 口扫描输出每次只有一位为低电平，即 6 位 LED 中仅有一位公共阴极为低电平（只选中一位），其他位为高电平时，8155 的 A 口输出相应位的段码使该位 LED 显示出相应数字。依次改变 PC 口输出为低电平的位及 PA 口输出对应的数据段码，6 位 LED 可显示出缓冲器中数字。

如图 9-15 所示，依次点亮 6 个数码显示管显示 8 的汇编参考程序如下。

```
          MOV    A,       #10H;          初始化8155
          MOV    DPTR,    #7F03H;
          MOVX   @DPTR,   A;             8155初始化，PA口为输出口，PC口为输出口
DISPLAY:  MOV    R0,      #78H;          显示数据缓冲区首地址送R0
          MOV    R2,      #0FEH;         用于控制位选

DIPS0:    MOV    A,       R2;            用于控制位选
          MOV    DPTR,    #7F02H;        数据指针指向PC口，选择位
          MOVX   @DPTR,   A;             //送到PC口
          RLC    A;                      把PC口的控制位进行变更保存
          MOV    R2,      A;
          MOV    A,@R0;                  //段码
          MOV    DPTR,    #7F00H;        数据指针指向PA口，输出选择位的段码
          MOVX   @DPTR,   A;
```

```
                ACALL  DELAY;              延时
                INC    R0;
                CJNE,  R0,#7EH, DIPS0
                SJMP   DISPLAY;            6个位都显示了，进行下一次循环
                RET
        DELAY:  MOV    R7, #02H;           延时子程序
        DLY1:   MOV    R6, #0FFH;
        DLY2:   DJNZ   R6, DLY2;
                DJNZ   R7, DLY1;
                RET;
```

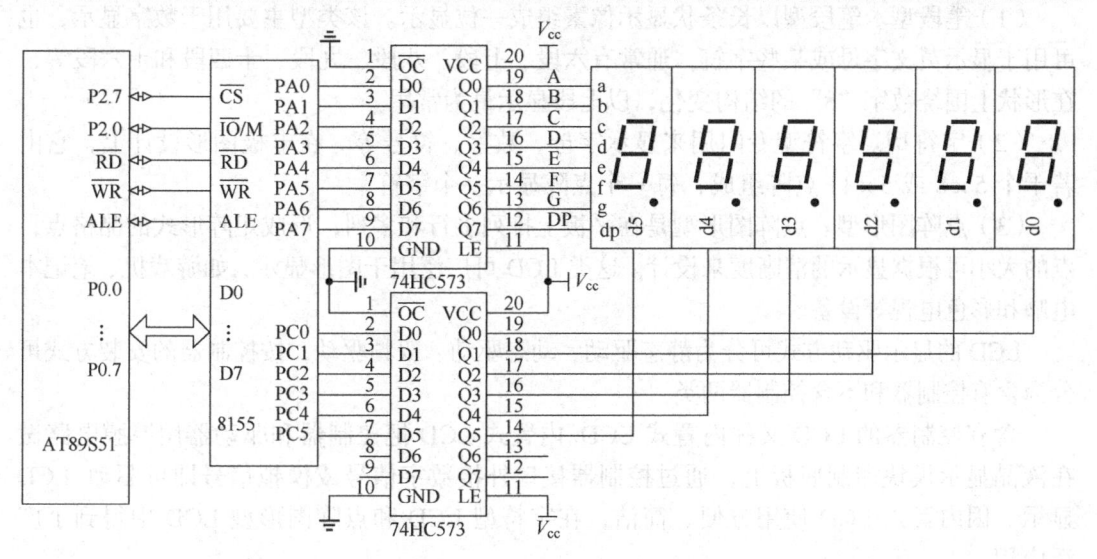

图 9-15　动态显示电路

9.3　LCD 接口电路设计

9.3.1　LCD 结构及原理

LCD（液晶显示器）是一种功耗极低的显示器件，它广泛应用于便携电子产品中，它不仅省电，而且能够显示大量的信息，如文字、曲线、图形等。

1. LCD 的结构及特点

LCD 的结构如图 9-16 所示。

其主要特点如下。

（1）低压、微功耗：工作电压只有 3~5V，工作电流只有几毫安。

（2）被动显示：液晶本身不发光，而是靠调制外界光进行显示。因此适合人的视觉习惯，不会使人眼疲劳。

（3）显示信息量大：LCD 显示器像素很小，相同面积上可容纳更多信息。

（4）寿命长：LCD 本身无老化问题，寿命极长。

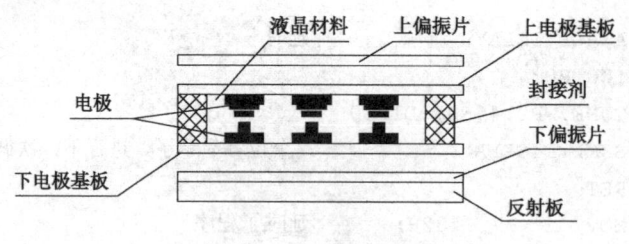

图 9-16　LCD 的结构

2. LCD 分类

通常可将 LCD 分为笔段型、字符型和点阵图形型。

（1）笔段型。笔段型以长条状显示像素组成一位显示。该类型主要用于数字显示，也可用于显示英文字母或某些字符，通常有六段、七段、八段、九段、十四段和十六段等，在形状上围绕数字"8"的结构变化，以七段显示最为常用。

（2）字符型。字符型专门用来显示字母、数字、符号等。在电极图形设计上，它由若干个 5×8 或 5×11 点阵组成，每一个点阵显示一个字符。

（3）点阵图形型。点阵图形型是在平板上排列多行和多列，形成矩阵形式的晶格点，点的大小可根据显示的清晰度来设计。这类 LCD 可广泛用于图形显示，如游戏机、笔记本电脑和彩色电视等设备。

LCD 的显示驱动方式可分为静态驱动、动态驱动、双频驱动，按控制器的安装方式可分为含有控制器和不含控制器两类。

含有控制器的 LCD 又称内置式 LCD。内置式 LCD 把控制器和驱动器用厚膜电路做在液晶显示模块印制底板上，通过控制器接口外接数字信号或模拟信号即可驱动 LCD 显示。因内置式 LCD 使用方便、简洁，在字符型 LCD 和点阵图形型 LCD 中得到了广泛应用。

不含控制器的 LCD 还要另外选配相应的控制器和驱动器才能工作。

9.3.2　LCD1602 简介及应用

1. LCD1602 简介

LCD1602 是目前较常用、价格低廉的 LCD，主要技术参数见表 9-3，引脚说明见表 9-4。

表 9-3　LCD1602 主要技术参数

项　目	参　数
显示容量	16×2 个字符
芯片工作电压	4.5～5.5V
工作电流	2.0mA（5.0V）
字符尺寸	2.95mm×4.35mm

表 9-4　LCD1602 引脚说明

引　脚	说　明
GND	接 0V
VCC	接 4.8～5V

续表

引脚	说明
V0	对地接电阻 470～2000Ω
RS	RS=0，指令寄存器；RS=1，数据寄存器
R/W	R/W=0，写；R/W=1，读
E	允许信号
D0～D7	数据线 1～数据 8
LED+	背光正极，接 4.8～5V
LED−	背光负极，接 0V

2. LCD1602 应用

LCD1602 接口电路图如图 9-17 所示。

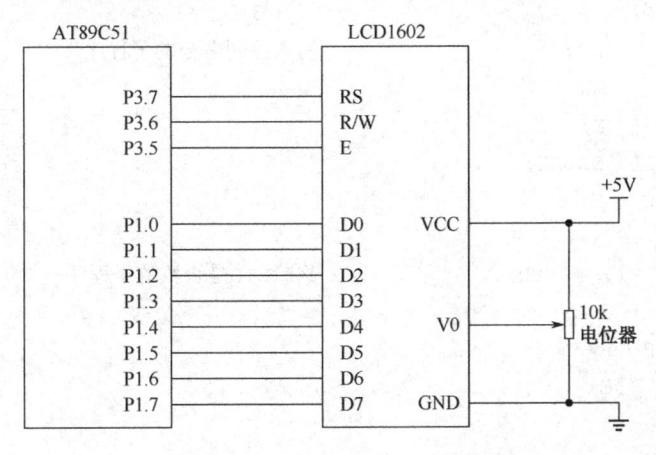

图 9-17　LCD1602 接口电路图

LCD 是一个慢显示器件，所以在执行每条指令之前一定要确认忙标志为低电平，如果该标志为高电平，则不能进行写入操作。显示字符时要先输入显示字符地址，也就是告诉 LCD 在哪里显示字符，表 9-5 列出了 LCD1602 的内部显示地址。

表 9-5　LCD1602 内部显示地址

1	2	3	4	5	6	7	8	9	10	11	12	13	14	15	16
00	01	02	03	04	05	06	07	08	09	0A	0B	0C	0D	0E	0F
40	41	42	43	44	45	46	47	48	49	4A	4B	4C	4D	4E	4F

下面给出在第二行第一个字符的位置显示字母"A"的参考程序。

```
        RS      EQU     P3.7
        RW      EQU     P3.6
        E       EQU     P3.5
        ORG     0000H
        MOV     P1, #00000001B;     清屏并光标复位
        ACALL   ENABLE;             调用写入命令子程序
        MOV     P1, #00111000B;     设置显示模式:8位2行5×7点阵
        ACALL   ENABLE;             调用写入命令子程序
```

```
            MOV     P1, #00001111B;      LCD开、光标开、光标允许闪烁
            ACALL   ENABLE;              调用写入命令子程序
            MOV     P1, #00000110B;      文字不动，光标自动右移
            ACALL   ENABLE;              调用写入命令子程序
            MOV     P1, #0C0H;           写入显示起始地址第二行第一个位
            ACALL   ENABLE;              调用写入命令子程序
            MOV     P1, #01000001B;      字母A的代码
            SETB    RS;                  RS=1
            CLR     RW;                  RW=0，准备写入数据
            CLR     E;                   E=0，执行显示命令
            ACALL   DELAY;               判断LCD是否忙
            SETB    E;                   显示完成,程序暂停
            AJMP    $
ENABLE:     CLR     RS;                  写入控制命令的子程序
            CLR     RW;
            CLR     E;
            ACALL   DELAY;
            SETB    E;
            RET
DELAY:      MOV P1, #0FFH;               判断LCD是否忙的子程序
            CLR     RS;
            SETB    RW;
            CLR     E;
            NOP
            SETB    E;
            JB P1.7, DELAY;              如果P1.7为高电平，表示忙，循环等待
            RET
     END
```

在上面的参考程序中，在开始时对 LCD 功能进行了初始化设置，约定了显示格式。注意显示字符时光标是自动右移的，无须人工干预，每次输入指令都先调用子程序 DELAY，然后输入显示位置的地址 0C0H，最后输入要显示的字符 A 的代码。

本章小结

键盘是单片机获取外部输入信息的主要通道，是人机交互的主要手段，主要有独立键盘和矩阵键盘两种控制方式。按键的处理过程可以采用编程扫描方式、中断扫描方式和定时扫描方式。按键软件消抖一般采用定时器中断计时，避免 CPU 长时间等待消抖完成。显示器是单片机输出信息的主要通道，主要 LED 数码显示管、LCD 等。

第 9 章　MCS-51 单片机系统的键盘及显示技术

思考题与习题

9.1　简述矩阵键盘的工作原理。

9.2　设计一个 4×4 按键电路和一位 LED 显示电路，当按下某个按键时，LED 显示该按键对应的编号，16 个按键的编号为 0~15，其中 0~9 直接显示数字，10~15 显示字母 a~f，要求采用中断定时方式实现按键软件消抖（参照例 9.1 给出的方法），请在 Proteus 中画出仿真电路，并编写程序进行验证。

9.3　设单片机的时钟频率为 12MHz，在 P2 端口连接一个共阳极 LED 数码显示管，要求编程循环显示数字 0~9，显示的间隔时间为 1s。

9.4　结合工业测控、智慧城市等领域的应用需求，阐述人机交互在这些领域中的作用及设计思路。

第 10 章　单片机应用系统设计与开发

本章教学基本要求

1. 掌握单片机应用系统设计的总体思路。
2. 掌握单片机应用系统的硬件设计方法。
3. 掌握单片机应用系统的软件设计方法。

重点与难点

1. 单片机应用电路中电源、输入/输出的保护设计。
2. 单片机应用软件的可靠性设计方法。

10.1　单片机应用系统的总体设计

　　一个全新的单片机应用系统开发应遵循需求分析、功能分析、软件/硬件实施方案和测试等步骤。其中，需求分析用于确定系统的任务及达成目标，功能分析是分析需要具备哪些功能才能满足所有需求，进而分析实现所有的功能需要使用哪些技术，最终确定系统必须达到的性能指标、期望的成本等。根据应用需求，进一步确定总体任务的模块划分，进而确定硬件和软件的方案。单片机应用系统的设计与开发流程图如图10-1所示。

　　单片机应用系统多数采用自顶向下（Top-Down）的设计方法，即从总体到局部，再到设计和实现的具体细节。通常从总体目标着眼，先明确总体任务，再将总体任务分解成子任务，将复杂、较难的问题分解成若干小的、简单的问题。单片机应用系统具有硬件与软件紧密结合的特点。部分功能（如数据处理）只能由软件来实现，另一些功能（如A/D转换）则只能通过硬件来实现，还有一些功能（如数字滤波）既可由软件实现，也可通过硬件来完成。软件可完成许多复杂的运算、系统的管理和控制等，具有设计灵活、修改方便的特点，但执行速度相对硬件慢很多。硬件是各种电子元器件通过特定线路构成的实体，具有很高的执行速度，但灵活性差，设计一旦完成就不易改动。随着模拟和数字集成电路技术的发展和新型电路模块的不断出现，使扩展单片机外部功能、通道、人机界面和通信接口等设计面临多重选择。选择合适的电路模块，对于保证系统性能、降低系统成本和提高系统可靠性都十分重要，因此尽量选择合适、集成度高的芯片或模块更有利于完成系统设计。

在确定软件和硬件实施方案后，还需要考虑产品及系统最后的测试及验证方案，并根据综合测试结果，进行前期方案和实施过程的改进和优化，直到综合测试通过。测试通过后，进行程序的固化，应用系统可以独立运行，完成开发。

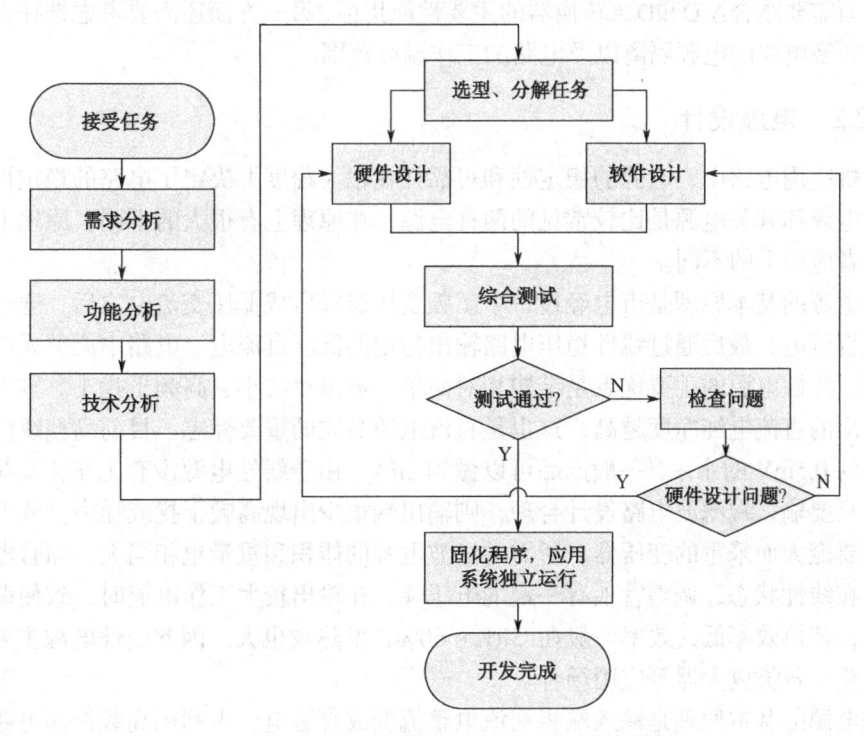

图 10-1　单片机应用系统的设计与开发流程图

10.2　硬件设计

硬件设计是指应用系统的电路设计，包括CPU选型、存储器、A/D和D/A转换器、I/O接口电路、通信电路、电源等。设计硬件时，应考虑留有充分余量，电路设计应无误，否则后期测试或使用时发现大的缺陷会导致修改设计方案的代价太高。

CPU选型需要结合控制任务的复杂度和运行速度来进行综合评估。比如，在一个简单的控制装置中，CPU主要根据采集的输入信号（开关量信号）进行开关控制，不涉及复杂运算，对CPU的主频及运算能力要求不高，则可以考虑选用MCS-51单片机。当CPU需要进行复杂运算，如实时计算控制电机的速度及位置等参数时，则需要考虑CPU的运算速度及能力，CPU的选型可以考虑DSP（数字信号处理器）或ARM等。

10.2.1　主控电路核心器件选型

CPU选型时，尽可能考虑内部集成了足够的数据存储器和程序存储器，因为内部存储器性能优于外部扩展的存储器。当内部的数据存储器或程序存储器不能满足应用程序要求时，尽可能满足其中之一，尽量利用内部存储器，这样外扩的存储器少，硬件电路复杂度可以降低。选择存储器的容量时一定要考虑留有适当的余量，避免软件无法正常运行。

测量仪表和测量系统的自动化、智能化设备都离不开A/D和D/A转换器。目前A/D和D/A转换器种类繁多、性能各异。在设计数据采集系统时，首先需要考虑如何选择合适的A/D或D/A转换器以满足系统设计要求。在实际应用系统设计中，A/D或D/A转换器选型及电路设计一方面需要结合A/D和D/A转换器的主要性能指标，另一方面还需要考虑选择合理的基准电压、转换电路的电源隔离以及电路的工作温度范围。

10.2.2 电源设计

单片机应用电路中，电源的稳定性和可靠性在很大程度上决定了电路的稳定性和可靠性。线性电源和开关电源是比较常见的两种电源，在原理上有很大的不同，原理上的不同决定了两者应用上的不同。

线性电源的基本原理是市电经过一个工频变压器降压成低压交流电之后，通过整流和滤波形成直流电，最后通过线性稳压电路输出稳定的低压直流电，电路中调整元件工作在线性状态。线性电源的主要优点是结构相对简单、输出纹波小、高频干扰小。输出纹波越小表示输出的直流电纯净度越高，这也是直流电源品质的重要标志。目前高档线性电源纹波可以达到0.5mV的水平，一般产品可以做到5mV。由于线性电源没有工作在高频状态下的器件，只要输入端滤波电路设计合理，则输出端很少出现高频干扰或噪声。线性电源的缺点：需要庞大而笨重的变压器，所需的滤波电容的体积和重量也相当大，而且电压反馈电路工作在线性状态，调整管上有一定的电压降，在输出较大工作电流时，致使调整管的功耗太大，转换效率低，效率一般在50%~60%，发热量也大。因此线性电源主要适合用于模拟电路、各类放大器等应用场合。

开关电源的基本原理是输入端将交流电整流变成直流电，再利用高频振荡电路，通过PWM方式控制开关管通断，形成高频脉冲电流。在电感（高频变压器）的作用下，输出稳定的低压直流电。开关电源的优点：体积小、重量轻（体积和重量只有线性电源的20%~30%）、效率高（一般为80%左右，而线性电源多数只有50%~60%）、自身抗干扰性强、输出电压范围大、模块化。开关电源的缺点：由于电路中存在高频电压，对周围设备有一定的干扰；其次，由于交流电压、开关管高频切换及负载电流的变化，整流后得到的直流电压通常会有20%左右的电压波动和高频纹波。为了得到良好的直流电压，须采用稳压和较多的滤波元件来实现稳压和消减纹波。

针对单片机应用系统的功能及性能指标参数，首先确定电源类型，然后根据研发周期与成本要求进行电源方案设计，电源设计思路如图10-2所示。

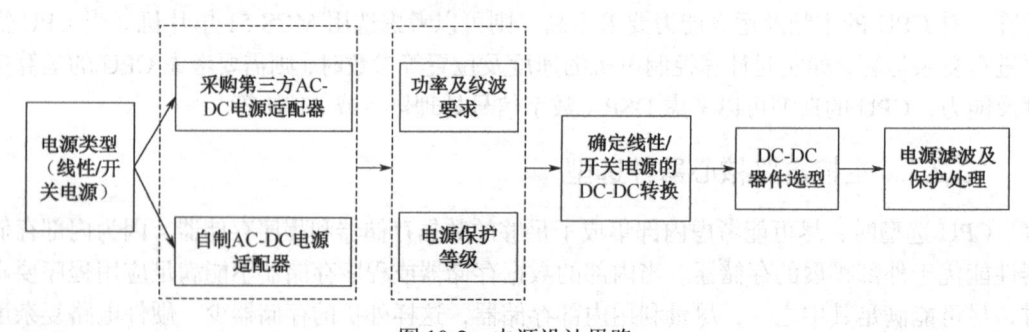

图10-2 电源设计思路

图 10-2 中，AC-DC 电源适配器完成从交流电（Alternating Current，AC）到直流电（Direct Current，DC）的变换。在工业控制系统中，由于功率需求和可靠性要求较高，更多采用第三方的 AC-DC 电源适配器。目前国内的线性电源和开关电源种类齐全，如图 10-3 所示。

（a）线性电源　　　　　　　　　　　　　　　（b）开关电源

图 10-3　国内的线性电源和开关电源

当采用第三方的 AC-DC 电源适配器时，后续还需要经过 DC-DC 降压转换为单片机应用电路可以用的电源。单片机应用电路中通常同时存在数字电路与模拟电路。数字电路部分以脉冲方式工作，电源功率的脉冲性较为突出，容易造成电源波动；而模拟电路部分对电源电压的精度、稳定性和纹波系数要求很高，如果供电电压的纹波较大，回路中存在脉冲干扰，将直接影响信号的质量和转换精度，一些模拟电路的偏置电压和基准电压也需要有很高的精度和稳定性。因此，在单片机应用系统中，电源处理方式如图 10-4 所示。

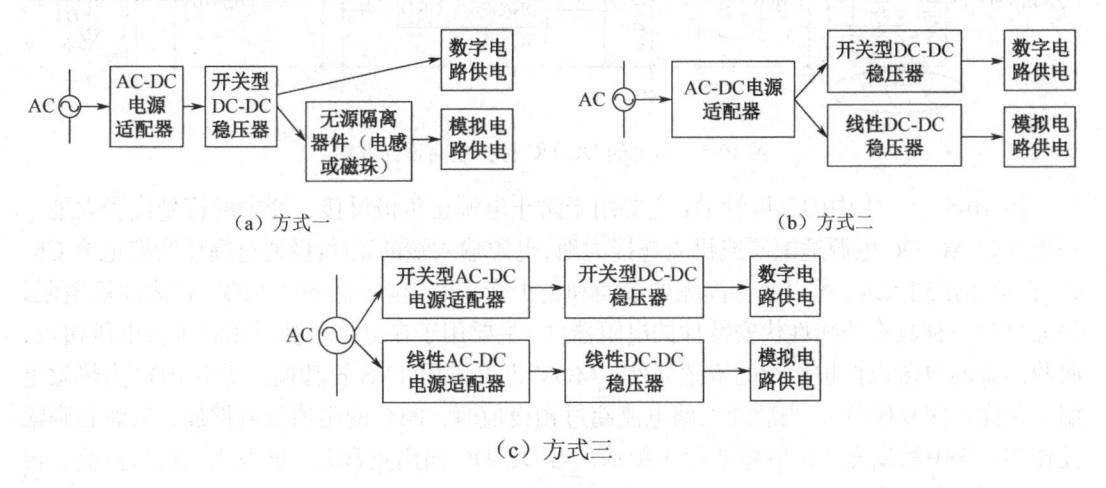

（a）方式一　　　　　　　　　　　　　　　（b）方式二

（c）方式三

图 10-4　单片机应用系统电源处理方式

图 10-4 中，方式一的电路实现最简单且成本较低，该方式适合于对模拟电路精度要求较低的场合。方式二中，由于采用了独立的 DC-DC 稳压器，模拟电路的电源受数字电路电源影响较少，模拟电路信号稳定性比方式一好。方式三中，由于采用了独立的 AC-DC 适配器，所以在 DC-DC 转换环节，数字电路的电源无法直接干扰模拟电路的电源，因此模拟电路的电源的纹波及扰动最小，电源稳定性最好。前面两种方式中，数字电路和模拟电路的电源地是相同的或者电气上是连通的，要彻底消除数字电路对模拟电路的影响是难以实现

的，因此其电源稳定性都不如方式三，但方式三的缺点是成本高，电源电路相对复杂。因此，在单片机应用系统中，具体采用何种电源处理方式需要结合任务需求和性能指标参数进行综合考虑。

在单片机应用电路的电源部件选型和设计时，须重点考虑电源的效率及功率问题。在图 10-4 所示的电源处理方式中，每个环节都存在电源转换效率问题，比如开关型 AC-DC 电源适配器目前最高效率约为 90%，即输入 100W 的功率，而实际可使用的功率最多为 90W，而后续的 DC-DC 转换也存在效率问题。因此，在实际电路设计中，需要结合电路中驱动部分、信号处理部分、主控器及存储器、通信等各个功能部件及芯片的最大功耗进行电源功率的确定。当获取到整个电路所需的最大功率后，再结合电源转换效率，一般按 50%~70% 的余量进行电源选型和设计。此外，针对大功率驱动器件或线性电源转换效率低的问题，还应当考虑是否需要给某些电源器件进行散热，避免长时间运行芯片散热不及时出现器件烧毁现象。

常见的线性 DC-DC 转换芯片有 7805、7905、7815 和 7915 等，其中 78 系列为正电压输出，79 系列为负电压输出。常见的开关型 DC-DC 转换芯片有 LM2575、LM2576 等。在 DC-DC 转换电路设计中，结合应用场景需求，为使电源在恶劣环境及突发故障情况下安全、可靠地工作，必须设计多种保护电路，如电源反接、过压、过流等处理。图 10-5 为常见的 DC-DC 保护电路设计方案。

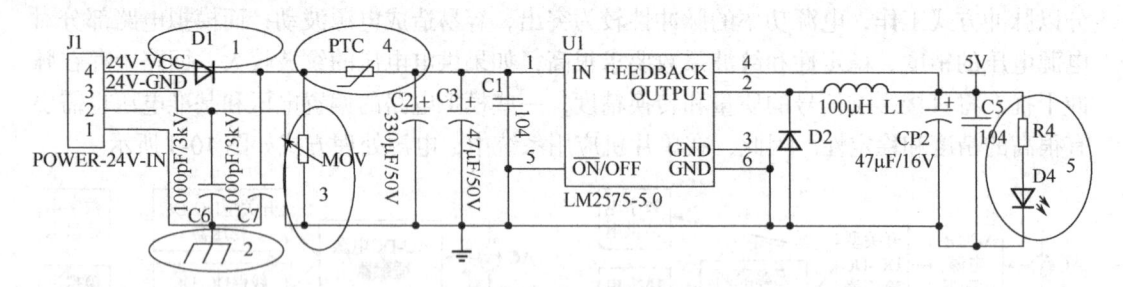

图 10-5 常见的 DC-DC 保护电路设计方案

图 10-5 中，①中的二极管 D1 主要用于防止电源正负极反接；②中的符号代表大地，一般通过 AC-DC 电源适配器或机壳连接大地，电源输入端的正/负极通过高压陶瓷电容 C6、C7 直接连接到大地，可以改善高频的浪涌和雷击带来的影响；③中的 MOV 代表压敏电阻，该元件是一种具有非线性伏安特性的电阻器件，主要用于在电路承受过压时进行电压钳位，吸收多余的电流以保护后续的敏感器件，MOV 也可以用 TVS 管替换；④中 PTC 为热敏电阻（又称自恢复保险），当后续电路电流超过预设值时，PTC 的阻值急剧增加，从而起到限流作用；⑤中的发光二极管主要用于指示，当 DC-DC 输出正常时，该发光二极管点亮，可以用于判断前级电源 24V 是否接入。

单片机应用电路的电源设计中，根据应用场合及需求，可能还需要考虑 EMC（Electro Magnetic Compatibility，电磁兼容）设计。总之，电源的可靠性对于产品的整体可靠性至关重要，在设计中应尽可能提高电源的可靠性。

10.2.3 数字量输入/输出保护设计

单片机在工业控制应用场合中，通常涉及大量的数字量输入/输出端口，在应用电路设计中需要对输入/输出信号电路进行保护设计。

1. 数字量输入电路

工业控制场合中，大量数字量传感器工作电压及其等级（12V、24V 等）与单片机工作电源不同，因此需要考虑电气隔离，以避免不同电压的地电位不同带来的干扰和不同电压等级带来的损害，常采用的处理措施是利用光电隔离器件（光耦），输入端口保护电路示意图如图 10-6 所示。

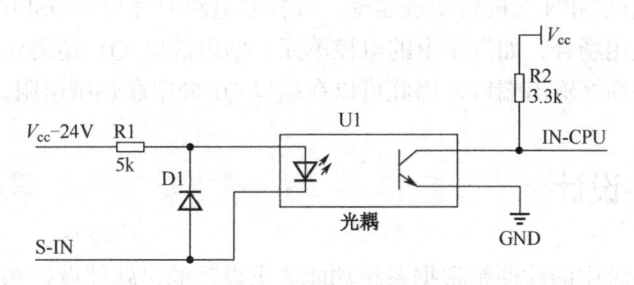

图 10-6　输入端口保护电路示意图

图 10-6 中，U1 为光耦，解决传感器与单片机工作电源的匹配问题，同时也起到强/弱电隔离作用。光耦输入端与输出端没有电气关联，导通时通过光信号进行信息传递。光耦传输的逻辑关系：当传感器的输入信号（S-IN）为 0 时，光耦输入端导通，内部二极管发光，其输出端三极管导通，则 IN-CPU 为逻辑 0；当输入信号（S-IN）为 1 时，光耦输入端关闭，内部二极管不发光，输出端三极管截止，则 IN-CPU 被拉至高电平（逻辑 1）。电路中电阻 R1 起到限流作用，保护光耦输入端，二极管 D1 在具有磁性开关的场合中起到续流作用。电阻 R2 用于光耦输出上拉以匹配逻辑高电平。常用的低速光耦有 TLP-521、PC817 等，高速光耦有 6N137、HCPL2601 等，在实际应用中根据输入信号响应频率选择合适的光耦即可。

2. 数字量输出电路

单片机数字输出控制电路中，一方面需要实现弱电与强电隔离，另一方面多数输出端存在驱动负载开/关动作，因此存在驱动能力提升的需求。针对强弱电隔离，一般采用光耦隔离即可实现，而驱动能力提升可采用晶体管、MOSFET 管等实现，数字量输出控制电路示意图如图 10-7 所示。

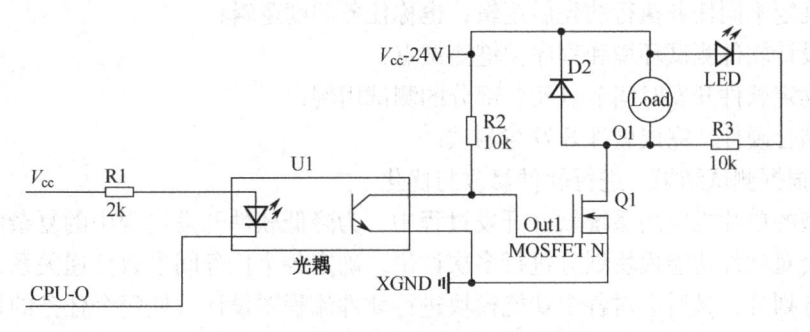

图 10-7　数字量输出控制电路示意图

图 10-7 中，CPU-O 为单片机输出的 I/O 控制信号，当 CPU-O 为 1 时，光耦不导通，则光耦输出端由 R2 上拉至-24V，即 Out1 为高电平，MOSFET 管 Q1 导通，负载 Load 开

始工作，电流经过 Q1 到 XGND（该电路能够提供的最大驱动电流由 Q1 驱动电流决定），发光二极管 LED 点亮，表明开关导通。反之，当 CPU-O 为 0 时，Out1 为低电平，Q1 截至，负载 Load 停止工作，发光二极管 LED 熄灭。通过光耦实现了单片机电源与外部负载电源隔离，即将弱电与强电完全隔开，两边电气上没有关联性，只存在控制逻辑的关联性。输出端的二极管 D2 为驱动感性负载时提供感应电动势的续流通道，因此 D2 又称续流二极管。在输出端，驱动器件的选型取决于负载的属性和功率，如果功率较小，比如驱动小型的蜂鸣器，可以通过 NPN 三极管实现驱动，其控制电路原理与 MOSFET 管相似。

在一些特殊应用场合，如汽车上的电控单元，输出端口 Q1 还需要做限流保护，以避免负载端出现短路损坏输出端口，因此可以在端口 Q1 处串联热敏电阻。

10.3 软件设计

单片机应用系统中的软件是根据系统功能要求设计的，软件设计和硬件设计应统一考虑。当系统的任务、功能和电路方案确定后，软件任务也就明确了。一般来说，单片机应用系统的软件分为两大部分：驱动程序和应用程序。驱动程序完成电路中硬件工作方式、使能控制、启/停控制等配置。由于单片机应用系统的软件多数不带有操作系统，所以驱动程序更多描述为硬件初始化程序。驱动程序与硬件设计密切相关，在整体方案设计阶段，硬件设计方案也需要从软件层面进行考虑，比如应用程序需要多大的存储资源，如何配置存储资源，只有软件中这些特定需求及功能确定后，才能进行硬件设计，因此二者相互关联，对应驱动程序也需要考虑如何为特定需求及功能提供服务。应用程序是单片机应用系统主要实现的功能，如采集传感器信号、显示系统运行状态、发出控制指令等，应用程序是运行于驱动程序之上，但又相对独立的程序。单片机应用系统的软件设计的主要步骤如下。

（1）根据整体设计方案，确定软件功能模块；
（2）确定软件开发工具及开发环境；
（3）根据硬件设计方案，确定驱动程序方案；
（4）结合前面两个步骤，确定资源分配方案，比如为不同功能模块划分数据存储空间；
（5）确定不同任务间参数传递的逻辑关系；
（6）确定不同任务执行的先后逻辑，也称任务调度逻辑；
（7）设计软件测试环境和程序关键测试点；
（8）确定软件开发时间节点及各部分的测试用例；
（9）结合硬件，完成软件开发与测试；
（10）根据测试结果，进行软件修改与优化。

在大型的单片机应用系统软件开发过程中，为降低软件开发过程中的复杂度和开发难度，通常会对软件功能模块划分进行多次讨论，确定各个任务间参数传递关系，这样有利于进行任务划分；最后会对各个功能模块进行软件流程图设计，使每个任务的程序逻辑清晰和严谨，有利于减少程序缺陷。

10.3.1 驱动程序设计

单片机应用系统的驱动程序是应用程序与外设交互信息的桥梁，驱动程序的可靠性对整个系统来说至关重要。单片机软件中的驱动程序主要为 CPU 内部集成（如定时器、串口通信、中断）及外扩的功能部件提供可行的多种配置方案。单片机对片内集成或片外扩展的功能部件，在整个软件中遵循先初始化再使用的规则，而初始化过程即驱动程序。例如，MCS-51 单片机在某个应用系统中，通过自身集成的串口通信（UART）与外部仪表进行信息交互，那么单片机在使用 UART 之前，必须先明确自身通信的波特率、帧格式（一帧 10 位或 11 位）、是否使用通信中断功能等，否则无法保障与外部仪表可靠通信，这样的配置过程称为初始化。因此驱动程序实际就是单片机在进入主任务之前，先完成所使用的功能部件与本次应用密切相关的初始化配置。常见的单片机驱动程序涉及中断源配置、通信配置、内部集成或外扩的存储器配置等，由于功能不同，其驱动程序差异较大。

1. 中断配置

中断驱动程序设计中，需要正确配置中断源使能开/关位或寄存器，中断优先级配置要合理。MCS-51 单片机中断源较少，同时最多只有两级嵌套，中断的配置相对简单。但目前 32 位单片机多数含有大量的中断源，根据中断类型，合理配置中断优先级对系统可靠运行非常重要。在工业或电磁干扰较多的运行环境中，对于系统没有使用的中断源，采用软件关闭使能开关，如 MCS-51 单片机在未使用外部中断 1（$\overline{INT1}$）时，初始化程序可以配置 EX1=0。正常情况下，由于该中断使能被禁止，CPU 不会响应该中断请求，但如果单片机运行过程中受到强干扰，触发了一个外部中断 1（$\overline{INT1}$）并获得了 CPU 响应，由于没有该中断源所对应的中断服务程序，那么程序会跳至该中断源所对应的中断入口地址执行程序，则出现程序跑飞现象。因此，即使该中断源使能被禁止，驱动程序中也可以按该中断使能打开的条件设计中断服务程序，只是该程序中没有具体任务，如果发生了异常程序跳入该中断服务程序，依然能够正常退出该中断程序，然后继续执行原来的任务，这样可以提高系统运行的可靠性。MCS-51 单片机在外部中断 1 被禁止时，其中断初始化和中断服务参考程序如下。

```
void Init_EIRQ1()//外部中断1初始化
{
    EA=0;       //关总中断
    EX1=0;      //禁止外部中断1
    EA=1;       //开总中断
}

void EIRQ1 (void) interrupt 2//外部中断1的中断服务程序
{
    //中断服务程序为空
}
```

中断服务程序设计中，还需要注意的是尽可能降低中断服务程序的复杂度，避免中断服务程序长时间运行导致单片机主程序中的任务无法及时执行，甚至没有时间执行，因此在多数中断服务程序中，通常会采用变量进行中断事件的标识，具体任务交由主程序完成。中断服务程序处理方式如图 10-8 所示。

```
02  #include <reg52.h>
03  void Init_EIRQ1()          //外部中断1初始化
04  {
05      EA=0;                  //关总中断
06      EX1=1;                 //允许外部中断1
07      EA=1;                  //开总中断
08  }
09
10  void ReadData()            //读取任务
11  {
12      //执行具体读取任务
13  }
14  void FuseData()            //融合数据
15  {
16      //执行数据融合任务
17  }
18  void EIRQ1 (void) interrupt 2  //外部中断1的中断服务程序
19  {
20      ReadData();            //读取任务
21      FuseData();            //融合数据
22  }
23  main()
24  {
25      Init_EIRQ1();          //外部中断1初始化
26      Init_otherDevice();    //其他外设初始化
27      while(1)               //主任务
28      {
29          Task1();           //任务1           主任务周而
30          OtherTask();       //其他任务         复始循环
31      }
```

(a) 中断服务程序处理方式1

```
    unsigned char Ex1Flag=0;   //标识外部中断是否发生
    void Init_EIRQ1()          //外部中断1初始化
    {
        EA=0;                  //关总中断
        EX1=1;                 //允许外部中断1
        EA=1;                  //开总中断
    }
    void ReadData()            //读取任务
    {
        //执行具体读取任务
    }
    void FuseData()            //融合数据
    {
        //执行数据融合任务
    }
    void EIRQ1 (void) interrupt 2  //外部中断1的中断服务程序
    {
        Ex1Flag=1;             //代表发生了外部中断
    }
    main()
    {
        Init_EIRQ1();          //外部中断1初始化
        Init_otherDevice();    //其他外设初始化
        while(1)               //主任务
        {
            Task1();           //任务1
            if(Ex1Flag==1)
            {
                ReadData();    //读取任务
                FuseData();    //融合数据       主任务周而
                Ex1Flag=0;     //清除标识       复始循环
            }
            OtherTask();       //其他任务
        }
    }
```

(b) 中断服务程序处理方式2

图 10-8　中断服务程序处理方式

图 10-8 中，中断服务程序处理方式 1 主要针对具有周期性、重要性极高且复杂度低的任务，这样可以使中断请求任务快速响应；但如果该中断事件随机性强、重要度不高且任务复杂度高，则可将中断后具体任务的实现放在主程序中完成，即采用方式 2，该方式中，通过定义变量 "unsigned char Ex1Flag=0;" 来标注是否发生了外部中断，在主程序中查询变量 "Ex1Flag" 是否置 1，如果是，则进行相关任务处理，否则跳过该任务，这样可以使外部中断服务程序快速退出，提高主程序执行效率，避免主程序其他关键任务不能及时执行。

2. 通信配置

单片机应用系统中通常存在 UART、SPI、I²C 等串行通信总线，其初始化程序及通信收发控制程序中，需要准确配置通信协议、帧格式等，同时还要考虑通信异常时程序能够及时对此做出正确响应。

通信中存在两方或者多方联络设备，因此单片机的通信配置须遵循统一的通信标准或规范（协议一致、数据帧格式一致等）。比如，在 UART 通信中，双方要求采用相同的波特率、相同的帧格式（10/11 位）。

在通信收发控制程序中，涉及数据收/发控制或状态查询的过程，程序设计中需要判断某个状态满足条件后才能进行下一步操作，如 I²C 总线在读数据操作过程中，按 I²C 总线的标准，当时钟信号 CLK=1 时，数据信号 SDA 由高电平 1 向低电平 0 跳变，表示开始传输数据，读取数据的程序实现方式如图 10-9 所示。

图 10-9（a）的实现方式在测控应用中存在的风险是，当外部设备 I²C 总线出现异常，比如线缆出现问题，而 I²C 总线中的时钟线（CLK）和数据线（SDA）通常会通过外部电阻上拉到 V_{cc}，因此一旦线缆出现问题，那么 SDA 信号永远为高电平，程序中的 "while(1);" 将无法退出，这样将导致程序无法执行后续任务。对于以单片机实现过程控制或运动控制的场合中，这种程序可能带来很严重的后果。为避免出现死循环程序和提高系统的可控性，

采用图 10-9（b）所示的方式，控制查询 SDA 状态的次数，当查询次数超过给定数值后，强制结束 SDA 状态查询，退出该任务，实现程序可控，即当通信总线出现异常时，可以记录或通过报警等方式告知用户，但主体程序依然正常运行。

```
//I²C总线读取数据方式1
void ReadData()
{
    SCK=1;            //时钟为高电平
    while(SDA==1);    //等待数据线由高电平变为低电平
    ...
}
```
(a) I²C总线读取数据方式1

```
//I²C总线读取数据方式2
void ReadData()
{
    unsigned char i;
    SCK=1;            //时钟为高电平
    while(i<200)      //等待数据线由高电平变为低电平
    {
        if(SDA==0)
            i=200;    //已经变为低电平，强制结束等待
        else
            i++;      //当循环到达200次时，说明SDA总线出现异常，强制退出
    }
    ...
}
```
(b) I²C总线读取数据方式2

图 10-9 I²C 总线读取数据的程序实现方式

因此，通信驱动程序运行中，单片机无法保障外围设备不出现异常，因此只有提高程序的健壮性，当外设出现异常时，单片机能够识别异常并进行任务切换，这对于单片机应用系统来说至关重要。

3. 存储器配置

由于 MCS-51 单片机片内数据存储器容量小，因此采用 MCS-51 单片机开发的工程应用产品，通常需要外扩数据存储器，并行的数据存储器（RAM）在确定好地址分配后，软件实现难度较小，通常在单片机复位后，运行 RAM 初始化程序，其目的是判断 RAM 是否存在损坏的单元，常用的方法是先向整个 RAM 空间写一个给定的数据，然后进行读取并判断是否与写入的数据相同，如果相同则说明 RAM 正常，如果不同则说明 RAM 有损坏情况。当 Flash 作为外扩的数据存储器时，主要用于保存程序运行中的重要参数，如掉电参数。为降低电路复杂度和减小 PCB 尺寸，Flash 通常选用 SPI 总线的类型，其驱动程序需要根据芯片手册，准确理解手册中给出的操作指令及操作时序，再进行程序编写，并通过多次读写测试，确保驱动程序能够准确完成数据读写和格式化操作。

10.3.2 应用程序设计

单片机应用程序一方面是基于驱动程序进行编码，另一方面是脱离驱动程序编码，这部分主要是相关算法及模型的实现。应用程序设计多数遵循三个步骤进行：首先是总体设计，即任务调度逻辑分析和程序总体流程设计，其次是各任务程序设计，最后是应用程序测试。

1. 总体设计

总体设计主要完成不同功能模块执行逻辑和程序总体流程设计。单片机应用程序模块划分需要从整体上考虑，不同任务间存在关联性，因此在划分任务时，还得考虑具有逻辑关联性的任务间参数传递关系。比如，任务 1 完成传感器 A 的数据读取，任务 2 根据传感器 A 的数据进行分析然后决策行为，那么任务 1 是前驱任务，需要考虑两个任务间的参数传递关系。因此，程序模块的划分需要同时考虑参数传递关系及任务间的逻辑先后关系或从属关系。此外，对于各个任务模块都需要调用或执行的某段相同代码，可以将这部分代码定义为一个公用的任务模块，即子程序，在需要使用该功能的地方直接调用该子程序。单片机应用程序

常见的任务划分如图 10-10 所示。

```
#include xx.h    //嵌入所需头文件              //下面是中断服务程序
main()    //复位后，程序从这里开始执行          //MSC-51 单片机 x/y/z=0/1/2/3/4
{                                              Void IRQxTask() interrupt x
    Init_Para(); //初始化所有的全局变量         {
    Init_Device1();//初始化外设 1                  //执行具体中断事务代码;
    //其他初始化                                 }
    Init_Devicex();//初始化外设 x               Void IRQyTask() interrupt y
    while(1)                                    {
    {                                              //执行具体中断事务代码;
        Task1(); //任务 1                       }
        Task2(); //任务 2                       Void IRQzTask() interrupt z
        Task3(); //任务 3                       {
        Taskx(); //任务 x                          //执行具体中断事务代码;
    }                                           }
}
```

图 10-10　单片机应用程序常见的任务划分

图 10-10 中，主任务周而复始执行，各任务先后逻辑代表了任务之间的关联性，但与右边所罗列的各中断服务程序也存在一定的逻辑关系，因为中断的发生具有随机性，需要考虑主任务中某个参数是否存在在中断服务程序中进行修改的可能性，如果存在，则需要进行条件限制，避免参数前后不一致。比如任务 2 中存在一个参数"unsigned int SData"，该参数具有 16 位长度，该参数在中断 1 的服务程序中进行修改，又在任务 2 中被调用，如果任务 2 刚刚获取了该参数的低 8 位数据而中断 1 发生了，那么任务 2 暂停，CPU 执行中断 1 的服务程序，修改了 SData 的整个取值，再返回任务 2，但任务 2 中已经获取了低 8 位数据，按程序流程只需要获取高 8 位，这将导致任务 2 所需的数据低 8 位为上一个时刻 SData 数据的低 8 位，而高 8 位为当前时刻 SData 的高 8 位，显然这样的数据是无效的。因此程序中需要给定相关的限制条件，避免该参数在使用过程中的错误修改。

当任务划分后，各个任务的程序控制流程也就确定了，后续根据任务进行各自的程序流程设计即可。

2. 各任务程序设计

各任务在进行编码前，按任务的参数输入和目标输出，整理各任务内部的逻辑关系和详细的流程，并对流程逻辑进行详细讨论，使程序直观、清晰、易理解。结合流程图，单片机各任务的程序多数以顺序结构、分支结构和循环结构进行编码即可。在单片机应用系统中，随着任务的复杂性增加或任务内部状态的改变，任务程序内部需要进行状态的切换，如在 2G、3G、4G、5G 等通信过程中，不同时间所对应的通信状态需要切换，对于这种任务的程序常采用状态机思路进行设计。状态机本质上也是一种流程，区别在于任务的处理过程中，不同阶段（状态）存在先后或某种逻辑转移关系。以 GPRS 通信为例，GPRS 发送数据到服务器的过程中，主要有通信初始化、连接服务器、发送数据、错误处理等状态，其状态机的结构示意图和对应代码示意图如图 10-11 所示。

第10章 单片机应用系统设计与开发

```
void Task1()
{
//unsigned char Status;    //该变量为状态记录变量
switch(Status)
{
    case Status1:
    //完成GPRS的初始化
    //if(初始化成功)
    //    Status= Status2;    //切换到状态2
    //else                    重新初始化
    //    Status=Status1;
    break;
    case Status2:
    //完成服务器连接
    //if(连接成功)
    //    Status= Status3;    //切换到状态3
    //else                    失败
    //    Status=Status4;     //可根据条件再次连接服务器
    break;
    case Status3:
    //if(发送数据)
    //    Status= Status3;    //保留该状态,进行下一轮数据发送
    //else                    失败
    //    Status=Status4;     //可根据条件重新发送,或者返回状态2
    break;
    case Status4:
    //错误任务的处理.
    //返回状态1
    //    Status=Status1;
    break;
}
}
```

（a）状态机结构示意图　　　　　　　（b）对应代码示意图

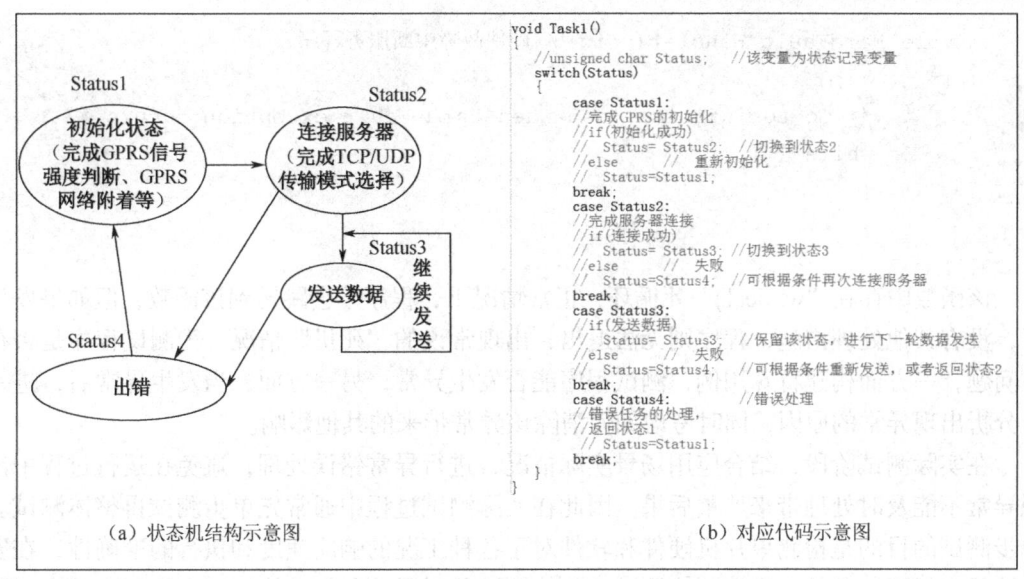

图 10-11　状态机的结构示意图和对应代码示意图

此外，单片机应用系统中常存在对开关量的采集和控制，其程序设计需要从软件可靠层面进行处理。比如 MCS-51 单片机的 P1.1 引脚采集一个重要的开关信息，定义"sbit P11=P1.1;"，而如果任务中根据 P11 的实时读取状态"if(P11==1)"进行输出控制，在实验室等环境中，该程序很少出现问题，但在工业控制或其他电磁干扰比较严重的环境中，无法确保"P11==1"一定是传感器的真实输出，可能是干扰信号，这样进行后续任务的处理显然是不可靠的，因此需要通过软件进行判断，如多次读取或间隔一定时间进行读取以滤除干扰信号，确保该信息是传感器的真实信息再进行输出控制，从而提高系统的可靠性。

3. 应用程序测试

应用程序测试主要是发现程序存在的错误或缺陷，检验程序的各项功能和性能指标是否达到预期目标。单片机应用程序测试主要有仿真测试和实际运行测试。仿真测试又分为脱离硬件仿真和与硬件协同仿真两种。脱离硬件仿真主要依托开发环境进行算法和数据传递等功能测试，用于检验算法和参数在不同任务或状态间传递是否可行；与硬件协同仿真是指在实际电路板上运行程序，其输入参数可以人为预配置或由外部传感器部分输入，该测试方式只能进行局部功能和性能测试。实际运行测试是指电路接入实际运行环境中，通过试运行进行各功能及性能测试，查找潜在的软件缺陷。

在应用程序测试开始之前，需要根据任务功能及要求，确定详细的测试方案，确定测试流程；在测试过程中，详细记录各阶段的功能和性能的测试结果；每个功能或整体测试完成后，根据测试结果进行分析，一方面解决已经确定的问题，另一方面根据测试结果评估可能存在的缺陷，进一步修订后续测试方案。

在仿真测试阶段，一方面，尽可能全面构建测试用例，比如针对不同等级的输入信号，测试系统输出响应是否符合预期目标；另一方面，测试软件在特殊条件下的容错处理能力，即正常逻辑下，程序不会跳转至该处执行，但如果异常发生了，程序能否在此处将错误处理好并正常返回。例如，常用的 ARM-Cortex（STM32 系列单片机的 stm32f10x_it.c）开发环境中存在硬件故障中断函数"void HardFault_Handler(void)"，该函数代码如下。

```
void HardFault_Handler(void) //硬件故障中断服务程序
{
        /* Go to infinite loop when Hard Fault exception occurs */
        while (1)
        {
        }
}
```

该函数中存在"while(1)"死循环，正常情况下，程序不会跳转到该函数，但如果发生了，没有其他处理措施，程序则无法退出，出现常说的"死机"情况。为测试程序是否存在问题，一方面构建特殊用例，测试程序能否发生异常，另一方面，当发生异常后，进一步分析出现异常的原因，同时考虑如何消除该异常带来的其他影响。

在实际测试阶段，结合应用场景实际情况，进行异常错误处理，避免在运行过程中出现异常不能及时处理带来严重后果。因此在实际测试过程中通常先单步测试再整体测试。单步测试的目的是检测单片机硬件和软件对于各种工况的响应速度和执行的准确性，在安全性具有保障的条件下进行整体测试。整体测试是对系统所有功能按正常使用要求进行测试。在测试过程中，依然需要注意可能出现的异常情况，配置相应的人工干预和软件自动处理措施，避免出现意外情况而无法及时处理。

本章小结

单片机应用系统是指以单片机为核心，外围配置合理的外围电路（电源和相关的输入/输出接口）和软件以实现相应功能的应用系统。它由硬件部分和软件部分组成。硬件是基础，软件在硬件的基础上对其合理地调配和使用，从而完成应用系统所要完成的任务。因此，单片机应用系统的设计包括硬件设计、软件设计，以及保证系统在现场可靠工作的容错设计。

思考题与习题

10.1 简述单片机应用系统的开发流程。

10.2 以 MCS-51 单片机为控制器，设计 P1 端口控制的两路数字量输出驱动电路：要求每个通道用光耦隔离，每个通道驱动能力大于 200mA，且每个通道输出电流小于 1000mA 时，负载驱动电源为 12V，输出具有自保护功能，避免外部负载短路损坏输出通道。

10.3 现有一个任务，任务中存在 6 个状态，其状态逻辑如图 10-12 所示，图中"正确"表示该状态任务顺利完成，"错误"表示该状态未能完成对应任务，"→"表示跳转，每个状态执行的任务函数分别用函数"unsigned char Status_x()"进行描述，其中"x"代表状态编号，状态 1~5 执行后返回值为 0 表示正确，返回值为 1 表示错误，状态 6 是对状态 2~5 出错后的处理，处理完后直接返回状态 1，请编写程序实现该状态机控制。

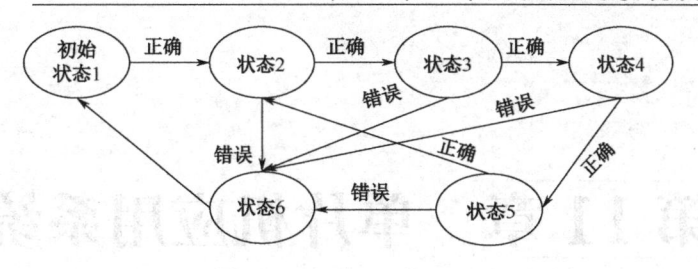

图 10-12　题 10.3 图

10.4　查阅资料，阐述单片机应用系统设计中 EMC、EMI、EMS 的含义，并结合我国工业、医疗、通信等不同领域，分析这些指标对于单片机应用系统设计有哪些注意事项。

第 11 章 单片机应用系统仿真设计

本章教学基本要求

1. 掌握单片机应用系统的模拟电路仿真设计方法。
2. 掌握单片机应用系统的数字电路仿真设计方法。

重点与难点

1. 模拟电路仿真环境与实际电路的对应关系。
2. 软件仿真的实现方法。
3. 利用 MATLAB 构建算法模型及单片机代码产生方法。

11.1 单片机应用系统仿真设计的目的

前一章讲解了单片机应用系统开发的步骤。当硬件和软件的方案确定后,开始进行具体设计工作。针对不同应用场景,其硬件和软件方案涉及信号处理、控制逻辑和算法的可行性,无法基于前期开发经验确保方案可行时,就需要通过软件搭建仿真环境进行仿真验证。此外,针对复杂项目开发,即使项目中所采用方案可行,也可以对硬件电路中元器件特定参数匹配、软件的控制程序逻辑、算法参数优化等任务提前进行仿真测试,降低后期电路和软件的优化和改进的复杂度。因此,单片机应用系统仿真设计一方面可以进一步验证硬件电路和软件设计方案的可行性,避免在实施过程中出现前期方案无法实现或达不到预期目标的情况,另一方面可以降低开发的复杂性和后期测试的难度。

单片机应用系统仿真设计包含硬件仿真和软件仿真。其中,硬件仿真包含模拟电路仿真和数字电路仿真。模拟电路仿真多数是对信号处理(滤波、放大等)电路等进行验证,而数字电路仿真多数是验证逻辑或时序是否正确。软件仿真一方面是验证单片机程序的逻辑性是否严谨,另一方面是验证所用算法的是否合理,比如在单片机控制电机的应用场合中,通常会用到PID控制算法,需要通过软件仿真验证控制算法是否可行。

11.2 硬件仿真设计

针对单片机应用系统实施的硬件仿真，一种是与实际电路匹配运行，如通过和单片机匹配的仿真器，一端连接计算机，另一端连接实际电路中的单片机，通过在线运行程序验证硬件相关功能及性能。另一种是脱离实际电路，通过计算机仿真软件构建与实物等效的硬件电路，验证相关功能及性能。前者一般在硬件和软件开发到一定阶段才能完成，而后者由于可以脱离硬件，因此可以在硬件方案确定或者实施阶段进行仿真验证，这种仿真对于提前解决开发过程中可能出现的问题或难题至关重要。

11.2.1 模拟电路仿真

模拟电路仿真主要针对信号处理电路进行，验证信号处理及变换是否可行。目前采用的仿真软件主要有Multisim、PSPICE、LTspice等。本小节采用Multisim实现模拟电路仿真。

1. Multisim

Multisim是美国国家仪器（NI）有限公司推出的以Windows为基础的仿真软件，适用于模拟/数字电路板的设计工作，它具有丰富的仿真、分析能力。

2. 仿真电路设计

在Multisim中构建同相和反相放大电路，验证输入信号与输出信号幅值和相位关系，同相和反相放大电路仿真图如图11-1所示。

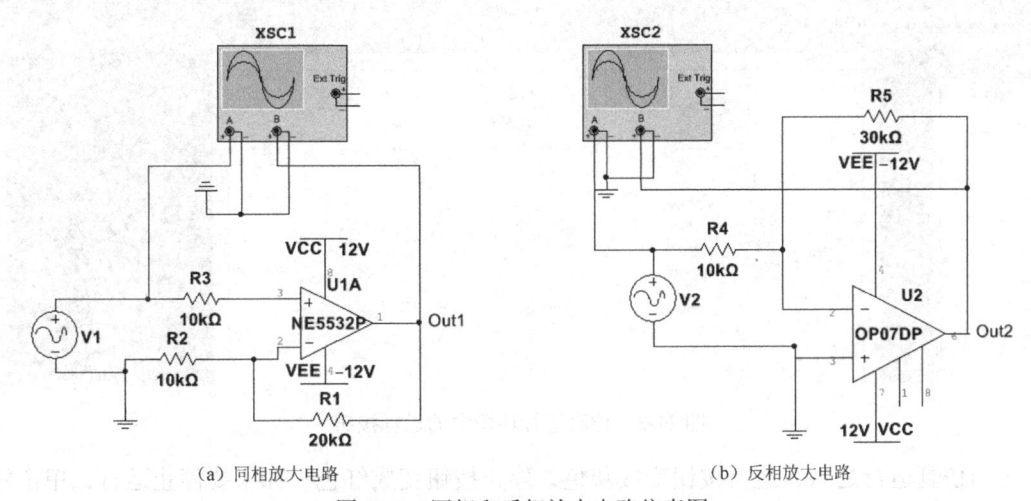

(a) 同相放大电路　　　　　　　　(b) 反相放大电路

图 11-1　同相和反相放大电路仿真图

图 11-1 中，XSC1、XSC2 为示波器，示波器的通道 A、B 分别接放大电路的信号输入（V1/V2）和信号输出（Out1/Out2）。同相放大电路中采用了运算放大器 NE5532P，反相放大电路中采用了 OP07DP，在仿真中运算放大器原则上需要和实际电路中采用的运算放大器型号一致，使仿真环境更接近实际电路情况。V1、V2 为信号源，幅值为 2V，频率变化范围为 0~50Hz，为描述方便，输入信号 V1、V2 采用相同参数，其参数配置界面如图11-2所示。

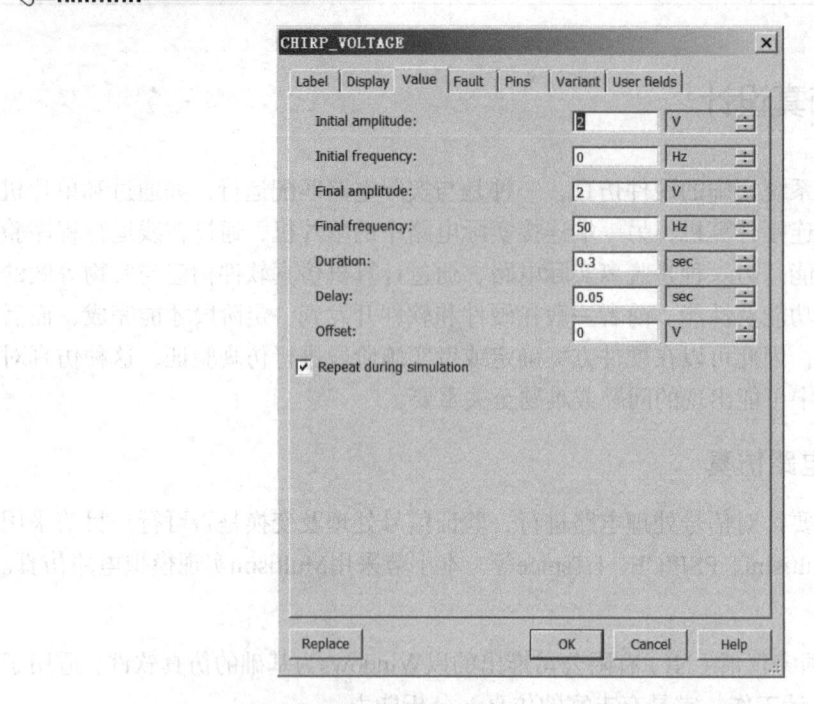

图 11-2 输入信号 V1、V2 参数配置界面

当仿真电路元件参数配置完毕后，单击仿真环境中的运行按钮，如图 11-3 所示，开始进行仿真。

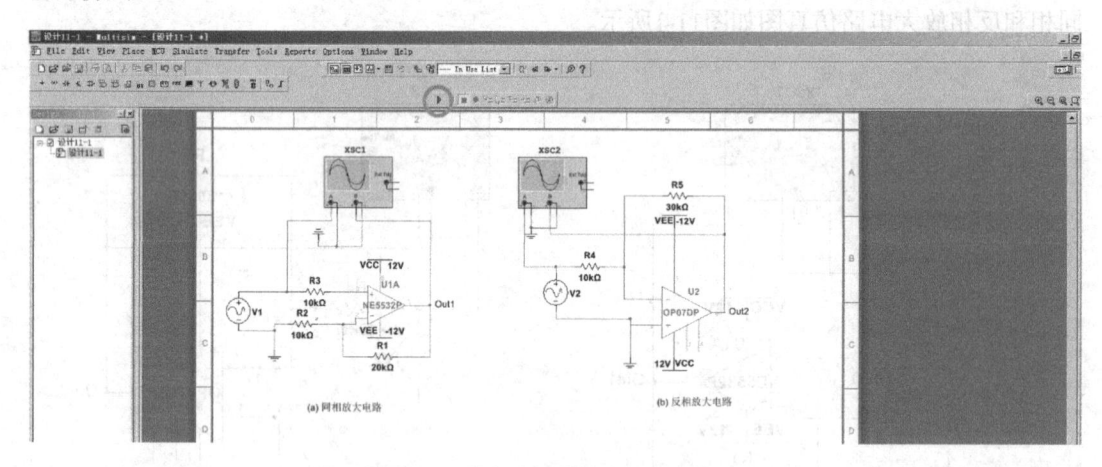

图 11-3 仿真运行环境中的运行按钮

当仿真运行之后，运行按钮变成灰色，停止按钮变成红色；如果要停止运行，单击停止按钮即可。在仿真过程中，双击示波器 XSC1、XSC2，查看输入/输出信号波形。同相放大电路输入/输出波形如图 11-4 所示。

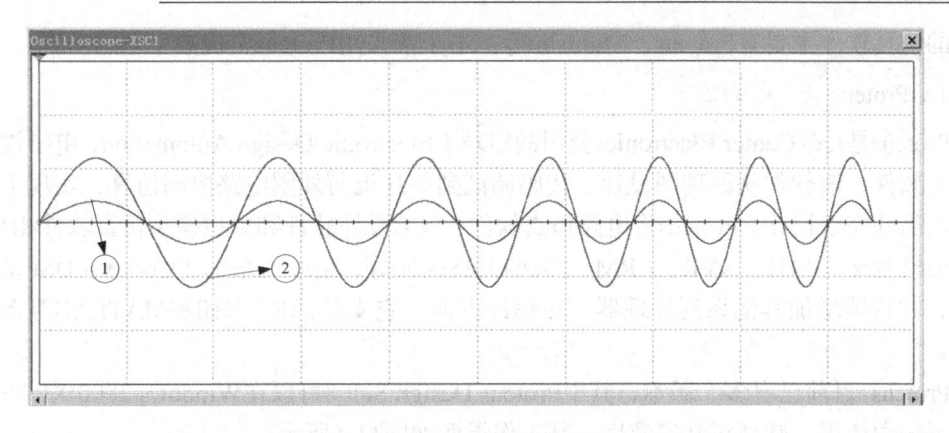

图 11-4　同相放大电路输入/输出波形

在图 11-1（a）所示的同相放大电路中,输入与输出信号的数学模型为 Out1=V1×(1+R1/R2),表明输入信号与输出信号的相位差为 0,按电阻配置关系,输出 Out1 的幅值为输入 V1 幅值的 3 倍。图 11-4 中,①标注的曲线为输入信号,②标注的曲线为输出信号,由图可知,输入/输出信号的幅值和相位与电路匹配。

按相同操作方法,查看反相放大电路输入/输出波形,如图 11-5 所示。

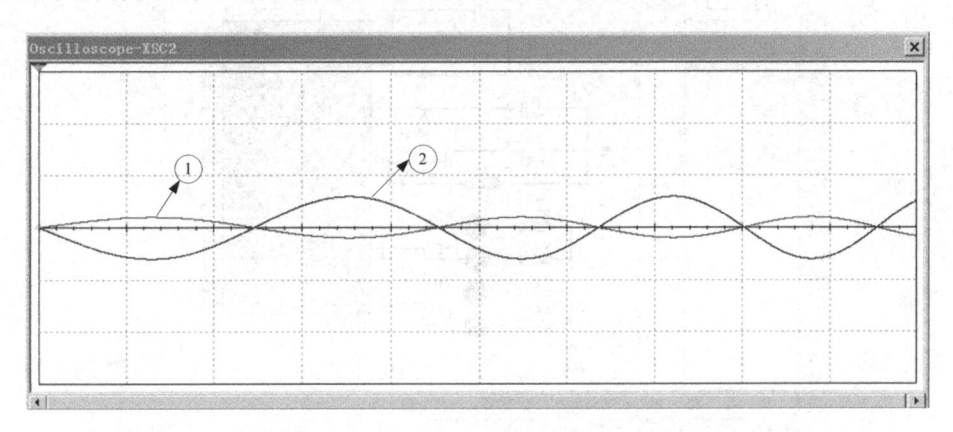

图 11-5　反相放大电路输入/输出波形

在图 11-1（b）所示的反相放大电路中,输入与输出信号的数学模型为 Out2=-V1×(R5/R4),表明输入信号与输出信号的相位差为 180°,按电阻配置关系,输出 Out2 的幅值为输入 V2 幅值的 3 倍。图 11-5 中,①标注的曲线为输入信号,②标注的曲线为输出信号,由此可知,输入/输出信号的幅值和相位与电路匹配。

在图 11-1 所示的同相和反相放大电路中,通常还须配置多级滤波和放大电路,可以根据需要在仿真电路中增加这些电路,通过仿真验证是否满足设计要求,为实际电路原理图设计提供指导。在单片机测控应用场合中,硬件电路通常需要采集模拟信号,其信号处理电路的滤波、放大等元件的选型及参数配置均可以通过以上方式进行分析、验证,这对于提高系统设计速度、有效性至关重要。

11.2.2　数字电路仿真

数字电路仿真主要针对单片机控制信号时序或控制软件功能是否符合预期目标。目前采用的仿真软件主要有Proteus、Multisim等。本小节采用Proteus实现数字电路仿真。

1. Proteus

Proteus是Lab Center Electronics公司的EDA（Electronic Design Automation，电子设计自动化）软件，该软件从原理图设计、代码调试到单片机与外围电路协同仿真，实现了从概念到产品的完整设计。Proteus将电路仿真软件、PCB设计软件和虚拟模型仿真软件相结合，其CPU模型支持8051、AVR、ARM、8086和MSP430等，后续又增加了Cortex和DSP系列处理器，并持续增加其他系列处理器。在编译方面，它支持IAR、Keil和MATLAB等多种编译器。

Proteus 目前已有多个版本，其中Proteus Design Suit 8可以在Windows 2000/XP/Vista等操作系统中使用。软件正常安装后，其工作界面如图11-6所示。

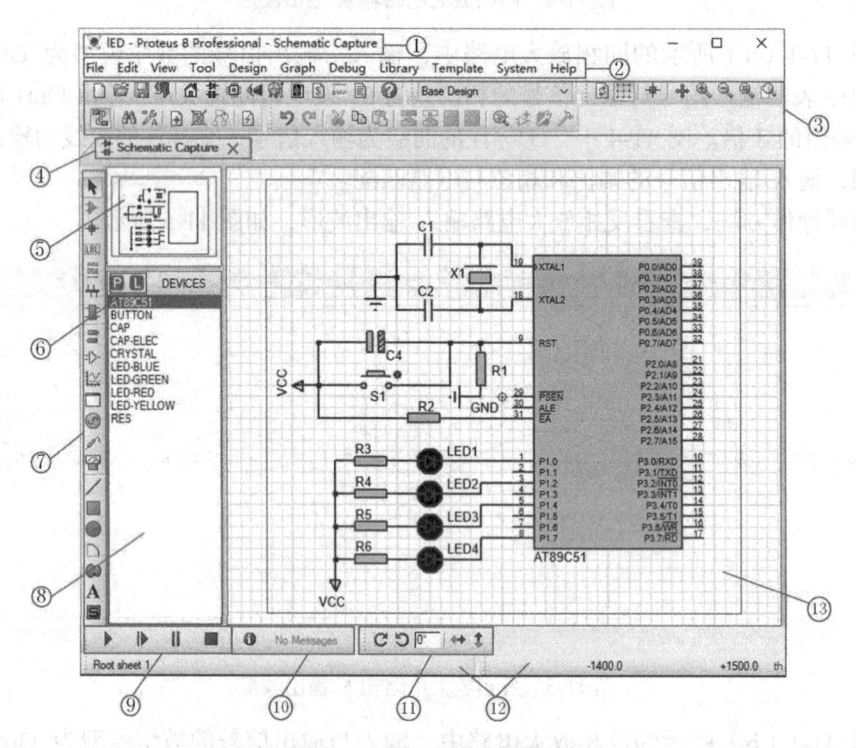

图 11-6　Proteus 的工作界面

在图 11-6 中，①为标题栏；②为菜单栏，仿真功能及各种配置都可以通过菜单栏进行操作；③为工具栏，在电路设计过程中，可以直接通过工具栏选择需要的工具进行快速设计；④为当前所打开或创建的新工程；⑤为预览窗口，可以通过鼠标选择该窗口中绿色框内的设计图进行位置挪动；⑥为对象选择按钮；⑦为绘图工具栏；⑧为对象选择窗口；⑨为仿真控制相关按钮；⑩为仿真时错误信息显示栏；⑪为预览对象方位控制按钮；⑫为状态栏；⑬为原理图编辑窗口。

Proteus集成了原理图捕获、SPICE电路仿真和PCB设计，形成一个完整的电子设计系统，对于通用微处理器，可以运行实际固件程序进行仿真。

2. 单片机仿真电路原理图设计

在启动Proteus后，首先创建新工程文件，该工程文件将包含所有需要的文件信息。其次，按仿真需求，将选定的单片机、电源、电阻等各个元器件拖到原理图编辑窗口中，并根据元件类型、信号输入/输出关系将元器件在原理图编辑窗口中进行布局。再次，根据电路信号传递关系完成电路连接。在此过程中，如果想让软件自动确定连线路径，单击另一个连接点即可，这是Proteus的线路自动路径功能（简称WAR）。如果只是在两个连接点单击，WAR将选择一个合适的路径。WAR可通过使用工具栏里的相应按钮来关闭或打开。如果需要手动选择走线路径，在拐点处单击即可。在此过程的任何时刻，可以通过按Esc键或者右击来放弃走线。当元器件连接完毕后，可根据需要进行元件属性编辑，如电阻、电容等元件参数配置。最后，确定仿真过程中需要屏蔽的元件，屏蔽的元件不参与仿真，选定需要屏蔽的元件，双击打开其属性配置对话框，将"Exclude from Simulation"选中即可。

在Proteus中，构建仿真电路，验证应用电路中发光二极管顺序闪烁逻辑是否正确，设单片机时钟频率X1为12MHz，发光二极管D1~D4每次只点亮一个，按顺序点亮，且每个发光二极管点亮持续时间为2s，然后切换到下一个发光二极管点亮，其仿真电路如图11-7所示。

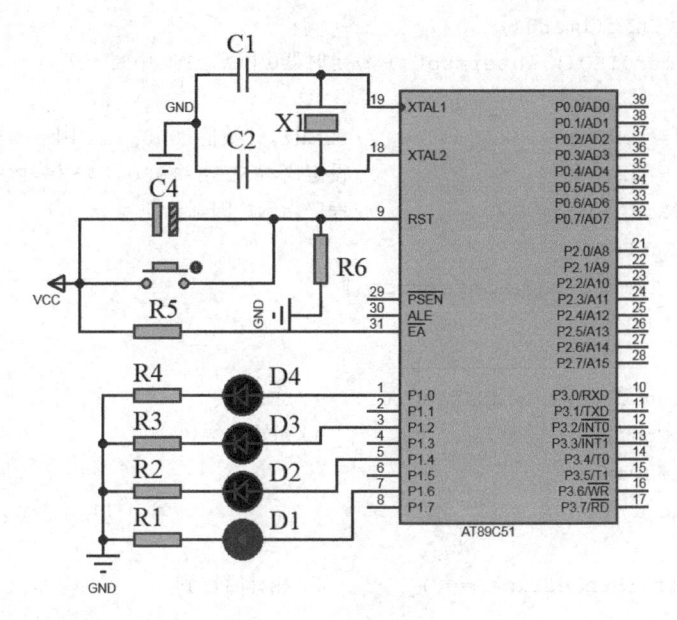

图 11-7 仿真电路

图11-7中，单片机控制发光二极管阳极，即当P1端口对应引脚为高电平（逻辑1）时，发光二极管点亮，否则熄灭。当仿真电路原理图的连线完成后，需要进行主要参数和易错点检查，如单片机的时钟频率是否填写了，频率值是否与实际应用电路一致。其次，Proteus对于不同的CPU，其仿真模型有差异，如STM32不同于MCS-51单片机的仿真模型，对MCS-51单片机进行仿真时，只需要把芯片拖出来，放上程序，即可运行仿真，而在STM32仿真前要对电源网络做一些设置，设置VDD、VDDA、VSS、VSSA，将VDD、VDDA、VSS、VSSA加入相对应的网络，再将电压配置为3.3V。Proteus仿真电路中，电源的默认值

是+5V，地默认为0V。如果电路中电源不是默认值，比如需要10V的电压，可将电源设置为+10V。

3. 仿真程序设计

在Proteus中进行单片机功能仿真，需要编写单片机程序。目前，Proteus仿真程序可以采用第三方单片机软件开发工具（Keil、IAR和MATLAB等）进行程序编辑和编译。结合图11-7所示的仿真电路，单片机程序采用"Keil μVision3"编辑和编译，完整的参考程序如下。

```c
#include <reg51.h>
unsigned int iRunLedTime=0;   //LED切换时间间隔
void InitCpu()    //初始化定时器0,用于该系统时间处理,1ms
{
    TMOD = 0x01;            //8 bit ->GATE C/T M1 M0 GATE C/T M1 M0
    TH0 = 0xFC;             //12M,计数值1000
    TL0 = 0x18;             //设定值=65536-1000=64536=FC18H
    ET0 = 1;                //允许定时器0的溢出中断
    EA = 1;                 //开CPU中断
    TR0 = 1;                //启动定时器0
    iRunLedTime=2000;       //2000ms=2s
}//void InitTimer0()
void Timer0IRQ() interrupt 1//定时器0中断,1ms中断一次
{
    TH0 = 0xFC;             //12MHz,计数值1000,1ms中断一次
    TL0 = 0x18;             //设定值=65536-1000=64536=FC18H
    if(iRunLedTime>0)       //程序指示灯闪烁
        iRunLedTime--;
}//void Timer0IRQ() interrupt 1
void main()
{
    unsigned char LedData=0x01;   //LED指令
    InitCpu();                    //初始化CPU
    P1=LedData;
    while(1)
    {
        if(iRunLedTime ==0)       //2s计时已到
        {
            iRunLedTime=2000;     //重新计时
            P1=LedData;
            if(LedData==0x40)     //D1已经亮了2s,需要切换到D4
                LedData=0x01;
            else
                LedData=LedData<<2; //左移2位,与电路匹配
        }
    }
}
```

第 11 章　单片机应用系统仿真设计

当程序编辑完成后,在 Keil μVision3 环境下编译并生成目标(*.hex)文件后,在 Proteus 的原理图编辑窗口中双击单片机,将弹出图 11-8 所示的对话框。在对话框①处选择生成的单片机程序文件,单击"OK"按钮返回原理图编辑窗口,单击仿真控制相关按钮中的运行按钮,开始运行程序,从而实现单片机系统实时交互、协同仿真。

图 11-8　单片机仿真程序加载对话框

根据上述程序逻辑,每次点亮一个发光二极管,经过 2s,切换到下一个发光二极管点亮,当 D1 点亮后,再过 2s,D4 重新点亮。仿真运行效果如图 11-9 所示。

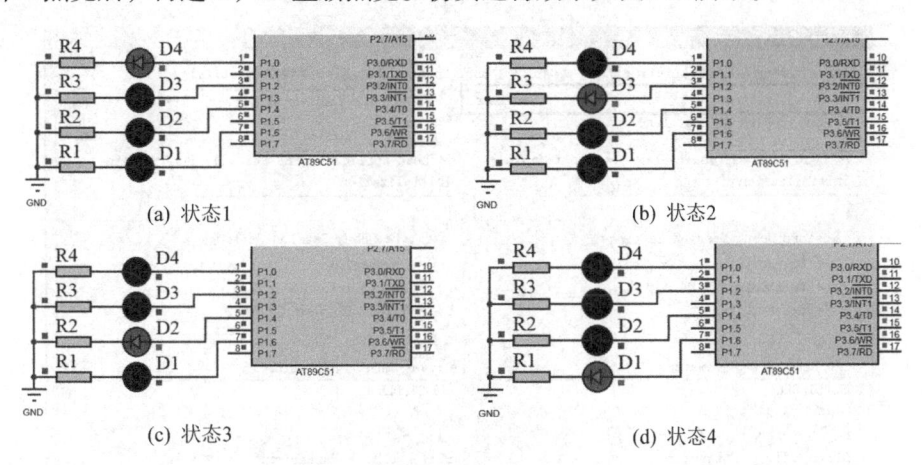

(a) 状态1　　(b) 状态2

(c) 状态3　　(d) 状态4

图 11-9　仿真运行效果

图 11-9(a)、(b)、(c)和(d)分别代表每次点亮不同的发光二极管的状态,其先后逻辑顺序与预期目标一致;同时,本次仿真也验证了程序中对于 MCS-51 单片机定时器初始化配置和中断服务程序设计是可行的,最终通过仿真验证了本程序逻辑正确和电路设计可行。

仿真过程中,如果出现运行状态与预期目标不一致,首先检查程序逻辑,如果程序有问题，修改后重新生成 HEX 文件，在仿真状态停止时，重新加载 HEX 文件，再次运行。如果软件未检查到错误，需要进行硬件错误排查。在本例中，检查是否将发光二极管接反，电源是否接错等可能存在的错误点，排除错误后再次进行仿真，只有仿真结果与预期目标一致，才说明软件和硬件设计满足要求。

11.3 软件仿真设计

单片机的软件开发过程中，可能由于软件和硬件设计存在分工，由不同人员分别完成硬件和软件开发，其中软件开发可能也存在不同任务由不同人员分别完成，最后由负责人完成程序汇总。针对不同任务由不同人员开发完成的情况，如何在确保各部分软件在程序汇总时尽可能不出现异常是整个单片机应用程序开发中重点关注的问题。而软件仿真设计能够很好适应此类软件开发，通过软件仿真，实现人为配置相关任务的关联参数，可以方便实现各任务内部的程序逻辑、参数状态变化的查看和分析。通过软件仿真，能够及时发现软件中存在的问题，为后期整体软件正常运行提供基础。

软件仿真主要依据单片机软件开发工具自身的环境，不同的单片机软件开发工具的仿真功能和仿真配置存在差异，软件仿真无法验证实际电路中 CPU 外围的功能，主要以 CPU 内部寄存器、程序变量和程序逻辑为仿真验证目标。下面以 Keil μVision3 开发 MCS-51 单片机为例讲述软件仿真实现过程。

当 MCS-51 单片机软件编辑完成，且编译通过后，单击工具栏中的选项配置按钮，弹出图 11-10 所示的对话框。在对话框中选择"Use Simulator"，即采用集成开发环境模拟当前所选择的 CPU。

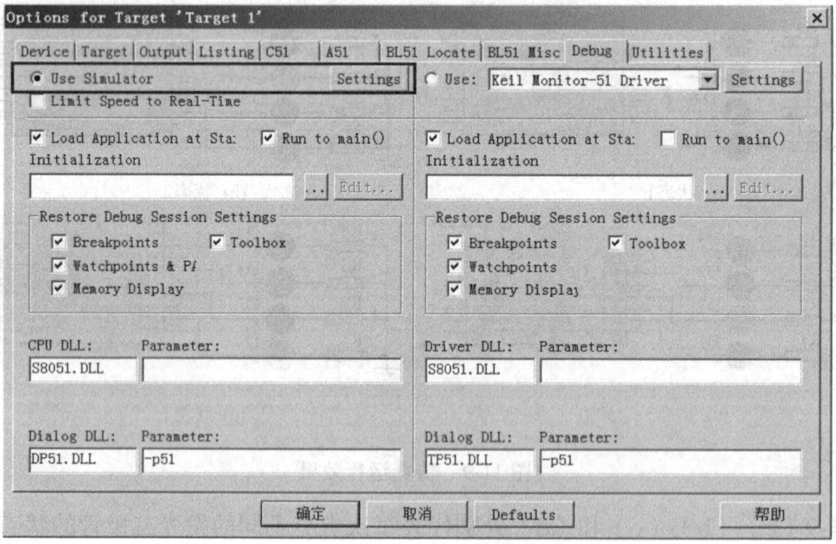

图 11-10 Keil μVision3 的选项配置对话框

在该对话框的"Device"选项卡中可以进行 CPU 工作频率配置。配置完成后单击"确定"按钮即可。下面以图 11-7 所示仿真电路的程序为例。在该程序中，用到定时器 0 中断和 P1 端口输出量：变量 LedData 存在左移，为实现电路中发光二极管按时间先后顺序依次

第 11 章 单片机应用系统仿真设计

亮、灭功能,须确保定时器能按要求中断计时,因此需要通过仿真验证程序能否实现定时中断和变量 LedData 准确左移。仿真过程及操作界面如图 11-11 所示。

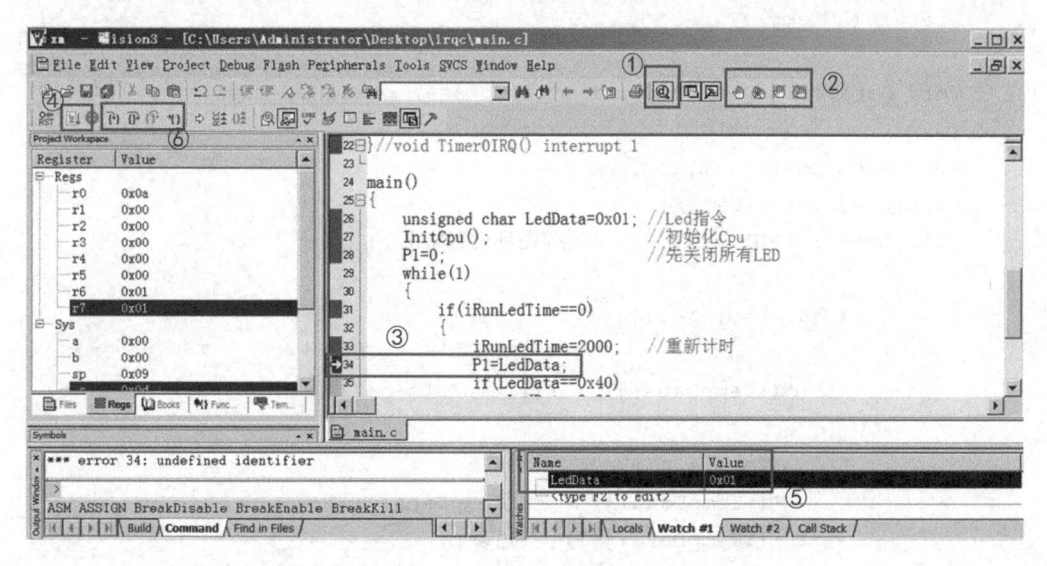

图 11-11 仿真过程及操作界面

在图 11-11 中,①所标注的按钮是仿真启动/停止按钮,当程序编译、连接成功后,单击该按钮启动仿真。如果在程序运行中需要查看重要条件或重要参数,可以增加断点,单击图中②所标注的按钮,在需要查看的地方(如图中③所标注的位置)单击即可设置断点。当断点设置好后,单击④标注的按钮,程序开始全速运行。当程序断点条件满足时,程序将停在当前断点所标注的位置。在本例中,变量 LedData 的变化情况可以通过⑤所标注的对话框查看,按 F2 键将需要查看的变量输入,程序继续运行,可以查看变量 LedData 是否按顺序进行左移。⑥处的按钮用于程序调试,比如程序单步运行或程序运行至光标处等,通过调试可以查看程序中相关变量或程序逻辑是否符合预期。

软件仿真除了进行以上的程序功能、控制时序等仿真测试,还可以实现一些与 CPU 外围硬件电路无关的算法仿真。比如第 8 章讲解的 MCS-51 单片机的 A/D 与 D/A 接口技术,在工程应用中,通常单片机通过 A/D 转换电路获取到传感器的有效数据,这是通过相邻时间间隔多次采集到的传感器数据,然后对这些采集的数据进行中值滤波或其他滤波算法处理,而滤波算法本身与外围电路无关,那么一方面需要验证滤波算法本身是否可行,另一方面需要验证算法的代码编写是否正确,这些验证可通过软件仿真完成。

现假设滤波算法设计思路为单片机每连续采集 A/D 转换器 5 个数据后,将 5 个数据按大小排序,并将最大和最小的两个数据去除,再对剩下的三个数据进行均值处理,最后将该数据作为本次采集的最终数据。完整参考程序如下。

```
#include <reg51.h>
unsigned int AD_C[5];                        //定义5个临时保存A/D转换结果的数组
unsigned char AD_S[5]={230,210,240,200,220};//人为配置5个A/D采集数据
unsigned char ADNum=0;                       //A/D采集序号
unsigned int Get_AD( )                       //A/D转换器输出的8位A/D值
{
```

```c
    unsigned int ADTemp=0;
    ADTemp=(unsigned int)P0;         //这里假设从P0端口读取A/D转换结果
    return(ADTemp);
}
void DataSort( unsigned int *iTempData, unsigned char n)  //冒泡排序
{
    unsigned char j, k,i;
    unsigned int  iTemp;
    for(i=n-1; i>0; i=k)             //循环没有结束
    {
        for(j=0, k=0; j<i; j++)
        {
            if(*(iTempData+j) > *(iTempData+j+1))
            {
                iTemp = *(iTempData+j);
                *(iTempData+j) = *(iTempData+j+1);
                *(iTempData+j+1) = iTemp;
                k = j;
            }
        }
    }
}
main()
{
    unsigned char i=0;
    unsigned int AD_Sum;             //求和
    unsigned int AD_Result=0;        //最终处理结果
    while(1)
    {
        if(ADNum<5)
        {
            //AD_C[ADNum]=Get_AD();      //读取A/D转换结果，仿真中屏蔽该语句
            //为验证排序和后续求和、求平均是否正确，采用模拟A/D采集数据
            AD_C[ADNum]= AD_S[ADNum];
            ADNum++;
        }
        else    //说明连续采集了5个数据
        {
            AD_Sum=0;                //准备求和
            DataSort(AD_C,5);        //对5个数据排序
            for(i=1;i<4;i++)
                AD_Sum+=AD_C[i];     //对剩下3个数据求和
            AD_Result= AD_Sum/3;     //求平均值
            ADNum =0;                //下一轮开始
```

```
        }
    }
}
```

为验证程序中的冒泡排序、求和、求平均算法及代码是否正确，采用模拟 A/D 采集数据集（AD_S[5]={ 230,210,240,200,220}），按此数据，最终获取的 A/D 值应该为（210+220+230）/3=220，通过程序设置断点运行，结果如图 11-12 所示。

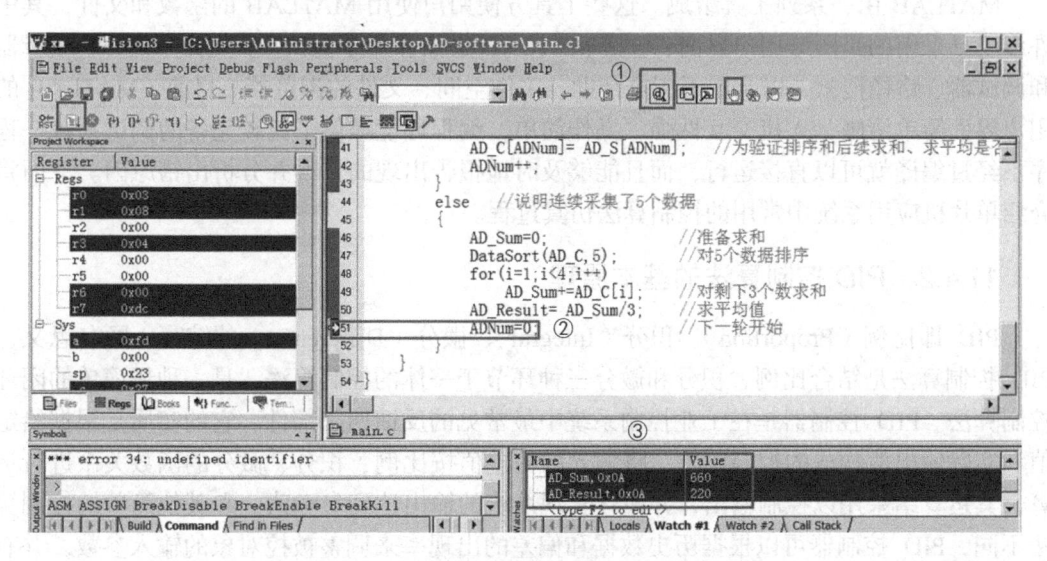

图 11-12　A/D 转换数据滤波算法仿真测试结果

在图 11-12 中，查看程序变量 AD_Sum 和 AD_Result 的结果，图中显示对应结果是 "AD_Sum=660"，"AD_Result=220"，说明程序运行结果符合预期目标，可初步确认算法和程序正确。显然，这种软件仿真脱离了 CPU 外围电路，主要验证相关算法或代码是否存在错误。

在单片机应用系统中，不同功能的算法均可采用上述方法进行仿真，验证算法及程序是否正确，这样可以有效提升软件开发进度和降低后期测试难度及工作量。

11.4　控制算法仿真设计

11.4.1　MATLAB 软件

MATLAB 是 Matrix 和 Laboratory 两个词的组合，意为矩阵工厂。MATLAB 和 Mathematica、Maple 并称三大数学软件。它具备行矩阵运算、绘制函数和数据、实现算法、创建用户界面、连接其他编程语言的程序等功能。MATLAB 的基本数据单位是矩阵，它的指令表达式与数学、工程中常用的形式十分相似，故用 MATLAB 来解决问题要比用 C、FORTRAN 等语言简捷得多，并且 MATLAB 吸收了 Maple 的优点。

MATLAB 包含了大量计算算法，拥有 600 多个工程中要用到的数学运算函数，可以方便地实现用户所需的各种计算功能。函数中使用的算法都是科研和工程计算中的最新研究成果，而且经过了优化和容错处理。在通常情况下，可以用它来代替底层编程语言，如 C 和 C++语言。在计算要求相同的情况下，MATLAB 会使得编程工作量大大减少。MATLAB 的函数集包括矩阵、特征向量、快速傅里叶变换等。MATLAB 的这些函数所能解决的问题大致包括：矩阵运算和线性方程组的求解、微分方程及偏微分方程组的求解、符号运算、傅里叶变换和数据的统计分析、工程中的优化问题、稀疏矩阵运算、复数的各种运算、三角函数和其他初等数学运算、多维数组操作及建模动态仿真等。

MATLAB 由一系列工具组成。这些工具方便用户使用 MATLAB 的函数和文件，其中许多工具采用的是图形用户界面，包括 MATLAB 桌面和命令窗口、历史命令窗口、编辑器和调试器、路径搜索，以及用于浏览帮助、工作空间、文件的浏览器。目前，MATLAB 的用户界面简单清晰，人机交互性强，操作简单，编程环境提供了比较完备的调试系统，程序不经过编译就可以直接运行，而且能够及时地报告出现的错误并分析出错原因。下面将介绍单片机应用系统中常用的控制算法仿真过程。

11.4.2 PID 控制算法的基本原理

PID 即比例（Proportion）、积分（Integral）、微分（Differentia）的缩写。顾名思义，PID 控制算法是结合比例、积分和微分三种环节于一体的控制算法，是一种最简单的闭环控制算法。PID 控制器是在工业控制系统中最常见的反馈回路部件。它的实质是根据给定值和实际输出值构成的控制偏差，将输入的偏差值按比例、积分、微分的函数关系进行运算，其运算结果用以控制输出，并最终实现系统的输出达到参考值。和其他简单的控制算法不同，PID 控制器可以根据历史数据和偏差的出现率来调整被控对象的输入参数，并有效地校正被控对象的偏差，从而使其达到稳定的状态。PID 控制器各校正环节的作用如下。

1. 比例环节

比例环节的作用为成比例地反映控制系统的偏差信号，偏差一旦产生，立即产生控制作用，以减小偏差。比例控制作用的大小与偏差和比例系数 K_p 有关。比例系数 K_p 越小，控制作用越小，系统响应越慢；反之，比例系数 K_p 越大，控制作用也越强，则系统响应越快。但是，K_p 过大会使系统产生较大的超调和振荡，导致系统的稳定性变差。因此，不能将 K_p 选取得过大，应根据被控对象的特性来折中选取 K_p，使系统的静差控制在允许的范围内，同时又具有较快的响应速度。

2. 积分环节

积分环节能对误差进行记忆，主要用于消除静差，提高系统的无差度。积分作用的存在与偏差的存在时间有关，只要系统存在着偏差，积分环节就会不断起作用，对输入偏差进行积分，使控制器的输出及执行器的开度不断变化，产生控制作用以减小偏差。积分作用的强弱取决于积分时间常数 T_i，T_i 越大，积分速度越慢，积分作用越弱，反之则越快、越强。若增大 T_i，静态误差的消除过程就会减慢，消除偏差所需的时间变长，但可以减少超调量，提高系统稳定性；若 T_i 较小，静态误差的消除时间较短，但积分作用会使系统超调加大，甚至会出现振荡。

3. 微分环节

微分环节能反映偏差信号的变化趋势（变化速率），并能在偏差信号的值变得太大之前，

在系统中引入一个有效的早期修正信号,从而加快系统的动作速度,减小调节时间。比例和积分环节都对控制结果进行了校正,但不可避免地会产生较大的超调和振荡,可引入微分运算对系统动态性能进行改善。在偏差刚出现或变化的瞬间,微分环境不仅可以根据偏差量及时做出反应(比例控制作用),还可以根据偏差量的变化趋势(速度)提前给出较大的控制作用(微分控制作用),将偏差消灭在萌芽状态,这样可以大大减小系统的动态偏差和调节时间,使系统的动态调节品质得以改善。微分环节有助于系统减小超调,克服振荡,加快系统的响应速度,减小调节时间,从而改善系统的动态性能。

PID 控制综合了比例、积分、微分的优势,既能加快系统响应速度、减小振荡、克服超调,亦能有效消除静差,使得系统的静态和动态品质得到很大改善。当偏差阶跃出现时,微分环节立即大幅度动作,抑制偏差的跃变;同时比例环节也起消除偏差的作用,使偏差幅度减小;积分环节慢慢消除静差,最终可使系统稳定。三个环节的控制参数选取合适,便可充分发挥三种控制规律的优点,得到较为理想的控制效果。

11.4.3　PID 控制算法的 MATLAB 仿真

1. 增量式 PID 控制算法及仿真

PID 控制算法主要分为位置式和增量式,这里主要介绍增量式 PID 控制算法。与位置式 PID 控制不同,增量式 PID 控制是将当前时刻的控制量和上一时刻的控制量做比对,以差值作为新的控制量,是一种递推式算法。

已知数字形式的 PID 控制规律为

$$u(k) = K_p + [e(k) + \frac{1}{T_i}\sum_{i=0}^{K}e(i)T + T_d\frac{e(k)-e(k-1)}{T}] \quad (11\text{-}1)$$

式中,$u(k)$ 为控制量(控制器输出),$e(k)$ 为系统误差(被控量与给定值的偏差),K_p 为比例系数,T_i 为积分时间常数,T_d 为微分时间常数。

由式(11-1)可得前一时刻的控制输出为

$$u(k-1) = K_p + [e(k-1) + \frac{1}{T_i}\sum_{i=0}^{k-1}e(i)T + T_d\frac{e(k-1)-e(k-2)}{T}] \quad (11\text{-}2)$$

两式相减,得到

$$\Delta u(k) = u(k) - u(k-1)$$

$$\Delta u(k) = K_p[e(k) - e(k-1) + \frac{T}{T_i}e(k) + \frac{T_d}{T}(e(k)-2e(k-1)+e(k-2))] \quad (11\text{-}3)$$

式(11-3)就是每次给出的控制量的增量,又称增量式 PID 控制算法。

通常,为了便于编程,可以将同类项进行合并,因此式(11-3)可以表示为

$$\Delta u(k) = K_p[A_1 e(k) + A_2 e(k-1) + A_3 e(k-2)] \quad (11\text{-}4)$$

式中,$A_1 = 1 + \frac{T}{T_i} + \frac{T_d}{T}, A_2 = -\left(1 + 2\frac{T_d}{T}\right), A_3 = \frac{T_d}{T}$。

下面,给出增量式 PID 控制算法的应用实例。设被控对象如下:

$$G(s) = \frac{400}{s^2 + 50s}$$

其中，PID 控制参数为：$K_p = 8$，$K_i = 0.10$，$K_d = 10$。

MATLAB 仿真程序如下。

```
%PID controller
clear all;
close all;

ts=0.001;
sys=tf(400,[1,50,0]);
dsys=c2d(sys,ts,'z');
[num,den]=tfdata(dsys,'v');

u_1=0.0;
u_2=0.0;
u_3=0.0;
y_1=0;y_2=0;y_3=0;

x=[0,0,0]';
error_1=0;
error_2=0;
for k=1:1:1000
    time(k)=k*ts;
    rin(k)=1;
    kp=8;
    ki=0.10;
    kd=10;
    du(k)=kp*x(1)+kd*x(2)+ki*x(3);
    u(k)=u_1+du(k);
    if u(k)>=10
        u(k)=10;
    end
    if u(k)<=-10
        u(k)=-10;
    end
    yout(k)=-den(2)*y_1-den(3)*y_2+num(2)*u_1+num(3)*u_2;
    error=rin(k)-yout(k);
    u_3=u_2;
    u_2=u_1;
    u_1=u(k);
    y_3=y_2;
    y_2=y_1;
    y_1=yout(k);
```

```
        x(1)=error-error_1;
        x(2)=error-2*error_1+error_2;
        x(3)=error;
        error_2=error_1;
        error_1=error;
    end

    plot(time,rin,'b',time,yout,'r');
    xlabel('time(s)');
    ylabel('rin,yout');
```

增量式 PID 阶跃响应曲线如图 11-13 所示。

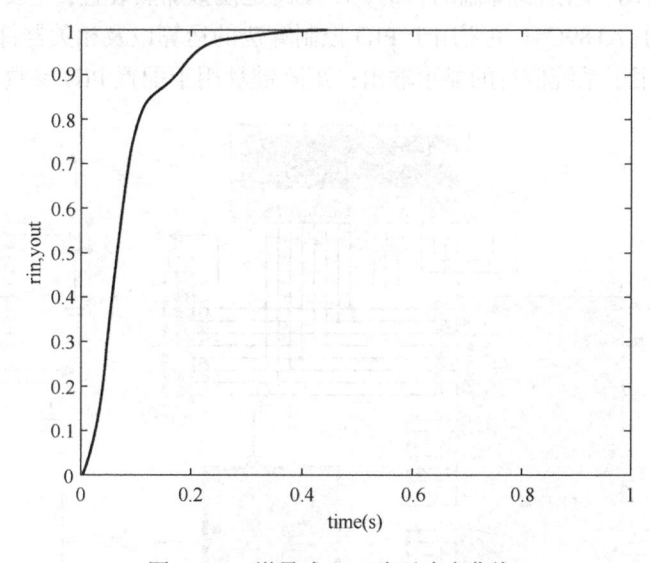

图 11-13　增量式 PID 阶跃响应曲线

由于控制算法中不需要累加，控制增量 $\Delta u(k)$ 仅与最近 k 次的采样有关，所以误动作时影响小，而且较容易通过加权处理获得比较好的控制效果。

2．基于 PID 控制算法的温度控制系统仿真设计

温度是工业生产过程中最为常见的工艺参数，在机械、冶金、化工、建材、石油等行业中有着重要的作用。温度检测在理论上已发展成熟，但在实际的测量和控制中，如何保证快速、实时地对温度进行采样、精确控制仍然是目前需要解决的问题。鉴于 PID 控制算法在温度控制领域的广泛应用，本小节介绍一种基于 PID 控制算法的温度控制系统仿真设计计方法。

1）原理分析及硬件设计

温度控制系统原理图如图 11-14 所示。首先，温度传感器采集电炉的实际温度，并将温度测量值输出至单片机；然后，单片机将采集到的温度测量值与给定温度值进行比较，并根据偏差值进行 PID 运算得到控制量；最后，单片机根据控制量控制电炉加热以及散热装置的工作与停止，从而控制电炉内部的温度的升高与降低，使电炉内部的实际温度向着

给定温度调节并最终达到目标温度。

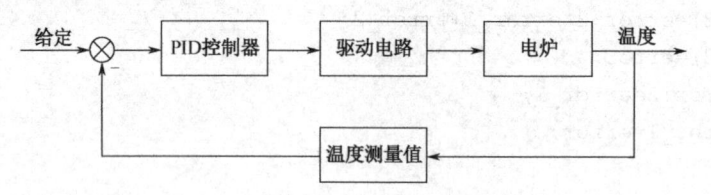

图 11-14　温度控制系统原理图

系统电路原理图如图 11-15 所示,相关器件包括 AT89C51、LM016L、OVEN、TLC2543、L298、矩阵键盘、滑动变阻器、二极管等。其中 TLC2543 是 A/D 转换器,主要用于把温度等传感器获得的模拟量转换为计算机可以处理的数字量;L298 是电机驱动芯片,主要用于驱动风扇电机转动,以达到降温的目的;OVEN 是模拟加热装置,主要用于电炉的加热,以达到增温的目的;AT89C51 主要用于 PID 控制算法的运算以及相关器件的控制;LM016L 是 LED 显示器,用于系统信息的显示输出;矩阵键盘用于配置 PID 参数。

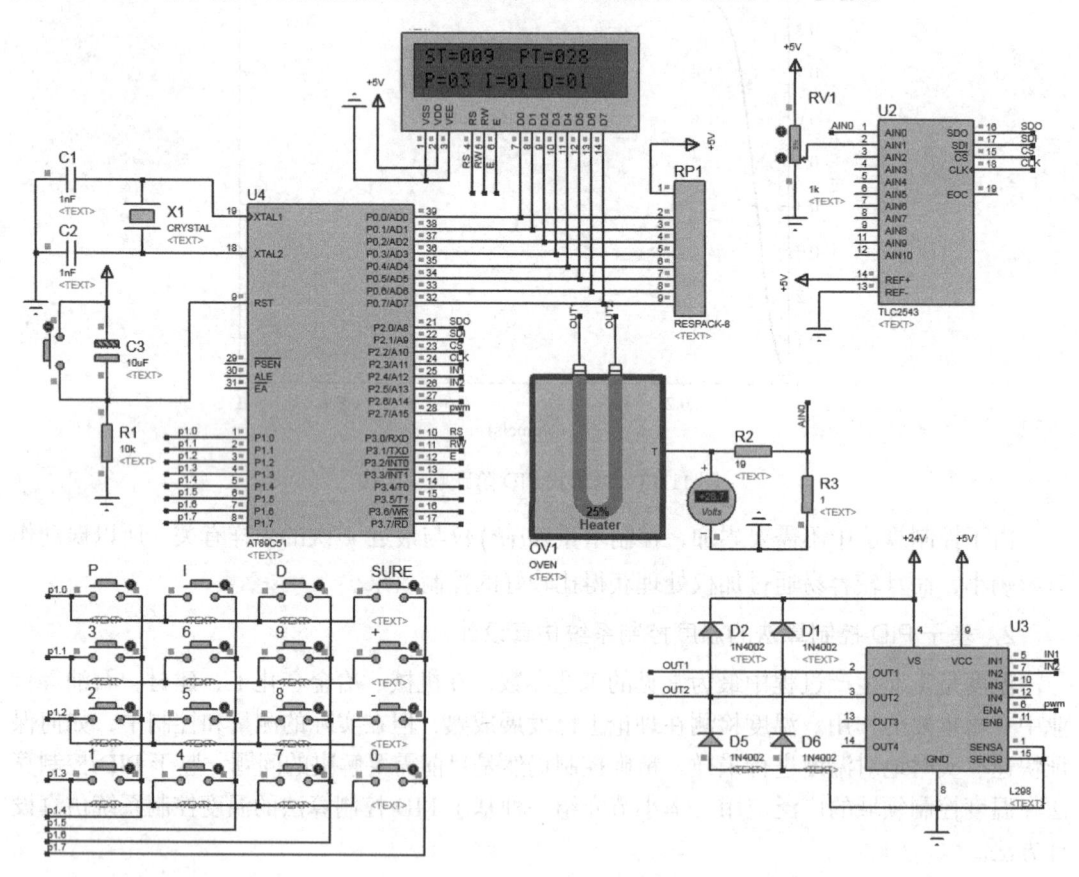

图 11-15　系统电路原理图

由于是仿真电路,图 11-15 中未加入电源处理电路和单片机 $\overline{EA}$ 引脚的逻辑配置;此外,为了方便验证调温效果,电路中通过可调电阻改变设定温度值,可调电阻输出信号连接 A/D 转换器 TLC2543 的通道 1,程序中通过读取该通道 A/D 数据,再经过变换得到设定的温度值。以上的仿真电路和软件能够验证 PID 控制策略及算法编码的有效性,但在实际工程中,

第 11 章　单片机应用系统仿真设计

还须进一步考虑产品在运行现场的多种干扰、元器件参数误差和测量误差等多种因素对于系统可靠性的影响。在实际控制电路中，本系统存在数字电路和模拟信号采集电路，为了提高采集信号的精度和控制的准确性，多数采用模拟电路和数字电路所需电源单独处理的方式，同时还需要根据负载功率进行电源功率计算等，以确定实际工程电路能可靠、准确运行。电路中 D1、D2、D5、D6 是续流二极管，L298 的驱动电源为 24V。

2）系统仿真设计

现以温度控制系统为例来简要介绍基于单片机的控制算法仿真设计的实现过程。

第一步：用 Keil μVision3 编辑程序代码，程序编译通过后，配置相关参数并完成软件仿真。温度控制系统主程序流程图如图 11-16 所示。

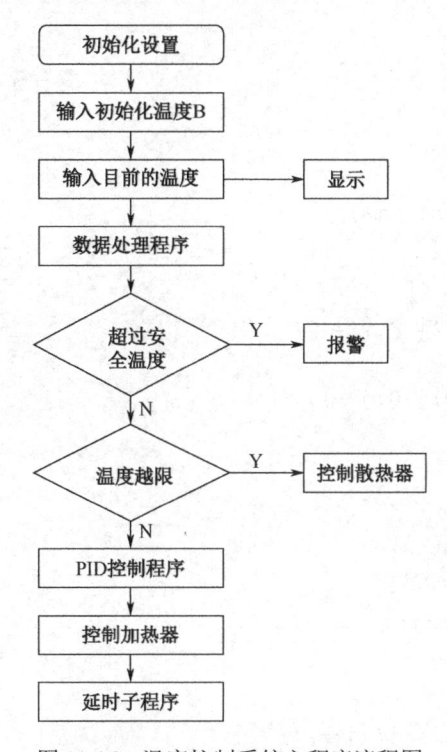

图 11-16　温度控制系统主程序流程图

由图 11-15 和图 11-16 可知，CPU 通过 PWM 信号控制 L298 的 A 通道使能端，控制驱动芯片输出是否有效，从而控制加热片电流通道，进而实现调温控制。程序中对于 PWM 占空比及频率的控制，是通过单片机的 Timer0 中断实现的。程序运行中实时采集现场温度，并与设定温度进行比对，然后计算新的占空比，并根据占空比重新计算 Timer0 的计数初值，通过修改计数初值，改变 PWM 信号的高/低电平持续时间，从而实现占空比控制。本系统的完整参考程序见配套资源，以下是主要功能部件的参考代码。

```
#include<reg51.h>
#include <stdio.h>
#include<intrins.h>
#include "string.h"
#define uchar unsigned char
#define uint unsigned int
```

```c
#define INT_TIME 500    //用于调整占空比
sbit PWM = P2^7;
sbit IN1 = P2^4;
sbit IN2 = P2^5;
sbit RS = P3^0;
sbit RW = P3^1;
sbit E = P3^2;
uchar timer_cnt1 = 0;
uchar timer_cnt2 = 0;
int Kp,Ki,Kd;
int temp_set;
int temp_cnt;
double duty = 0;
uint flag = 0;

void delayms (uint xms)
{
    uint i,j;
     for(i = xms;i > 0;i--)
     {
        for(j = 110;j>0;j--);
     }
}

void delay1 (uint n)
{
    volatile char j;
    for (; n; n--)
    {
        for (j = 110; j; j--);
    }
}

uint key = 0;
void keyscan ()        //按键用于配置PID参数
{
    uchar temp = 0;
    uchar i = 0,j = 0;
    uchar k = 0;
    P1 = 0x0f;
    temp = P1;
    if (temp != 0x0f)
    {
        delayms (10);
```

```c
            temp = P1;
            if (temp != 0x0f)
            {
                i = temp&0x0f;
                P1 = 0XF0;
                temp = P1;
                j = temp&0xf0;
                k = i|j;
                switch (k)
                {
                    case 0xe7: key = 1;break;
                    case 0xeb: key = 2;break;
                    case 0xed: key = 3;break;
                    case 0xee: key = 10;break;
                    case 0xd7: key = 4;break;
                    case 0xdb: key = 5;break;
                    case 0xdd: key = 6;break;
                    case 0xde: key = 11;break;
                    case 0xb7: key = 7;break;
                    case 0xbb: key = 8;break;
                    case 0xbd: key = 9;break;
                    case 0xbe: key = 12;break;
                    case 0x77: key = 0;break;
                    case 0x7b: key = 13;break;
                    case 0x7d: key = 14;break;
                    case 0x7e: key = 15;break;
                }
                while (temp != 0xf0)   //松手检测
                {
                    temp = P1;
                    temp = temp&0xf0;
                }
            }
        }
    }
}
void PIDscanf ()
{
    keyscan ();      //调用按键函数,用于配置PID参数
    if (key == 10)
        flag = 1;
    if (key == 11)
        flag = 2;
    if (key == 12)
        flag = 3;
```

```c
        if (flag == 1)
        switch (key)
        {
          case 1:Kp = 1;break;
          case 2:Kp = 2;break;
          case 3:Kp = 3;break;
          case 4:Kp = 4;break;
          case 5:Kp = 5;break;
          case 6:Kp = 6;break;
          case 7:Kp = 7;break;
          case 8:Kp = 8;break;
          case 9:Kp = 9;break;
          case 0:Kp = 0; break;
          case 10: flag = 1;break;
          case 11: flag = 2;break;
          case 12: flag = 3;break;
          case 13: Kp++;key = 0;break;
          case 14: Kp--;key = 0;break;
          case 15: flag = 0;break;
        }
        if (flag == 2)
        switch (key)
        {
          case 1:Ki = 1;break;
          case 2:Ki = 2;break;
          case 3:Ki = 3;break;
          case 4:Ki = 4;break;
          case 5:Ki = 5;break;
          case 6:Ki = 6;break;
          case 7:Ki = 7;break;
          case 8:Ki = 8;break;
          case 9:Ki = 9;break;
          case 0:Ki = 9; break;
          case 10: flag = 1;break;
          case 11: flag = 2;break;
          case 12: flag = 3;break;
          case 13: break;
          case 14: flag = 0;break;
          case 15: flag = 0;break;
        }
        if (flag == 3)
        switch (key)
        {
          case 1:Kd = 1;break;
```

```c
            case 2:Kd = 2;break;
            case 3:Kd = 3;break;
            case 4:Kd = 4;break;
            case 5:Kd = 5;break;
            case 6:Kd = 6;break;
            case 7:Kd = 7;break;
            case 8:Kd = 8;break;
            case 9:Kd = 9;break;
            case 0:Kd = 9;break;
            case 10: flag = 1;break;
            case 11: flag = 2;break;
            case 12: flag = 3;break;
            case 13: Kd++;key = 0;break;
            case 14: Kd--;key = 0;break;
            case 15: flag = 0;break;
        }
    }
    void main()                         //程序的主函数
    {
        int u;                          //定义变量
        L1602_init ();                  //LED显示器的初始化
        delay1 (30);                    //延时函数
        Int_T0 ();                      //中断初始函数
        Kp = 3;                         //定义PID参数
        Ki = 1;                         //定义PID参数
        Kd = 1;                         //定义PID参数
        temp_set = 50;                  //温度设定
        PWM = 1;                        //PWM为1
        M_pid_init(1);                  //PID数组的初始化
        L1602_string (1,0,"P=");        //LED数据显示设定
        L1602_string (1,5,"I=");        //LED数据显示设定
        L1602_string (1,10,"D=");       //LED数据显示设定
        L1602_string (0,0,"ST=");       //LED数据显示设定
        L1602_string (0,8,"PT=");       //LED数据显示设定
        while(1)                        //循环
        {
            PIDscanf ();
            dis_num (1,2,2,Kp);         //对应位置显示对应的数据
            dis_num (1,7,2,Ki);         //对应位置显示对应的数据
            dis_num (1,12,2,Kd);        //对应位置显示对应的数据
            dis_num (0,3,3,temp_set);   //对应位置显示对应的数据
            dis_num (0,11,3,temp_cnt);  //对应位置显示对应的数据
            //TLC2543读取的是上一个时刻的转换结果,涉及通道1和通道2切换,需要连续读取两次
            temp_set = read2543(1);     //第一次读取,数据无效
```

```c
            //第二次读取有效
            temp_set = read2543(1)*0.02459;  //通过可调电阻模拟现场设定目标温度
            //TLC2543读取的是上一个时刻的转换结果,需要连续读取两次
            temp_cnt = read2543(0);          //第一次读取,数据无效
            temp_cnt = read2543(0)*0.02459;  //获取A/D值,第二次读取有效
            u = temp_set-temp_cnt;           //获取误差温度
            if (u>0)                         //加热
            {
                IN1 = 1;
                IN2 = 0;
            }
            else                             //降温
            {
                IN1 = 0;
                IN2 = 1;
            }
            duty = PIDcontrol(temp_set,temp_cnt,Kp,Ki,Kd,PID);  //调用PID函数
        }
}

void Timer0_ser () interrupt 1  //PWM信号控制通过定时器中断实现
{
    TH0 = (65536 - INT_TIME)/256;
    TL0 = (65536 - INT_TIME)%256;
    timer_cnt1++;
    if (timer_cnt1 <= duty)
        PWM = 1;
    if (timer_cnt1 > duty)
        PWM = 0;
    if (timer_cnt1 >= 100)
    {
        timer_cnt1 = 0;
    }
}

double PID[3];     //定义数组用于保存PID控制算法的输出数据
float PIDcontrol (int set,int cnt,int p,int i,int d,double pid[3]) //PID函数
{
    int Max = 10;   //定义幅值上界
    int Min = 0;    //定义幅值下界
    int out;        //定义输出
    int in=set-cnt; //定义输入为设定温度与实际温度差,就是系统的误差
    out = (p+10000*p/i+p*d/10000)*in + (-p-2*d/10000)*pid[0] +
```

```
            p*d/10000*pid[1] + pid[2];  //根据增量式PID控制算法公式得到输出温度
        pid[1] = pid[0];  //给e(k-2)赋值
        pid[0] = in;      //给e(k-1)赋值
        pid[2] = out;     //给u(k-1)赋值
        if (out>Max)      //判断输出的实际温度是否在上下界范围内
            out = Max;
        else if ( out<Min)
            out = Min;
        return (out);     //返回输出温度
    }
    void M_pid_init (unsigned char resetStateFlag)    //PID数组的初始化
    {
        if(resetStateFlag)
        {
          PID[0]= 0;
          PID[1]= 0;
          PID[2]= 0;
        }
    }
```

第二步：在 Keil μVision3 中生成目标（*.hex）文件。

第三步：在 Proteus 中搭建仿真电路。

第四步：在 Proteus 中导入目标文件实现交互、协同仿真。

在仿真过程中，如果温度变化曲线不够平滑，可以返回 MATLAB 环境，修改 PID 的三个参数，进行仿真验证。在实际工程应用中，PID 三个参数的选取也可根据经验进行初步筛选，通过 MATLAB 进行仿真验证，然后在 Proteus 中验证，最后通过实际测试来优化参数。

本章小结

单片机应用系统开发包括应用需求分析、功能分析、确定实施方案和测试方案等步骤。在初步确定实施方案后，需要通过多种方式验证实施方案的可行性，采用软件工具进行仿真验证在实际工程设计中至关重要。本章重点讲解了硬件仿真中的模拟电路和数字电路仿真，软件仿真和 PID 控制算法仿真。由于不同仿真软件具有各自的特点和优点，因此在单片机应用系统开发阶段，结合不同功能和应用差异选择合理的仿真软件进行验证，保证硬件和软件实施方案的可行性，从而促进硬件和软件的开发进程。

思考题与习题

11.1 简述从控制系统的 MATLAB 仿真到生成单片机代码的基本流程。

11.2 结合 Keil μVision3 开发环境在线仿真和 Proteus 仿真的特点，分析二者的异同点。

11.3 采用 Multisim 搭建一个两级放大电路，输入信号为 0~50mV，每级放大 10 倍，通过示波器查看放大后的波形。

11.4 结合 Proteus 仿真环境，选择合适的单片机和 A/D 转换芯片，将题 11.3 的放大后信号进行采集，采集之后的结果在 LCD 或数码显示管上进行显示，通过编写程序验证单片机采集结果。

第 12 章 单片机应用案例设计

本章教学基本要求

1. 结合应用案例，理解和掌握单片机应用系统设计中硬件电路主要元器件的选型方法。
2. 结合应用案例，掌握模拟电路与数字电路混合的单片机应用系统中电源的处理方法。

重点与难点

1. 仿真电路与实际应用电路的差异及处理措施。
2. 单片机应用程序中不同任务的逻辑关系和软件处理方法。
3. 不同 CPU 产生 PWM 信号的方法。

12.1 基于 MCS-51 单片机的物流车运行轨迹监测节点

随着我国经济的飞速发展，物流运输行业得到了飞速发展。在物流运输行业中引入了轨迹监测后，一方面可以提高企业的管理水平，有利于监管行车轨迹、停车地点及时间；另一方面可以提高企业的服务水平，客户可以通过相关的 App 实时了解货物的运输情况，推算包裹的到达时间，解决了传统物流中信息不透明的问题。

12.1.1 总体设计

节点需要实时上传轨迹和速度信息给服务器，以便管理方可以及时掌握行驶过程中车辆的各种情况。因此，监测节点需要通过本地 CPU 获取车辆位置、速度等信息，再通过远程通信完成信息上传，总体框图如图 12-1 所示。

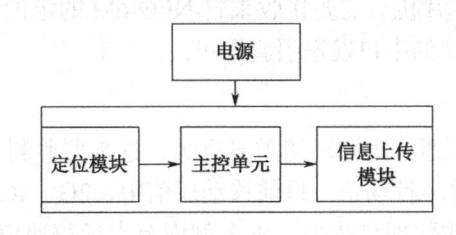

图 12-1 总体框图

12.1.2 硬件设计

轨迹监测节点的硬件设计包括主控单元、定位模块、信息上传模块及电源,各部分选型和设计方案介绍如下。

1. 主控单元选型

由于该节点设计中只需要对定位模块的数据进行处理,不涉及复杂运算,对 CPU 的运算能力要求不高,所以主控单元采用 MCS-51 单片机。由于使用了串口,MCS-51 单片机的 Timer1 需要为串口提供波特率发生器,为避免 Timer1 计数初值计算中产生小数而带来波特率误差,本节点的单片机时钟频率配置为 11.0592MHz。

2. 定位模块设计

定位模块采用的是 NEO-6M(图 12-2),该模块具有体积小、功耗低、追踪灵敏度高、覆盖面积广等优点,并且它还能在一些比较恶劣的环境(建筑比较密集、遮挡物比较多的环境)中进行定位工作,所以非常适合用于车载定位。

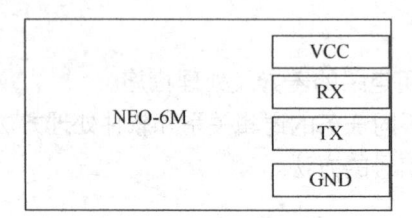

```
          ┌──────┐
          │ VCC  │
          ├──────┤
  NEO-6M  │  RX  │
          ├──────┤
          │  TX  │
          ├──────┤
          │ GND  │
          └──────┘
```

图 12-2 NEO-6M

图 12-2 中,从上到下,依次为 PIN1 ~ PIN4 引脚,各引脚的说明见表 12-1。

表 12-1 NEO-6M 引脚说明

序 号	名 称	说 明
1	VCC	电源(3.3~5.0V)
2	RX	串口发送引脚(TTL 电平)
3	TX	串口接收引脚(TTL 电平)
4	GND	地

NEO-6M 自带状态指示灯,指示灯常亮表示模块已开始工作,但还未实现定位;指示灯闪烁表示模块已经定位成功。由于 NEO-6M 输出信息的默认波特率已满足本设计要求,不需要进行波特率更改,单片机只需要接收来自 NEO-6M 的定位信息,因此将单片机的串口接收引脚连接到 NEO-6M 的串口发送引脚即可。

3. 信息上传模块设计

物流车行驶范围广且所通过道路环境差异巨大,这需要监测节点的远程通信能够满足城镇、乡村、平原、山地等多种场景。目前移动通信中,2G、4G 网络的基站覆盖面最广,考虑到节点硬件成本和传输数据量较少,本案例中节点远程通信采用 GPRS 通信方式。GPRS 通信是在 GSM(2G)网络基础上加入了无线分组技术,可以提供端到端的无线 IP 连接,传输速率可以达到 56kbit/s 以上,满足本设计要求。

4. 电源设计

单片机应用电路中,电源的稳定性和可靠性对系统能否正常工作至关重要。轨迹监测节点一般安装在车辆驾驶室或者特定位置,其电源一般来自车辆自身的蓄电池,正常蓄电池供电电压为12V。为方便测试,开发及测试阶段采用第三方的 AC-DC(12V)电源适配器,节点电路板上经过 DC-DC 降压转换为单片机应用电路所需电源。本次电路设计的 DC-DC 部分选择了一款比较常见的开关型 DC-DC 转换芯片 LM2575。LM2575 是降压型电源管理单片集成电路,输出的驱动电流可以达到3A,并且它的线性调节能力和负载调节能力较好,外围电路只需要少许元件就可实现调压功能。

综合以上功能分析、需求分析和主要硬件电路的设计方案,轨迹监测节点电路原理图如图12-3所示。

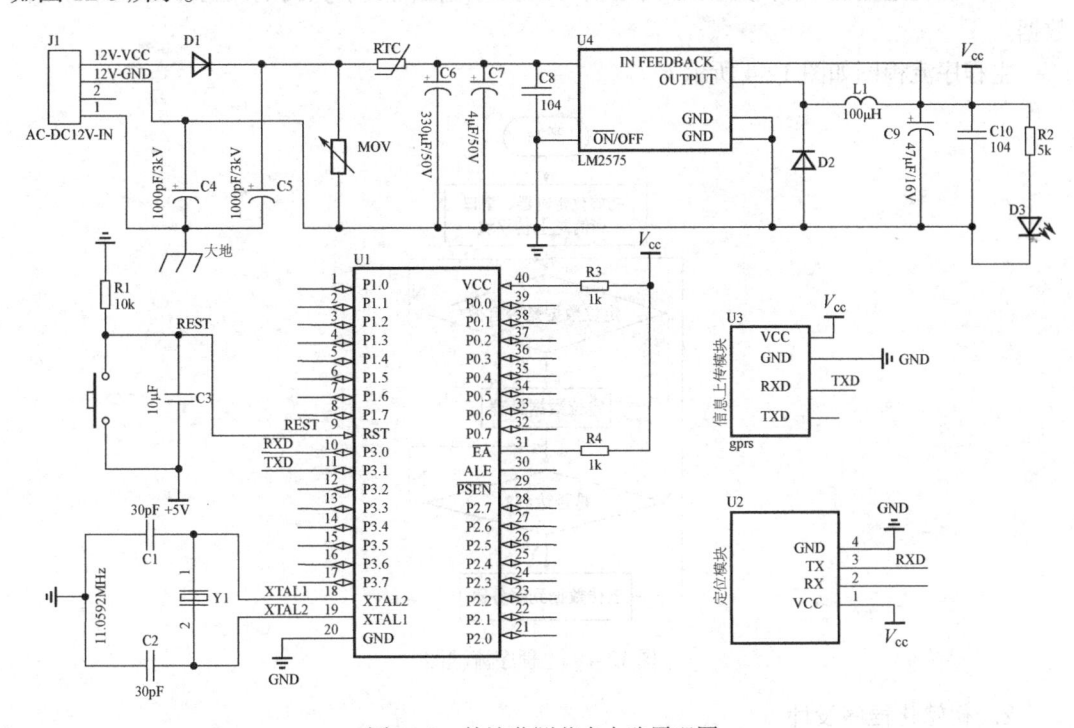

图12-3 轨迹监测节点电路原理图

在图12-3中,定位模块信息上传和模块采用串口(UART)与 CPU 通信,且两者的波特率默认值均为 9600bit/s。由于定位模块主动发送定位信息,CPU 只需要接收信息即可;同时,CPU 通过信息上传模块发送信息到服务器时,可以忽略信息上传模块反馈给 CPU 的信息,因此将 MCS-51 单片机的串口收/发控制引脚分别连接定位模块的 TX 和信息上传模块的 RXD,这样可以满足本设计的基本要求。当然在实际工程中,为了准确、及时了解信息上传模块的工作状态,多数采用单片机串口的 RXD、TXD 引脚同时连接信息上传模块的 TXD、RXD 引脚这样的方式;同样,通过 CPU 另外的串口通信引脚连接定位模块的串口通信引脚,这需要在 CPU 选型时,选择至少能提供两路串口(UART)的单片机。

12.1.3 软件设计

根据总体设计方案,该节点软件涉及定位数据的接收、处理和定时远程通信发送数据,所以需要对单片机的定时器和串口进行初始化设置。数据的接收处理部分则通过相应的标志位即可接收所需的数据,再将所需的数据格式进行转换处理后进行发送。数据发送部分需要提前约定好双方的通信协议,并在发送数据前对信息上传模块进行初始化来设置其相应的工作模式和连接的服务器的 IP 地址及端口号。

1. 主程序设计

通过需求分析可知主程序的主要功能如下。

(1)初始化:完成单片机的定时器初始化、串口初始化、GPRS 初始化和程序中全局变量的初始化。

(2)主任务:根据定位数据是否有效标志位来进行定位数据处理。

(3)按轨迹监测节点与服务器的通信协议及时间间隔要求,周期性上传处理后的定位数据。

主程序流程图如图 12-4 所示。

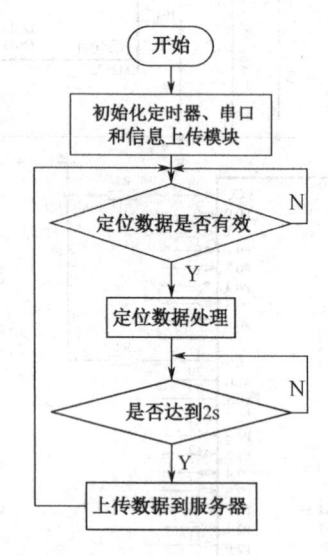

图 12-4　主程序流程图

2. 初始化程序设计

轨迹监测节点的系统初始化主要有单片机的定时器初始化和串口初始化。定时器初始化是设定定时器的工作模式和计数初值,串口初始化是设定本节点所需串口的波特率和工作模式。初始化参考代码如下。

```
void Init_Timer0(void)        //Timer0的初始化程序
{
    TMOD |= 0x01;             //使用工作方式1,16位定时器
    TH0 = 0xB8;               //11.0592MHz 20ms
    TL0 = 0x00;
    EA=1;                     //总中断打开
    ET0=1;                    //定时器中断打开
    TR0=1;                    //定时器开关打开
}
```

```
void UART_Init(void)
{
    SCON  = 0x50;      //SCON: 模式 1, 8-bit UART, 使能接收
    TMOD |= 0x20;      //TMOD: timer 1, mode 2, 8-bit 重装
    TH1   = 0xFD;      //TH1: 重装值 9600 波特率, 晶振为11.0592MHz
    TL1   = 0xFD;      //计数初值
    TR1   = 1;         //TR1: Timer1 打开
    EA    = 1;         //打开总中断
    ES    = 1;         //打开串口中断
}
```

3. 定位数据接收和处理程序设计

1）定位数据接收

选用模块的定位数据遵循 NMEA—0183 协议，该协议是由 NMEA（National Marine Electronics Association，美国国家海事电子协会）于 1983 年制定的。NMEA—0183 输出采用 ASCII 码，其串行通信的参数：波特率为 9600bit/s，数据位为 8bit，开始位为 1bit，停止位为 1bit，无奇偶校验位。下面对本次使用的 NMEA—0183 语句 GPRMC 进行说明。

$GPRMC,<1>,<2>,<3>,<4>,<5>,<6>,<7>,<8>,<9>,<10>,<11>,<12>*hh;

<1>：UTC 时间，hhmmss（时分秒）格式。

<2>：定位状态，A=有效定位，V=无效定位。

<3>：纬度，ddmm.mmmm（度分）格式（前面的 0 也将被传输）。

<4>：纬度半球，N（北半球）或 S（南半球）。

<5>：经度，dddmm.mmmm（度分）格式（前面的 0 也将被传输）。

<6>：经度半球，E（东经）或 W（西经）。

<7>：地面速率（000.0~999.9 节，前面的 0 也将被传输）。

<8>：地面航向（000.0~359.9 度，以真北为参考基准，前面的 0 也将被传输）。

<9>：UTC 日期，ddmmyy（日月年）格式。

<10>：磁偏角（000.0~180.0 度，前面的 0 也将被传输）。

<11>：磁偏角方向，E（东）或 W（西）。

<12>：模式指示（A=自主定位，D=差分，E=估算，N=数据无效）。

定位消息字符串中每个消息所在位置是固定的，可以通过消息在字符串中的位置进行消息类型识别。NMEA—0183 消息以 ASCII 码传输，为方便后续的数据分析和处理，需要将 ASCII 码转化成数字码，UTC 时间保留到秒。定位数据接收流程图如图 12-5 所示。

2）定位数据处理

由于原始信息是用 ASCII 码保存的，所以需要将 ASCII 码转换成平常使用的数据，定位数据处理流程图如图 12-6 所示。

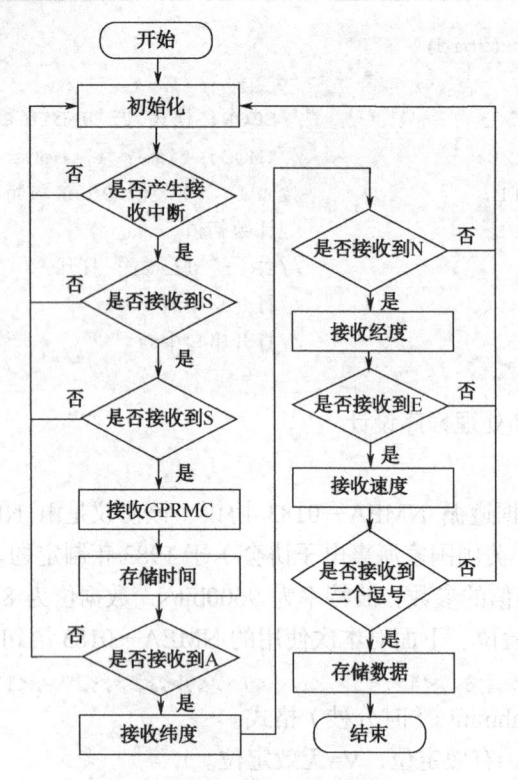

图 12-5 定位数据接收流程图

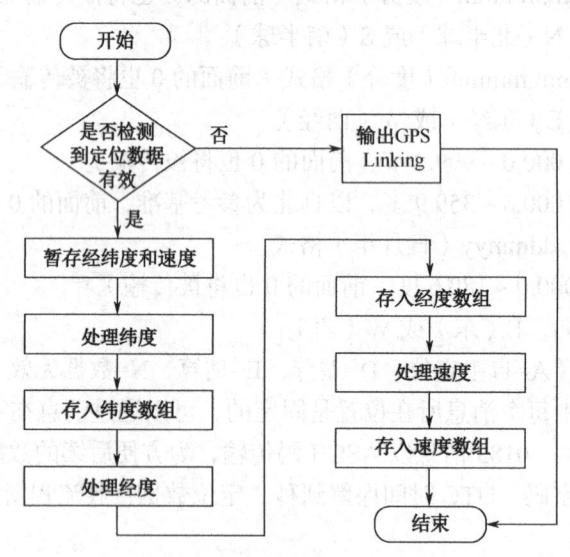

图 12-6 定位数据处理流程图

在原始数据中,经纬度是以 dddmm.mmmm(度分)格式存放的,速度是以节为单位存放的,为了符合常用习惯,需要将经纬度的度分格式转换为度的格式,速度转换为 km/h 的格式。转换过程如下。

(1)经纬度格式转换。

假设单片机收到的经纬度数据为 3147.8749,即格式为 dddmm.mmmm。

转换成度:

①度的部分是 31°。
②剩下的 mm.mmmm/60=度，所以 47.8749/60=0.797915°。
③转换成度是 31°+0.797915°=31.797915°，该数据为最终转换结果。
（2）速度转换。
NMEA—0183 语句 GPRMC 中的速度单位为节/小时，1 节/小时相当于 1.852 千米/小时，因此将原始数据中的速度值乘以 1.852 即可。

4. GPRS 通信程序设计

在单片机与外设进行串口通信的过程中，为实现正常通信，一方面需要保证通信双方硬件接口符合相同的电气标准，另一方面需要通信双方具有相同的串口工作模式、数据帧格式和波特率。在实际的单片机与外设通信应用中，无论是点对点还是多机通信，都需要一些双方约定好的通信协议。目前，在单片机串口通信中，没有统一的通信协议，在使用时，由通信双方自行约定，或由一方制定好通信协议后，另一方遵守该协议实现与其通信。

1）通信协议设计

本例中，设备与服务器存在信息交互，它们之间的通信协议需要自行约定，数据格式如下。

| 标识字节 | 消息体 | 校验字节 | 标识字节 |

（1）标识字节。
该字节用来表示消息的开始和结束，采用字母 p 表示。
（2）消息体。
设备向服务器上报消息的格式见表 12-2。

表 12-2　设备向服务器上报消息的格式

字　节	字　段	说　明
0	纬度标志位	N 表示北纬，S 表示南纬
2~11	纬度	以度为单位的纬度值，精确到十万位
12	经度标志位	E 表示东经，W 表示西经
14~23	经度	以度为单位的经度值，精确到十万位
23	速度标志位	以 V 作为速度的标志
25~30	速度	速度单位为 km/h，精确到十分位

（3）校验字节。
校验字节用于控制或识别本次通信数据是否正常，可以采用这样的校验方式：将消息体第一字节与第二字节相与，直到消息的最后一字节（校验码前一字节）相与完成为止。

2）车辆定位信息的发送

本例中，传输的数据比较简单，没有使用校验位进行校验，每一帧数据是否发送完毕通过已发送的数据长度与待发送的数据长度比较来判断，每发送完一字节则指针加一，发送下一字节数据，直到所有数据发送完毕。通过 TI 和超时标志来判断数据是否发送完成。

GPRS 所用串口发送数据参考代码如下。

```
void uartSendByte(unsigned char dat)
{
```

```
    unsigned char time_out;
    time_out=0x00;
    SBUF = dat;                              //将数据放入SBUF中
    while((!TI)&&(time_out<100))             //检测是否发送出去
    {time_out++;}
    TI = 0;                                  //清除TI标志
}
void uartSendStr(unsigned char *s,unsigned char length)
{
    unsigned char NUM;
    NUM=0x00;
    while(NUM<length)                        //发送长度对比
    {
      uartSendByte(*s);                      //发送单字节数据
      s++;                                   //指针加1
      NUM++;
    }
}
```

3）GPRS 通信初始化设置

在将待发送的数据通过 GPRS 发送给服务器之前需要初始化 GPRS，设定 GPRS 的工作模式以及服务器的 IP 地址和端口号，并建立连接。GPRS 初始化参考代码如下。

```
void Init_GPRS(void)
{
    unsigned char i = 0;
    for(i=0;i<100;i++)                       //延时等待GPRS启动
    {DelayMs(100);}
    uartSendStr("AT\r\n",4);                 //同步波特率
    for(i=0;i<5;i++)                         //延时等待指令响应
    {DelayMs(100);}
    uartSendStr("AT+CIPMODE=1\r\n",14);//设置为透传模式
    for(i=0;i<5;i++)
    {DelayMs(100);}
    uartSendStr("AT+CIPSTART=\"TCP\",\"10.20.174.140\",8084\r\n",40);
      //建立TCP连接，10.20.174.140为服务器端的IP地址，8084为对应的端口号
    for(i=0;i<20;i++)
    {DelayMs(100);}
}
```

4）上位机通信结果

为了验证通信效果，采用"网络调试助手"软件模拟服务器端，即上位机，模拟节点与服务器的通信过程，相关参数配置和通信效果如图 12-7 所示。

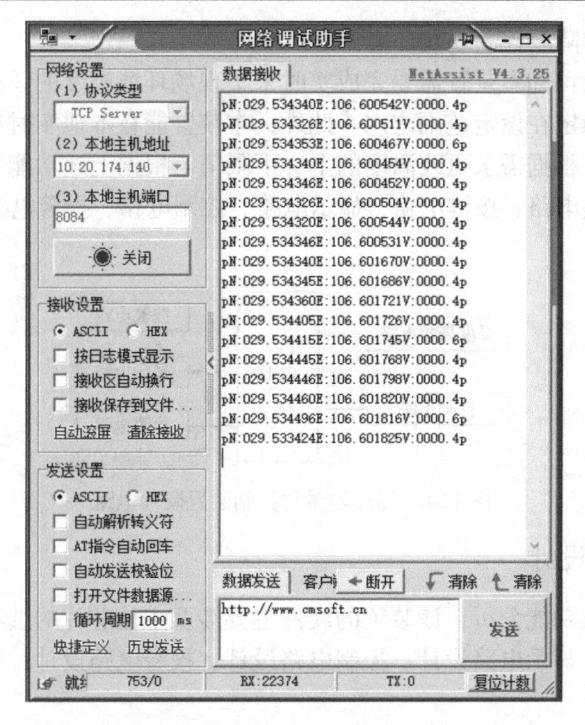

图 12-7　相关参数配置和通信效果

随着我国科技、经济和人民生活水平的提升，未来在电动车、物流运输等行业，车辆运行状态的监测需求将更加严格和多样化，基于定位和远程通信的监测终端具有广阔应用市场。根据不同应用场景和功能需求，定义监测终端结构框架，合理选择硬件和软件设计方案，从而满足不同需求，如支持通过 CAN 总线实时采集车身系统（转向、仪表、动作）和动力系统（发动机、变速箱）等数据，支持语音识别、导航、路况、电台、旅游、天气、行车记录、道路救援等。随着物联网技术的快速发展，基于单片机的物联网监测终端将在多个行业得到广泛应用，产品的功能多样性、可靠性和信息安全将是未来市场及用户越来越关注的问题，这需要不停地优化和改进单片机应用系统的设计方案。

12.2　基于 MCS-51 单片机的温度测量与控制装置

在工业生产过程中，温度的测量和控制直接与安全、效率、质量、能效等重大技术和经济指标密切相关。因此，精确温度测量与控制在工程应用中极其重要。

12.2.1　总体设计

假设某工作场景中，其环境温度的有效范围是 30 ~ 160℃，其温度控制装置须满足以下功能及性能指标。

（1）温度控制范围为 40 ~ 150℃。
（2）现场环境温度可采集，温度控制误差 ≤ ±2℃。
（3）显示当前的环境温度、当前温度的设定值和运行状态。
（4）温度超出设定值温度时，发出超限报警信号。

（5）通过加热和降温控制现场环境温度。

由性能指标要求可知本装置需要完成实时采集现场环境温度的任务，并能够通过加热和降温控制使温度稳定在设定范围之内。此外，本装置能在本地实时显示温度信息，为适应不同温控范围，可根据需求更改温度的上、下限值。根据上述功能分析，该装置硬件电路主要包括温度采集电路、按键电路、显示电路、控制电路、报警电路五部分，如图12-8所示。

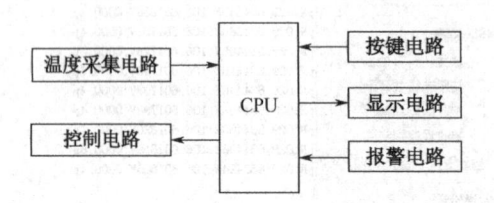

图12-8 温度测量与控制装置硬件电路

12.2.2 硬件设计

根据上述需求及功能分析，该装置的硬件主要涉及主控芯片的选型、温度采集电路设计、按键电路设计、显示电路设计、控制电路设计、报警电路设计、电源电路与总体电路设计。

1. 主控芯片的选型

考虑到主控芯片不需要进行复杂的计算和控制，选用 MCS-51 单片机作为主控芯片，其晶振频率为 12MHz。

2. 温度采集电路设计

温度采集电路采用集成冷端温度补偿的仪器运算放大器 AD8495 实现热电偶输出信号的放大和冷端补偿。AD8495 常用作 k 型热电偶温度测量的仪器运算放大器，它集成了冰点基准与预校准放大器，能够直接把热电偶信号放大，具有较高的可靠性。AD8495 输出的电压再经过 A/D 转换芯片实现 A/D 转换，单片机通过读取 A/D 转换结果，经过换算获取最终的温度参数。温度采集电路原理图如图12-9所示。

在图12-9中，AD8495是一款适配 k 型热电偶的仪表放大器，内部增益固定，为122.4倍。电阻 R10 的作用是将负输入接地，实现热电偶开路检测。为了获得较好的电路特性，在 AD8495 前端配置电容 C4、C5 和 C6 以降低热电偶的长引线产生的高频噪声。按照上述接线方式，AD8495 的输出电压与温度 T 的换算公式为

$$V_{OUT} = T \times 5mV/°C + V_{REF}$$

上式中，V_{REF} 接电源地，即 $V_{REF}=0$。因此，当 AD8495 在温度 T=40℃时，AD8495 输出电压理论值为 200mV；当 AD8495 在温度 T=150℃时，其输出电压理论值为 750mV。因此 AD8495 输出的电压范围为 200～750mV。电路中，A/D 转换芯片为 12 位的 XL2543，其参考电压为 5V，测量精度为 1.22mV，故 12 位的 XL2543 能够满足精度的要求。XL2543 有三个控制输入端：片选、输入/输出时钟以及地址输入端。通过一个串行的 3 态输出端与主处理器或其外围的串行口通信，输出转换结果。该芯片采样-保持是自动的，在转换结束时，转换结束输出端电平由低变高以指示转换的完成。

第 12 章　单片机应用案例设计

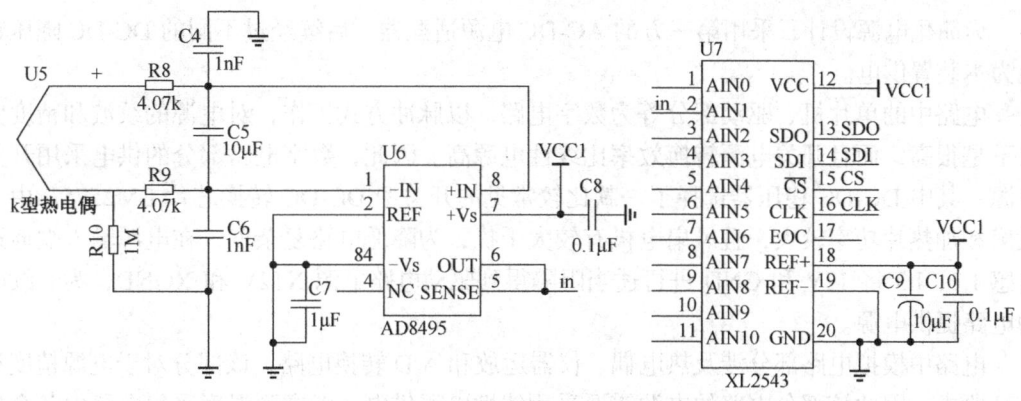

图 12-9　温度采集电路原理图

3. 按键电路设计

本装置允许对温度上/下限进行调节，通过配置三个按键来实现温度报警上限和下限的修改。当某个键按下时，单片机的 I/O 端口为低电平，否则为高电平。3 个按键的功能定义见表 12-3 所示。

表 12-3　3 个按键功能定义

按键	名称	功能
S1	模式键	正常运行状态、温度上限配置和温度下限配置三个状态切换键
S2	▲	增加温度
S3	▼	降低温度

4. 显示电路设计

显示屏需要显示的内容包括实时采集温度和温度的上、下限值，选用 LCD1602 作为显示屏。LCD1602 可显示两行字符，每行可以显示 16 个字符。在设计中，第一行显示温度的上限和下限值，第二行显示当前的温度值和当前模式。

5. 控制电路设计

为实现温度的有效控制，降温和加热部件分别选用 12V/0.15A 的风扇和 12V/5A 的加热片。为确保单片机电源与外围功率驱动电源隔离，采用光耦 PC-817 实现弱电与强电隔离。电路中采用场效应管 IRF530N 实现功率驱动。由于风扇电机属于感性负载，需要通过续流二极管 D1 防止风扇电机产生的反向电动势损坏线路元件。发光二极管 LED4、LED5 用于指示风扇或加热片是否工作。该部分的工作原理：当单片机的 I/O 端口输出一个高电平，光耦导通，控制 IRF530N 场效应管导通，驱动风扇电机或加热片工作，从而实现温度调整。

6. 报警电路设计

当温度高于或低于设定的上下限值时，通过单片机的 P2.3、P2.4 引脚同时输出高电平分别驱动 LED 报警灯和蜂鸣器，指示环境温度超过温度的上限值或环境温度低于温度的下限值，从而实现报警功能。

7. 电源电路与总体电路设计

单片机应用电路中，电源的稳定性和可靠性在很大程度上决定了电路的稳定性和可靠性。为简化电源设计，采用第三方的 AC-DC 电源适配器，后续经过不同的 DC-DC 降压转换为本装置供电。

电路中的单片机、驱动部分等为数字电路，以脉冲方式工作，对电源的纹波和精度要求不是很高，而且开关电源转换效率比线性电源高。因此，数字电路部分的供电采用开关电源。其中 DC-DC 稳压器选择了一款比较常见的开关型 DC-DC 转换芯片 LM2575。由于风扇和加热片功率较大，且风扇电机有较大干扰，为降低电路复杂度，在电源输入端通过电感 L2、L3 将 12V 和 GND 进行适当阻隔得到驱动电路电源 X12V 和 XGND，为后续驱动电路提供电源。

电路中模拟电路部分涉及热电偶、仪器运放和 A/D 转换电路，该部分对于电源精度有较高要求，因此该部分电路的电源需要采用线性电源供电。考虑到温度采集电路中各个模拟信号处理芯片及外围元件所需的工作电流不是很大，因此选用 LM7805 完成 DC-DC 变换，为模拟电路提供工作电源。

确定好各部分的硬件电路之后，可以得到总体电路原理图如图 12-10 所示。

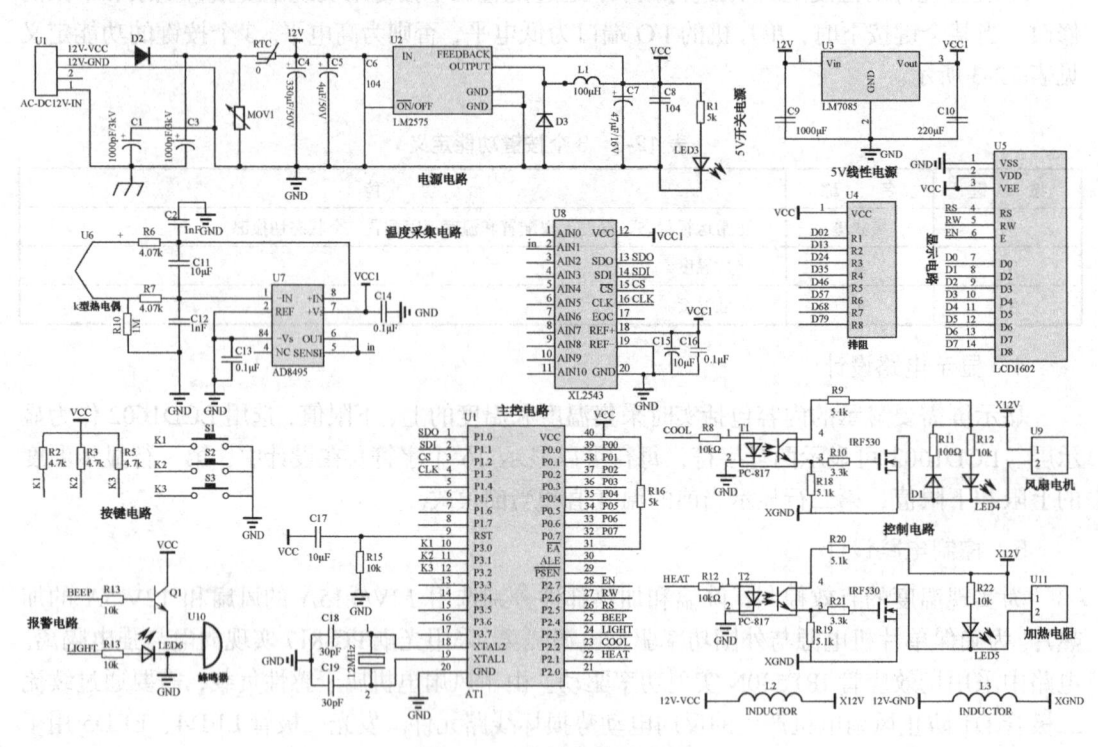

图 12-10　总体电路原理图

12.2.3　软件设计

根据装置的功能需求和硬件电路的设计方案，软件设计主要由主程序设计、系统初始化、温度采集程序设计、温度控制程序设计、温度显示程序设计、温度报警程序设计和按键程序设计组成。

1. 主程序设计

（1）系统初始化。
（2）采集温度数据。

（3）判断是否进行温度控制，并进行控制。
（4）温度显示。
（5）温度是否超出上下限，进行处理。
（6）温度是否进行修改，进行处理。
（7）以上步骤（2）~（6）不断循环，以实现本装置的功能。

主程序流程图如图12-11所示。

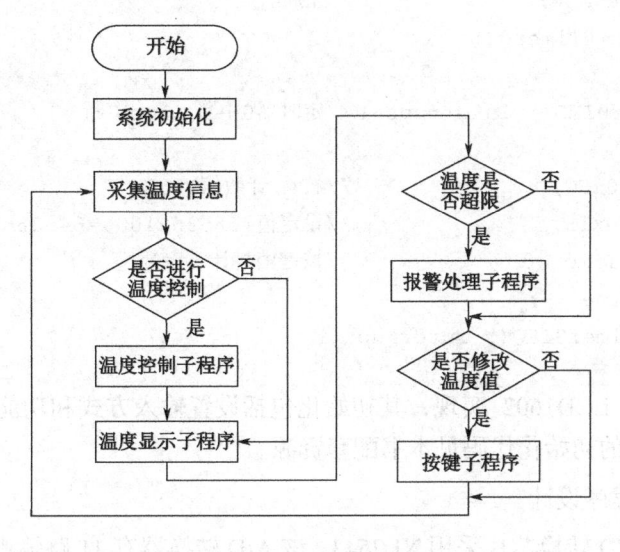

图12-11 主程序流程图

主程序参考代码如下。
```c
void main (void)                              //主函数
{
    Sys_Init();                               //系统初始化
    while (1)
    {
        SensorTask();                         //温度采集
        ControlTask();                        //加热和散热的控制
        DispTask(temp, temp_h, temp_l);       //温度显示
        AlarmTask();                          //温度报警
        KeyTask();                            //按键修改温度
    }
}
```

2. 系统初始化

单片机的初始化主要包括定时器初始化、LCD初始化和全局变量初始化。电路中存在按键电路，需要通过定时器计时实现按键消抖，同时也可以用于控制A/D采集周期。定时器的初始化及其中断服务程序参考代码如下。

```c
void InitCpu()    //初始化定时器0，用于该系统时间处理，1ms
{
```

```c
        TMOD = 0x01;           //8 bit ->GATE C/T M1 M0 GATE C/T M1 M0
        TH0 = 0xFC;            //12M,计数值1000
        TL0 = 0x18;            //设定值=65536-1000=64536=FC18H
        ET0 = 1;               //允许定时器0的溢出中断
        EA = 1;                //开CPU中断
        TR0 = 1;               //启动定时器0
        KeyTime =30;           //30ms
}//void InitTimer0()

void Timer0IRQ() interrupt 1//定时器0中断,1ms中断
{
        TH0 = 0xFC;            //12M,计数值1000
        TL0 = 0x18;            //设定值=65536-1000=64536=FC18H
        if(KeyTime >0)         //按键消抖计时参数
          KeyTime --;
}//void Timer0IRQ() interrupt 1
```

温度显示采用 LCD1602 实现,其初始化包括设置输入方式和功能设置等。LCD1602 初始化和全局变量的初始化代码见本书配套资源。

3. 温度采集程序设计

温度采集的 A/D 转换芯片采用 XL2543,该 A/D 转换器有 11 路输入通道,具体选择哪一个通道可以通过设置控制字实现,本例中选择 AIN1 通道实现 AD8495 输出信号采集。在 XL2543 内部将模拟量转换为数字量,转换结果通过一个串行的 3 态输出端输出至单片机的串行口,编程实现数字量和温度值的对应。需要注意的是,XL2543 当前获取到的 A/D 值是上一个时刻的转换结果。由图 12-9 所示的电路可知,A/D 转换器的参考电源 V_{REF}=5V (5000mV),设当前获取的 XL2543 输出值为 y,对应热电偶温度为 T,则 T 与 y 的数学变换关系为

$$T=(5000mV \times y/4096)/5=125y/512 \quad (℃)$$

温度采集部分参考代码如下。

```c
float SensorTask ( )
{
    unsigned int AD_data;
    unsigned char AD_Comm,i;
    float ADV=0.0;
    AD_data=0;
    AD_Comm = 0x1C;                //选择控制命令
    XL2543_IO_CLOCK=0;
    while(XL2543_EOC==0);
    AD_data=0;
    XL2543_CS=0;                   //XL2543使能
    for(i=0;i<3;i++);              //该语句用于CS下降沿稳定
    for(i=0;i<16;i++)
```

```
            {
                if(AD_Comm&0x8000)          //控制命令从MSB至LSB,向A/D转换器发数据
                    XL2543_DATA_INPUT=1;
                else
                    XL2543_DATA_INPUT=0;
                XL2543_IO_CLOCK=1;
                AD_Comm <<=1;
                AD_data <<=1;
                if(XL2543_DATA_OUT==1)      //接收A/D转换数据
                    AD_data |=0x0001;
                XL2543_IO_CLOCK=0;
            }
            XL2543_CS=1;                    //关闭片选
            ADV = AD_data*0.244;            //获取到上一个时刻的转换结果
            return ADV;                     //ADV 为实际温度值
        }
```

4. 温度控制程序设计

在实际的温度调节应用场景中,当温度到达设定的上限值时,降温部件开始工作;同理,当温度下降到设定的下限值时,加热部件开始工作。温度调控的思路如下。

(1)当温度大于或等于设定的上限值时,降温部件开始工作。

(2)在降温过程中,当温度小于或等于设定的上限值-5℃时,停止降温。

(3)当温度小于或等于设定的下限值时,加热部件开始工作。

(4)在加热过程中,当温度大于或等于设定的下限值+5℃时,停止加热。

结合以上控制思路,初始加热和降温控制信号输出 0,停止加热和降温。此外,需要设置两个标志位:采集温度高于温度上限值标志位 HighFlag,用于标识上一实时温度是否超过温度上限;采集温度低于温度下限值标志位 LowFlag,用于标识上一实时温度是否低于温度下限。温度控制部分参考代码如下。

```
        sbit heat=P2^1;         //初始加热控制信号输出0,不进行加热
        sbit cool=P2^2;         //初始降温控制信号输出0,不进行降温
        u8 HighFlag=0;          //温度超过设定上限值标志位
        u8 LowFlag=0;           //温度超过设定上限值标志位
        void ControlTask()
        {
            if(CurrAD>=temp_h)
            {
                heat=0;         //停止加热
                cool=1;         //开始降温
                HighFlag=1;     //温度超过设定上限值标志位置1
            }
            else
            {
```

```c
            if(HighFlag==1)
            {
                if(CurrAD<=(temp_h-5))
                {
                    heat=0;  //停止加热
                    cool=0;  //停止降温
                    HighFlag=0;
                }
            }
            else
            {
                if(CurrAD<=temp_l)        //实时温度低于设定下限值
                {
                    heat=1;               //开始加热
                    cool=0;               //停止降温
                    LowFlag=1;            //温度低于设定下限值标志位置1
                }
                else
                {
                    if(LowFlag==1)
                    {
                        if(CurrAD>=(temp_l+5))
                        {
                            heat=0;       //停止加热
                            cool=0;       //停止降温
                            LowFlag=0;
                        }
                    }
                }
            }
```

在实际工程中，可采用 PWM 方式控制加热片或风扇电机两端的电压平均值，实现温度的平滑控制。另外，如果用 MCS-51 单片机进行 PWM 控制，可以通过定时器中断，分别计算高/低电平的计数初值，控制高/低电平持续时间以实现占空比控制，但此时输出的脉冲信号频率为定时器中断频率的一半。当需要采用 PWM 方式进行外部执行装置控制时，通常选用可在 CPU 内部通过寄存器直接配置 PWM 参数的单片机，降低软件处理 PWM 信号的复杂度，具体参见本章后续部分的内容。

5. 温度显示程序设计

在主函数调用显示函数时，首先需要判断是否为控制符，如果不是控制符，再判断是在第一行还是在第二行显示。LCD1602 最多能显示两行，每行最多可显示 16 个字符。温

度显示部分参考代码如下。

```c
void DispTask(u8 temp, u8 t_h, u8 t_l)        //温度显示函数
{
    u8 temp_buf[4], temp_h[4], temp_l[4]; //定义环境温度和温度上下限的数组
    LCD_Clear();                              //LCD1602清屏
    Temp_buf[0]=temp/100+0x30;                //实际温度的百位ASCII码值
    temp_buf[1]=temp%100/10+0x30;             //实际温度的十位ASCII码值
    temp_buf[2]=temp%100%10+0x30;             //实际温度的个位ASCII码值
    temp_buf[3]='\0';                         //'\0'是结束符
    temp_h[0]=t_h/100+0x30;
    temp_h[1]=t_h%100/10+0x30;
    temp_h[2]=t_h%100%10+0x30;
    temp_h[3]='\0';
    temp_l[0]=t_l/100+0x30;
    temp_l[1]=t_l%100/10+0x30;
    temp_l[2]=t_l%100%10+0x30;
    temp_l[3]='\0';
    LCD_Dispstring(0,0,"TH ");                //字符及温度数据的显示
    LCD_Dispstring(4,0,&temp_h);
    LCD_Dispstring(9,0,"TL ");
    LCD_Dispstring(13,0,&temp_l);
    LCD_Dispstring(0,1,"Temp ");
    LCD_Dispstring(5,1,&temp_buf);
    LCD_Dispstring(9,1," C");
    if(Savekey==0)
        LCD_DisString(11,1,"RUN");            //显示正在运行
    if(Savekey==1)
        LCD_DisString(11,1,"THS");            //显示正在修改上限值
    if(Savekey==2)
        LCD_DisString(11,1,"TLS");            //显示正在修改上限值
}
```

6. 温度报警程序设计

本设计采用声光报警，即当温度高于或低于上/下限值时，同时打开 LED 报警灯和蜂鸣器进行报警，其控制信号由单片机的 P2.3、P2.4 引脚产生。温度报警部分参考代码如下。

```c
void AlarmTask()                             //报警任务函数
{
    if((temp>temp_h)||(temp<temp_l))  //实际温度高于上限值或低于下限值，报警
    {
        light=1;                             //灯光报警
        beep=1;                              //蜂鸣器报警
    }
    else                                     //实际温度在上限值和上限值之间，取消报警
```

```
        {
            light=0;
            beep=0;
        }
    }
```

7. 按键程序设计

本设计采用了三个按键，S1 是温度模式切换的按键，S2 是对温度的上限值或下限值进行加处理的按键，S3 是对温度的上限值或下限值进行减处理的按键。当需要进行温度参数设置时，须通过 S1 选择上限值或者下限值才可进行加/减处理，即当 S1 状态为正常运行状态时，S2 或 S3 按键是无效的。按键操作参考代码如下。

```
u8 KeyTimer=0;       //控制按键消抖延时的变量
void KeyTask()
{
    unsigned char keyData=0;
    if(KeyFlag==0)
    {
        keyData=P3&0x07;
        if(keyData!=0x07)              //表示有按键按下
        {
            KeyFlag=1;
            KeyTimer=30;    //30ms消抖
        }
    }
    else
    {
        if(KeyTimer==0)
        {
            KeyFlag=0;
            keyData=P3&0x07;
            if(keyData!=0x07)          //有按键被按下
            {
                switch(keyData)        //判断哪个按键按下
                {
                    case 0x06:         //模式转换按键被按下
                        switch(Savekey)
                        {
                            case 0:
                                Savekey=1;     //温度上限键值
                                break;
                            case 1:
                                Savekey=2;     //温度下限键值
                                break;
```

```c
                    case 2:
                        Savekey=0;          //正常运行键值
                    break;
                }
            break;
            case 0x05:                      //温度设定值加1
                switch(Savekey)             //判断当前的温度设置模式
                {
                    case 1 :                //温度上限值增加
                        temp_h++;           //温度上限值加1
                        if(temp_h>150)
                            temp_h=150;     //温度上限为150℃
                    break;
                    case 2:                 //温度下限值增加
                        temp_l++;           //温度下限值加1
                        if(temp_l>=150)
                            temp_l=150;     //温度下限值不高于150℃
                break;
                default:
                break;
                }
            break;
                case 0x03:                  //温度设定值减1
                    switch(Savekey)         //判断当前的温度设置模式
                    {
                        case 1:             //温度上限值减少
                            temp_h--;       //温度上限值减1
                            if(temp_h<=40)
                                temp_h=40;  //温度上限值不得低于40℃
                        break;
                        case 2:             //温度下限值减少
                        temp_l--;           //温度下限值减1
                        if(temp_l<=40)
                            temp_l=40;      //温度下限值不得低于40℃
                        break;
                        default:
                        break;
                    }
                break;
            }
        }
    }
}
```

12.2.4 仿真设计

参照第 11 章的 Proteus 的仿真设计，本装置的仿真电路如图 12-12 所示。

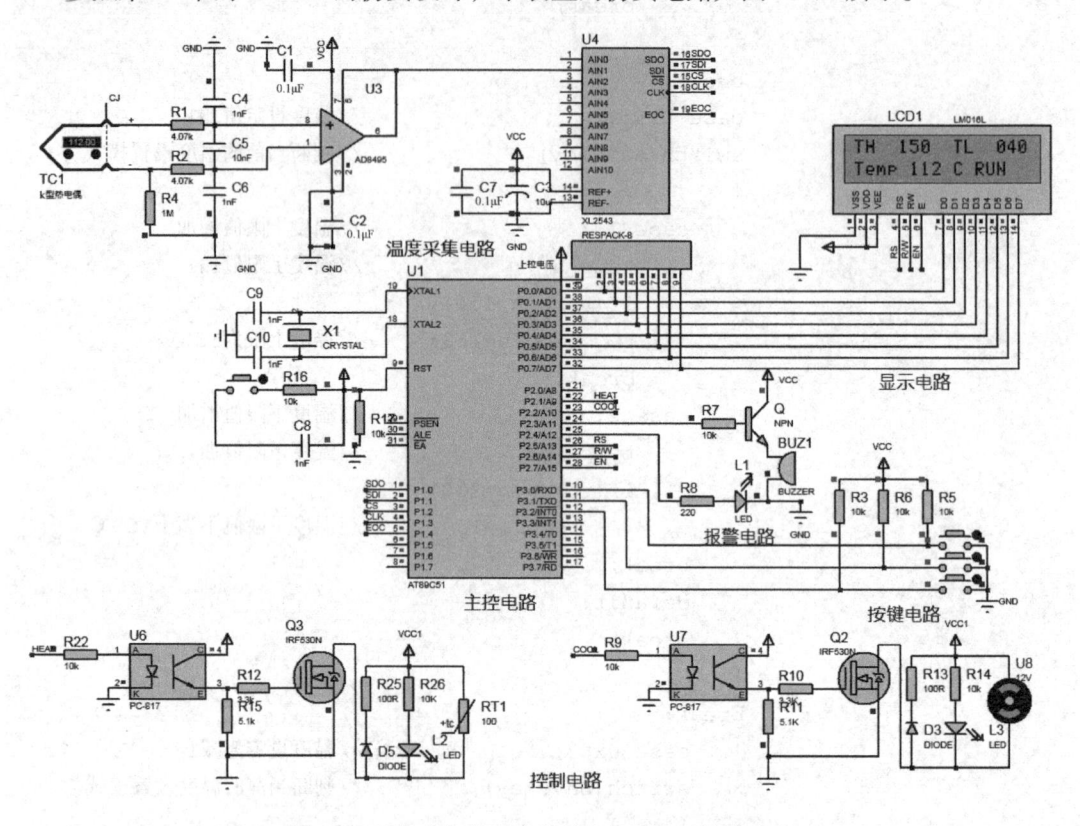

图 12-12 单片机的温度测量与控制装置仿真电路

图 12-12 所示的仿真电路中，TC1 可以通过单击进行温度加减控制，模拟现场温度的改变情况。LCD 显示屏中 Temp 表示实际测到的温度。由于实际电路中模拟电路电源和数字电路电源需要进行隔离处理，而仿真电路中这两部分电源并未进行区分，因此仿真中的温度测量与实际运行中的测量可能存在偏差，因此在实际电路中，需要根据测试结果修正信号采集电路的电阻、电容等元件的参数，也可能需要在软件中进行参数修正或补偿处理。

12.3 基于 32 位单片机的电机控制器

随着我国经济和电子技术的发展，家电、机器人、新能源汽车等产业涉及多种小型电机的使用，基于单片机的电机控制技术具有广泛的应用市场。

12.3.1 总体设计

本节利用单片机实现电机转速及方向控制，须实现电机转速设定、电机的 PWM 调速、转速反馈检测和显示实时转速的功能。因此，该装置电路和软件须具备电机驱动、电机测速、转速显示和电机转速设置等主要功能，功能结构图如图 12-13 所示。

第 12 章 单片机应用案例设计

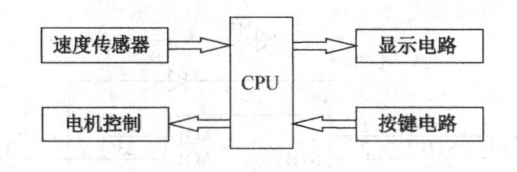

```
速度传感器 →  ┌─────┐  → 显示电路
              │ CPU │
电机控制   ←  └─────┘  ← 按键电路
```

图 12-13 功能结构图

12.3.2 硬件设计

根据上述分析，装置的硬件设计主要有主控单元选型、按键电路设计、电机驱动电路设计、电机速度采集方案设计、电源及整体电路设计。

1. 主控单元选型

由于电机控制器需要实时采集电机转速，结合 PID 控制算法分析 PWM 信号的占空比，其计算量相对较大；同时，由于 MCS-51 单片机不方便直接产生 PWM 波形，因此电机控制器采用 32 位 CPU——STM32F103 实现电机控制。STM32F103 为 Cortex-M3 处理器，其内核为 32 位，采用了哈佛结构，拥有独立的指令总线和数据总线，取指令与数据可并行完成，主频最高可配置为 72MHz，支持 PWM 信号输出，可快捷、方便地实现电机测速和控制。

2. 按键电路设计

装置允许对电机的目标转速、正/反转和启动/停止进行调节，通过配置加/减两个按键来实现目标转速的增加和减少，配置 1 个按键来实现电机的正/反转切换，配置 1 个按键来实现电机的停止和启动控制。按键功能见表 12-4。

表 12-4 按键功能

按 键	名 称	功 能
K1	加速键	每按键 1 次增加 1 r/min
K2	减速键	每按键 1 次减少 1 r/min
K3	正/反转键	设置电机正/反转
K4	启动/停止键	控制电机启动或停止

键盘电路中，当某个按键按下时，单片机的 I/O 端口为低电平，否则为高电平。STM32F103 可以通过寄存器配置实现 I/O 端口在 CPU 内部完成上拉电阻配置，这样可以避免独立按键在 CPU 外围配置上拉电阻。

3. 电机驱动电路设计

考虑到验证的方便性，本装置将带编码器的直流电机作为被控对象。电机的额定工作电压为 12V，每圈可发出 360 个脉冲信号，负载转速约 240r/min，额定电流为 0.35A，可由 TB6612 直接驱动。TB6612 采用 MOSFET-H 桥结构，可同时驱动两个电机，每通道输出最高 1.2A 的连续驱动电流，具有 4 种控制模式——正转、反转、制动、停止，PWM 支持频率可达 100 kHz，适合采用 PWM 方式控制电机的应用场景。电机驱动电路如图 12-14 所示。

TB6612 逻辑真值表见表 12-5。该器件工作时 STBY 引脚置为高电平，AIN1 和 AIN2 不变，调整 PWM 引脚（PWMA、PWMB）的输入信号可进行电机单向速度控制，置 PWM 引脚为高电平，并调整 AIN1 和 AIN2 的输入信号可进行电机双向速度控制。

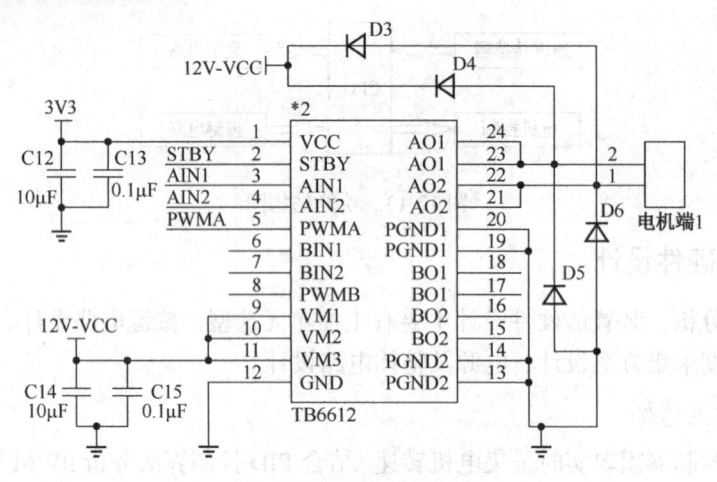

图 12-14 电机驱动电路

表 12-5 TB6612 逻辑真值表

输	入			输	出	电机运行模式
AIN1	AIN2	PWM	STBY	AO1	AO2	
1	1	1/0	1	0	0	制动
0	1	1	1	0	1	反转
0	1	0	1	0	0	制动
1	0	1	1	1	0	正转
1	0	0	1	0	0	制动
0	0	1	1	OFF		停机
0/1	0/1	0/1	0	OFF		待机

图 12-14 中，与单片机接口所配置电源为 3.3V，实现 TB6612 输入端的控制引脚 AIN1、AIN2、PWM 和 STBY 四个信号的电平与单片机的逻辑电平匹配；二极管 D3、D4、D5 和 D6 为电机启动/停止和改变转向时提供续流通道。

4. 电机速度采集方案设计

电机测速采用电机自带的编码器。电机旋转时编码器输出脉冲；当电机停止时，编码器固定输出高电平。由于电机转动一圈，其编码器输出 360 个脉冲，电机带载时，额定转速约为 240r/min。为了提高测量精度，本例中电机速度采集周期设置为 1s，则每秒编码器最多输出 1440 个脉冲。由于脉冲频率不高，可以将传感器的输出信号直接连接到单片机的外部中断，通过中断方式进行脉冲数目检测。本例中，将传感器的输出信号连接到单片机的 Timer1 的外部时钟输入引脚，周期性读取 Timer1 的脉冲计数，经过计算获取电机转速。

5. 电源及整体电路设计

本装置的电源设计采用与前述两个案例相同的方案，AC-DC 电源适配器采用第三方产品，提供 12V/2A 的电源即可。后续经过 DC-DC 降压转换为单片机应用电路所需电源。电源电路通过两级 DC-DC 处理，首先采用开关型 DC-DC 转换芯片 LM2575 产生 5V 电源，再次通过 AMS1117-3.3 实现 3.3V 的 DC-DC 变换，该电源为单片机、传感器等部件提供电源。确定好各部分电路后，可得到电机控制器电路原理图，如图 12-15 所示。

第12章 单片机应用案例设计

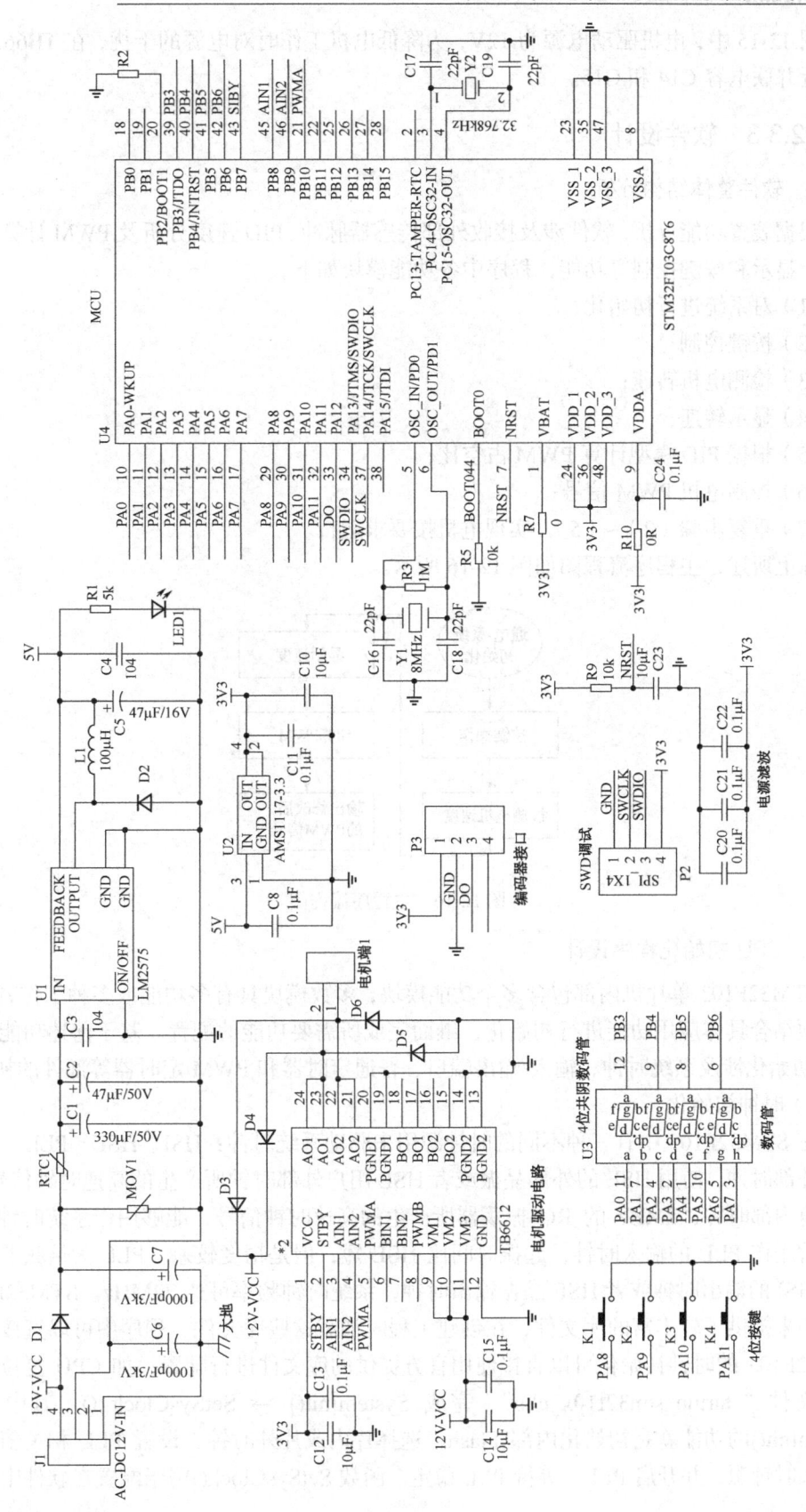

图 12-15 电机控制器电路原理图

图 12-15 中，电机驱动电源为 12V，为降低电机工作时对电源的干扰，在 TB6612 电源端就近并联电容 C14 和 C15。

12.3.3 软件设计

1. 软件整体结构分析

根据装置功能分析，软件涉及接收外部传感器脉冲、PID 速度分析及 PWM 计算、PWM 输出、显示和按键控制等功能，程序中各功能模块如下。

（1）对系统进行初始化；
（2）按键控制；
（3）检测电机转速；
（4）显示转速；
（5）根据 PID 模型计算 PWM 占空比；
（6）控制电机 PWM 信号；
（7）重复步骤（2）~（5），实现电机按要求运行。

综上所述，主程序流程图如图 12-16 所示。

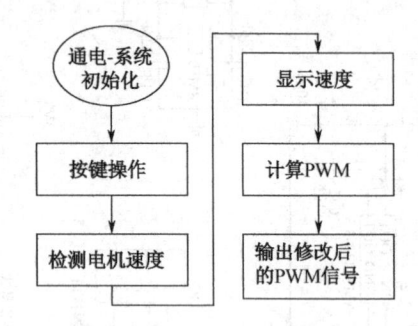

图 12-16 主程序流程图

2. CPU 初始化程序设计

STM32F103 单片机内部包含多个功能模块，多数模块具有多功能或多种工作方式，使用前须结合具体应用功能进行初始化，继而完成所需要功能的配置。基于前述功能需求，CPU 初始化涉及系统时钟、输入/输出端口、普通定时器和 PWM 定时器等部件的初始化。

1）时钟初始化

在 STM32F103 中有三种不同的时钟源用来驱动系统时钟：HSI、HSE、PLL。HSE 是高速外部时钟，使用 HSE 的外部晶振或者 HSE 用户外部时钟所产生的高速时钟信号。HIS 是高速内部时钟，8MHz 的 RC 振荡器所产生的高速时钟信号，能够用作系统时钟或者 2 分频后用作 PLL 的输入时钟，起振时间比 HSE 短，但是精度较差。PLL 为倍频器，用来倍频 HSI 的输出时钟或者 HSE 晶振输出时钟，系统时钟频率可达 72MHz。STM32F103 厂商近年来提供了较丰富的库文件，在创建工程时加载这些库文件，程序中可以直接调用。STM32F103 的时钟初始化可以直接使用官方提供的库文件进行配置，如 CPU 复位后调用启动文件"startup_stm32f10x_cl.s"，完成 SystemInit() → SetSysClock ()。其中，函数 SystemInit()的功能就是初始化内部 Flash，选择片内或片外时钟，设置 PLL 相关倍频系数和输入时钟源，并开启 PLL，等待 PLL 稳定。函数 SetSysClock()用于配置在软件中采用的

时钟频率,该函数在标准库文件中的代码如下。

```c
static void SetSysClock(void)
{
  #ifdef SYSCLK_FREQ_HSE
    SetSysClockToHSE();
  #elif defined SYSCLK_FREQ_24MHz
    SetSysClockTo24();
  #elif defined SYSCLK_FREQ_36MHz
    SetSysClockTo36();
  #elif defined SYSCLK_FREQ_48MHz
    SetSysClockTo48();
  #elif defined SYSCLK_FREQ_56MHz
    SetSysClockTo56();
  #elif defined SYSCLK_FREQ_72MHz
    SetSysClockTo72();
  #endif
}
```

本例中,由于需要快速计算电机转速并获取新的 PWM,因此将 CPU 频率配置为 72MHz,即最高速度运行。在 STM32 文件"system_stm32f10x.c"中通过宏定义描述"#define SYSCLK_FREQ_72MHz   72000000"即可。

2)输入/输出端口初始化

STM32F103 多数输入/输出端口具有多功能复用的特点,需要通过编程确定其具体功能。根据硬件特性,STM32F103 的 I/O 端口通过软件配置成输入/输出两种状态,其中输入有浮空、上拉、下拉和模拟四种模式,输出有推挽、复用推挽和开漏三种模式。本例中的 I/O 端口配置描述如下。

- ◆ PA0~PA7 用于向数码显示管送入编码信息,配置为推挽输出;
- ◆ PB3~PB6 用于控制数码显示管位选信号,配置为推挽输出;
- ◆ PB8~PB9 用于控制 TB6612 的输入端,配置为推挽输出;
- ◆ PB10 产生 PWM 信号,配置为复用推挽输出;
- ◆ PA8~PA11 用于键盘输入检测,配置为上拉输入,这样可以减少外部上拉电阻;
- ◆ PA12 用于接收光电编码器输出的速度检测信号,配置为浮空输入即可。

输入/输出端口初始化代码如下。

```c
void GPIO_configuration(void)
{
    GPIO_InitTypeDef GPIO_InitStructure;
    RCC_APB2PeriphClockCmd(RCC_APB2Periph_GPIOA, ENABLE);
    RCC_APB2PeriphClockCmd(RCC_APB2Periph_GPIOB, ENABLE);
    RCC_APB2PeriphClockCmd(RCC_APB2Periph_AFIO, ENABLE);
    //PA0~PA7配置为推挽输出
    GPIO_InitStructure.GPIO_Pin=GPIO_Pin_0 | GPIO_Pin_1 | GPIO_Pin_2 | GPIO_Pin_3 | GPIO_Pin_4 | GPIO_Pin_5 | GPIO_Pin_6 | GPIO_Pin_7;
```

```
        GPIO_InitStructure.GPIO_Speed=GPIO_Speed_50MHz;
        GPIO_InitStructure.GPIO_Mode=GPIO_Mode_Out_PP;  //推挽输出
        GPIO_Init (GPIOA, &GPIO_InitStructure);
        //在单片机复位后,强制将这些引脚置为低电平
        GPIO_ResetBits(GPIOA,GPIO_Pin_0 | GPIO_Pin_1 | GPIO_Pin_2 |
GPIO_Pin_3 | GPIO_Pin_4 | GPIO_Pin_5 | GPIO_Pin_6 | GPIO_Pin_7);
        //PB3~PB6,PB8、PB9配置为推挽输出,P10在PWM初始化时完成配置
        GPIO_InitStructure.GPIO_Pin=GPIO_Pin_3 | GPIO_Pin_4 | GPIO_Pin_5 |
GPIO_Pin_6 | GPIO_Pin_8 | GPIO_Pin_9;
        GPIO_InitStructure.GPIO_Speed=GPIO_Speed_50MHz;
        GPIO_InitStructure.GPIO_Mode=GPIO_Mode_Out_PP;  //推挽输出
        GPIO_Init (GPIOB, &GPIO_InitStructure);
        //PB10配置为复用推挽输出
        GPIO_InitStructure.GPIO_Pin=GPIO_Pin_10;
        GPIO_InitStructure.GPIO_Speed=GPIO_Speed_50MHz;
        GPIO_InitStructure.GPIO_Mode=GPIO_Mode_AF_PP;
        GPIO_Init(GPIOB, &GPIO_InitStructure);
        //在单片机复位后,强制将这些引脚置为低电平
        GPIO_ResetBits(GPIOB,GPIO_Pin_3 | GPIO_Pin_4 | GPIO_Pin_5 |
GPIO_Pin_6 | GPIO_Pin_8 | GPIO_Pin_9);
        //PA8~PA11为键盘输入,配置为上拉输入
        GPIO_InitStructure.GPIO_Pin=GPIO_Pin_8 | GPIO_Pin_9 | GPIO_Pin_10 |
GPIO_Pin_11;
        GPIO_InitStructure.GPIO_Speed=GPIO_Speed_50MHz;
        GPIO_InitStructure.GPIO_Mode=GPIO_Mode_IPU;  //输入、内部上拉
        GPIO_Init (GPIOA, &GPIO_InitStructure);
        //PA12用于检测速度,脉冲输入,配置为浮空输入
        GPIO_InitStructure.GPIO_Pin=GPIO_Pin_12;//TIM_CH1外部脉冲输入通道
        GPIO_InitStructure.GPIO_Mode=GPIO_Mode_IN_FLOATING;
        GPIO_InitStructure.GPIO_Speed=GPIO_Speed_50MHz;
        GPIO_Init(GPIOA,&GPIO_InitStructure);
    }
```

3) 普通定时器初始化

由于需要周期性采集电机转速脉冲,因此需要相对精确的计时,采用 CPU 内部的定时器进行系统计时。STM32F103 内部具有多个定时器,根据需要选择内部定时器,再进行定时器的基本参数(计数方式、计数周期、分频系数等)配置。其中,计数方式分为 TIM_CounterMode_Up(向上计数)和 TIM_CounterMode_Down(向下计数)两种。分频系数(TIM_Prescaler)可以为 1~65535 的任意数。计数初值的计算:(时钟计数量+1)×(分频系数+1)/(时钟频率)。时钟频率一般情况下都是从 AHB 二分频之后再倍频得到的,当 CPU 主频为 72MHz 时,时钟频率也为 72MHz。因此,当采用定时器进行中断处理时,其中断频率 f 可用下式计算:

第12章 单片机应用案例设计

$$f = f_{osc}/[(N+1)\times(K+1)]$$

式中，f_{osc} 为单片机经过 PLL 倍频之后的主频。假设 f_{osc}=72MHz，时钟计数量 N=19，分频系数 K=7199，则 f=100Hz，周期 T=1/f=(19+1)×(7199+1)/(72000000)=0.002(s)=2ms。本例采用 Timer3 实现系统计时，中断间隔时间配置为 2ms，其初始化代码如下。

```
void Timer3_Init_Config(void)   //2ms定时中断初始化
{
    TIM_TimeBaseInitTypeDef TIM_TimeBaseStructure;
    NVIC_InitTypeDef NVIC_InitStructure;
    RCC_APB1PeriphClockCmd(RCC_APB1Periph_TIM3,ENABLE);   //使能Timer3
    TIM_TimeBaseStructure.TIM_Period=19;         //时钟计数量
    TIM_TimeBaseStructure.TIM_Prescaler=7199;    //分频系数
    //设置时钟分割:TDTS = TIM_CKD_DIV1,头文件中TIM_CKD_DIV1=0
    TIM_TimeBaseStructure.TIM_ClockDivision=TIM_CKD_DIV1;
    TIM_TimeBaseStructure.TIM_CounterMode=TIM_CounterMode_Up;
    //向上计数模式
    //根据TIM_TimeBaseInitStruct中指定的参数初始化TIMx的时间基数单位
    TIM_TimeBaseInit(TIM3,&TIM_TimeBaseStructure);
    /*Timer3中断优先级NVIC设置*/
    NVIC_InitStructure.NVIC_IRQChannel=TIM3_IRQn;              //TIM3中断
    NVIC_InitStructure.NVIC_IRQChannelPreemptionPriority=1;
    NVIC_InitStructure.NVIC_IRQChannelSubPriority=1;
    NVIC_InitStructure.NVIC_IRQChannelCmd=ENABLE;      //使能IRQ通道
    NVIC_Init(&NVIC_InitStructure);                    //初始化NVIC寄存器
    TIM_ITConfig(TIM3,TIM_IT_Update, ENABLE );         //使能TIM3指定的中断
    TIM_Cmd(TIM3,ENABLE);                              //使能TIM3外设
}
```

由上述可知，STM32F103 的定时器操作比 MCS-51 单片机更加灵活，并且可以选择计数方式，而在 MCS-51 单片机的定时器 0、定时器 1 中只能进行加计数处理。

本例中，Timer3 主要用于判断多长时间检测一次电机转速，利用变量 SpeedTimer 在 Timer3 的中断服务程序中进行累加，当该变量的值累计到 500 时，则说明 Timer3 发生了 500 次中断，每次中断间隔时间为 2ms，则总的时长为 1000ms。通过统计 1000ms 收到的测速脉冲数目，再根据前述的电机测速方案可以计算得到电机的转速；此外，本例中还须通过定时器计时实现按键消抖延时和数码显示管位选切换。Timer3 的中断服务程序如下。

```
unsigned int SpeedTimer=0;        //该变量用于计时
unsigned char KeyTimer=0;         //按键消抖延时
unsigned char DispBit=0;          //控制数码显示管的位选线
void TIM3_IRQHandler(void)        //TIM3中断，2ms中断一次
{
    if(TIM_GetITStatus(TIM3,TIM_IT_Update)!=RESET)   //检查TIM3更新中断
    {
        TIM_ClearITPendingBit(TIM3,TIM_IT_Update);   //清除TIMx更新中断标志
```

```
        if(SpeedTimer<500)   //1000ms计时
            SpeedTimer ++;
        if(KeyTimer>0)
            KeyTimer--;
        DispBit++;            // 数码管总共4位，位码对应为0→1→2→3
        if(DispBit>3)
            DispBit=0;
    }
}
```

如果系统中还需要其他计时功能，可以通过增加新的变量，在 Timer3 的中断服务程序中进行累加实现计时功能。

此外，本例中采用 Timer1 进行电机测速传感器脉冲计数，即 Timer1 选择片外时钟，使用光电编码器输出的脉冲信号作为 Timer1 的时钟。由于 STM32F103 内部的定时器为 16 位，TIMx→CNT 的最大计数值为 0xFFFF，只要确保在给定时间内外部脉冲总数不超过 0xFFFF 即可。程序中通过读取 TIMx→CNT 数据可以获取传感器输入的脉冲数目，然后通过清除 TIMx→CNT 再次计数即可。Timer1 计数功能的初始化代码如下。

```
void TIM1_Configuration(void)  //只用一个外部脉冲端口
{//配置Timer1作为计数器
    TIM_TimeBaseInitTypeDef TIM_TimeBaseStructure;
    TIM_OCInitTypeDef TIM_OCInitStructure;
    RCC_APB2PeriphClockCmd(RCC_APB2Periph_TIM1,ENABLE);
    TIM_DeInit(TIM1);
    TIM_TimeBaseStructure.TIM_Period=0xFFFF;  //实际上为最大计数脉冲数目
    TIM_TimeBaseStructure.TIM_Prescaler=0x00;//由于是外部脉冲，所以不能分频
    TIM_TimeBaseStructure.TIM_ClockDivision=TIM_CKD_DIV1;
    TIM_TimeBaseStructure.TIM_CounterMode=TIM_CounterMode_Up;
    TIM_TimeBaseInit(TIM1,&TIM_TimeBaseStructure);  //Time base configuration
    TIM_ETRClockMode2Config(TIM1,TIM_ExtTRGPSC_OFF,
    TIM_ExtTRGPolarity_NonInverted,0);
    TIM_SetCounter(TIM1,0);  //计数初值强制清0
    TIM_Cmd(TIM1, ENABLE);
}
```

通过配置 Timer1 作为外部传感器脉冲的计数器，在给定周期读取 Timer1 的计数寄存器 TIM1→CNT 的值即可获取计数脉冲，经过换算可获取电机转速。

4）PWM 定时器初始化

STM32F103 的定时器除了实现计时功能外，还可以实现输入捕获、输出比较、PWM 输出和单脉冲模式输出的功能。当定时器工作在 PWM 输出模式下，其参数主要涉及 CNT（计数器当前值）、ARR（自动重装载值）和 CCRx（捕获/比较寄存器值）。当 CNT 小于 CCRx 时，TIMx_CHx 通道输出高/低电平；当 CNT 等于或大于 CCRx 时，TIMx_CHx 通道输出

低/高电平（具体由 PWM 调制模式决定）。因此，STM32F103 的 PWM 工作时，可以产生一个由 TIMx_ARR 寄存器确定 PWM 波形的频率，再由 TIMx_CCRx 寄存器确定其占空比。本例中，采用 Timer2 作为 PWM 发生器，定义变量"P_N"用于配置 Timer2 需要记录的时钟数目，具体含义见后续描述。Timer2 输出 PWM 信号的初始化代码如下。

```
uint16 PWMP_N;   // Timer2的脉冲计数量
void TIMER2_PWM_Init(uint16 P_N,uint16 Prescal)
{
    TIM_TimeBaseInitTypeDef  TIM_TimeBaseStructure;
    TIM_OCInitTypeDef  TIM_OCInitStructure;
    // 使能定时器2时钟
    RCC_APB1PeriphClockCmd(RCC_APB1Periph_TIM2,ENABLE);
    //重映射开AFIO时钟
    RCC_APB2PeriphClockCmd(RCC_APB2Periph_AFIO,ENABLE);
    GPIO_PinRemapConfig(GPIO_FullRemap_TIM2,ENABLE);
    //通过P_N和Prescal参数确定PWM初始频率
    TIM_TimeBaseStructure.TIM_Period=P_N;    //脉冲计数量
    PWMP_N = P_N;                            //PWM 每个周期记录的脉冲总数
    // 时钟频率除数的预分频值
    TIM_TimeBaseStructure.TIM_Prescaler=Prescal;
    TIM_TimeBaseStructure.TIM_ClockDivision=TIM_CKD_DIV1;//时钟分割
    TIM_TimeBaseStructure.TIM_CounterMode=TIM_CounterMode_Up;//向上计数
    TIM_TimeBaseInit(TIM2,&TIM_TimeBaseStructure);  //初始化TIMx的时间基数单位
    //选择定时器模式:TIM脉冲宽度调制模式
    TIM_OCInitStructure.TIM_OCMode=TIM_OCMode_PWM2;
    TIM_OCInitStructure.TIM_OutputState=TIM_OutputState_Enable;  //比较输出使能
    //设置待装入捕获比较寄存器的脉冲值
    TIM_OCInitStructure.TIM_Pulse=(P_N+1)/2;  //占空比初始值为50%,可以为0
    //输出极性:TIM输出比较极性高
    TIM_OCInitStructure.TIM_OCPolarity=TIM_OCPolarity_High;
    TIM_OC3Init(TIM2,&TIM_OCInitStructure);   //参数初始化外设TIMx-PWM
    TIM_OC3PreloadConfig(TIM2,TIM_OCPreload_Enable);  //CH3预装载使能
    TIM_ARRPreloadConfig(TIM2,ENABLE); //使能TIMx在ARR上的预装载寄存器
    TIM_Cmd(TIM2,ENABLE);  //使能TIM2
}
```

由上可知，当定时器配置 PWM 工作方式时，其初始化包含两部分，第一部分是首先完成定时器的基础配置，第二部分是完成 PWM 输出的参数配置。PWM 的频率 f_p 可表示为

$$f_p = f_{osc} / [(P\_N+1) \times (Prescal+1)]$$

由上式可知，定时器中断频率与 PWM 信号频率的计算方式相同。当频率确定后，针对 PWM 占空比调整，可用直接调用 STM32 标准接口函数 TIM_SetCompare3 (TIM2,

CMP_Num)，该函数的参数 CMP_Num 代表比较量，也表示当前记录脉冲数目需要比较的数目。上式中，(P_N+1)为定时器每次记录的总脉冲数目，因此当比较数目 CMP_Num=(P_N+1)/2 时，表示 PWM 信号的占空比为 50%。PWM 占空比取值与 PWM 调制模式（TIM_OCInitStructure.TIM_OCMode）有关。

当 PWM 调制模式采用模式 1 时，即将 TIM_OCInitStructure.TIM_OCMode 配置为 TIM_OCMode_PWM1，则 PWM 的占空比 δ 可以表示为

$$\delta=CMP\_Num/(P\_N+1)\times 100\%$$

当 PWM 调制模式采用模式 2 时，即将 TIM_OCInitStructure.TIM_OCMode 配置为 TIM_OCMode_PWM2，则 PWM 的占空比 δ 可以表示为

$$\delta=[1-CMP\_Num/(P\_N+1)]\times 100\%$$

在采用 PWM 控制的电机应用场景中，其输出频率不能太低，假设频率为 1Hz，当占空比为 50%时，低电平和高电平时间均为 500ms，电机会停止，而不是减速。

3. 按键控制程序设计

本例采用了四个按键，K1 按键是增加速度，当 K1 按键被按下一次，转速加 1 r/min。K2 按键则相反，按下一次转速减 1 r/min。K3 按键为设定电机正/反转。K4 按键为电机的停止/启动按键。CPU 的 PA8~PA11 用于按键识别，按键识别的参考代码如下：

```c
unsigned char KeyFlag=0;       //设置按键P11~P14
unsigned char MotorDir=1;      //电机旋转方向,1表示正转,0表示反转
unsigned char MotorStop=1;     //电机启动/停止,1表示停止,0表示旋转
unsigned int SpeedSet;
void KeyTask()
{
    unsigned int KeyData=0;
    if(KeyFlag==0)             //没有按键按下
    {
      KeyData =GPIO_ReadInputData(GPIOA); //PA8~PA11
      KeyData &=0x0f00;        //取键值
      if(KeyData!=0x0f00)      //可能有按键按下
      {
          KeyFlag=1;           //按下一次按键，需要进行消抖计时
          KeyTimer=25;         //消抖计时长度,Timer3为2ms中断间隔,所以延时为50ms
      }
    }
    else//说明已经有按键判断任务了，需要进行消抖处理
    {
       if(KeyTimer==0) //50ms消抖时延已到
       {//消抖计时完成，如果该变量不为0，则迅速退出，避免CPU死等
           KeyFlag=0; //清除按键消抖标志
           KeyData =GPIO_ReadInputData(GPIOB); //PA8~PA11
           KeyData &=0x0f00;   //再次取键值
           if(KeyData!= 0x0f00) //确实有按键按下
```

```
            {
                switch(KeyData)
                {
                    case 0x0E00:    //K1
                        if(MotorStop ==1)      //只有在停止状态下设置速度才有效
                            SpeedSet++;
                    break;
                    case 0x0D00:      //K2
                        if(MotorStop ==1)      //只有在停止状态下设置速度才有效
                            SpeedSet--;
                    break;
                    case 0x0B00:    //K3
                        if(MotorStop ==1)
                            MotorDir ^=1;//设置电机正/反转
                    break;
                    case 0x0700:      //K4
                        MotorStop ^=1;//设置电机启动/停止
                    break;
                    default:
                        break;
                }//switch(KeyData)
            }//确实有按键按下
        }//消抖计时完成，避免CPU死等
    }//说明已经有按键判断任务了
}
```

4. 电机转速采集程序设计

电机旋转一周产生 360 个脉冲信号，由于电机速度采集周期为 1s，设 NumP 为每个采集周期所获得的脉冲总数，因此电机的实际转速为(NumP/360)×60(r/min)。由于转速在显示时，实际电路只能保留 1 位小数，为简化程序处理，直接将实际采集的转速放大 10 倍，则计算获取的转速值为 NumP/360 × 60 × 10。电机转速采集功能的主要代码如下。

```
unsigned int ActSpeed=0;       //采集的转速，放大了10倍
unsigned int NumP;             //Timer1在给定时间内读取的计数值
void ReadSpeed()
{//1000ms时间到了；//NumP是收到的脉冲数目，电机每旋转一周输出360个脉冲
    if(SpeedTimer>499)         //500×2=1000ms=1s
    {
    NumP= TIM1->CNT;           //读取Timer1当前的计数值
    TIM_SetCounter(TIM1, 0);   //将计数值清0
    SpeedTimer=0;
    // 此处计算的转速值已经放大了10倍，ActSpeed= NumP/360×60×10
    ActSpeed=（NumP*5）/3;      //转速的小数在显示时处理即可
    NumP=0;                    //重新开始计数
    }
```

}

5. 电机速度显示程序设计

电路中采用了共阳极数码显示管，段码参照第 9 章即可。由于本例中电机转速不高，故转速采用 3 位整数和 1 位小数。当确定各位数字后，将其数字所对应段码赋给 PA0~PA7 供其显示。其中最后一位为小数，需要点亮前一位（个位）的小数点，这也表示就前面放大的速度这里缩小了 10 倍，即显示的速度值为实际测量值。通过程序控制 PB3~PB6，实现数码显示管位选线切换控制，循环控制各个位选即可实现电机转速显示。电机速度显示的参考代码如下。

```c
unsigned char DispBit=0;         //控制数码显示管的变量
unsigned int SaveSpeed=0;        //用于保存速度,当前速度和保存速度相等时,不用计算
unsigned int PA=0;               //取当前PA端口的信息
unsigned int PB=0;               //取当前PB端口的信息
void DispTask()                  //显示刷新
{
    if(SaveSpeed!=ActSpeed)
    {
      SaveSpeed= ActSpeed;
      DataBuffer[3]= SaveSpeed /1000;      //百位
      DataBuffer[2]= SaveSpeed %1000/100;  //十位
      DataBuffer[1]= SaveSpeed %100/10;    //个位
      DataBuffer[0]= SaveSpeed %10;        //小数的十分位
    }
    //先确定位选信号
    PB=GPIO_ReadOutputData(GPIOB);         //读取输出缓冲寄存器的内容
    PB&=0xff87;//将数码显示管的位选控制电平全部置为低电平
    switch(DispBit)
    {
      case 0:
          GPIO_Write(GPIOB,PB|Wei[DispBit]); //位选
      break;
      case 1:
          GPIO_Write(GPIOB,PB|Wei[DispBit]);
      break;
      case 2:
          GPIO_Write(GPIOB,PB|Wei[DispBit]);
      break;
      case 3:
          GPIO_Write(GPIOB,PB|Wei[DispBit]);
      break;
    }
    //然后送段码
    PA= GPIO_ReadOutputData (GPIOA); //PA0~PA7作为输出引脚使用
```

```
        PA&=0xff00;//取段选按键信息
        if(DispBit!=1)
          GPIO_Write(GPIOA,PA|Duan[DataBuffer[DispBit]]);
        else
          GPIO_Write(GPIOA,PA|Duandian[DataBuffer[DispBit]]);
    }
```

6. PWM 占空比计算程序设计

PID 参数仿真测试可参考本书第 11 章的 PID 控制算法。PID 每次修正后都会输出一个 0～100%的占空比，占空比越大时，转速越快，反之转速越小。通过控制占空比即可达到调整电机转速的目的。PID 计算输出占空比的参考代码如下。

```
    float PID[]={0,0,0};               //PID最近三次的输出值
    float Kp=1.5,Ki=0.001,Kd=0.015;    //PID的参数设置
    int e=0,e1=0,e2=0;                 //最近三次的偏差值
    int out=0;                         //PID的输出
    float FDuty_c;                     //实际输出的占空比,取值为0%~100%
    void PIDControl()//PID计算
    {
        e=SpeedSet-ActSpeed/10;   // ActSpeed在测速程序中放大了10倍
        PID[0]=(Kp*(e-e1)+Ki*e+Kd*(e-2*e1+e2))/50;
        PID[1]=PID[2]+PID[0];
        out=(int)PID[1];          //PID的输出为-1000~+1000
        if(out>1000)
        {
          out=1000;
        }
        else if(out<-1000)
        {
          out=-1000;              //强制为-1000
        }
        PID[2]=PID[1];            //变量值移位
        e2=e1;
        e1=e;
        //由于在控制PWM时,需要整数进行计算,后续变量CurrDuty_c表示占空比放大100倍的值
        FDuty_c =out/10;          // 所以FDuty_c =out/1000×100= out/10,取值为0~100
    }
```

由于仿真软件 Proteus 版本 8 目前欠缺 STM32F103 的时钟仿真模型，导致 CPU 仿真运行时工作频率低，CPU 运行速度不够，为验证 PID 调速效果，将其参数配置为 K_p=1.5，K_i=0.001，K_d=0.015。在实际应用中，CPU 全速运行，可采用 MATLAB，结合调节时间，通过仿真验证进行 PID 参数优化，也可通过实际测试效果修改 PID 参数。

7. 电机驱动程序设计

只有当 STBY 引脚为高电平时，TB6612 才有效，因此在初始化时，可以将 STBY 置为

低电平,锁定电机。当需要启动电机(转动或停止)时,STBY 置为高电平。电机驱动程序如下。

```c
//根据按键启动或停止电机
void MotorRun()//使电机处于运行或待机状态
{
    if(MotorStop ==0)//启动
    {
        GPIO_SetBits(GPIOB,GPIO_Pin_7); //STBY=1
        if(FDuty_c>=0)              //加速
        {
            SetMotorSpeed();        //设置占空比
            if(MotorDir==1)         //正转
            {
                GPIO_SetBits(GPIOB,GPIO_Pin_8);//AIN1=1;
                GPIO_ResetBits(GPIOB,GPIO_Pin_9);//AIN2=0;
            }
            else //反转
            {
                GPIO_ResetBits(GPIOB,GPIO_Pin_8);//AIN1=0;
                GPIO_SetBits(GPIOB,GPIO_Pin_9);//AIN2=1;
            }
        }
        else//FDuty_c<0,实际值已经大于设定值了,需要减速
        {
            GPIO_SetBits(GPIOB,GPIO_Pin_8);//AIN1=1
            GPIO_SetBits(GPIOB,GPIO_Pin_9);//AIN2=1
        }
    }
    else   //待机
    {
        GPIO_ResetBits(GPIOB,GPIO_Pin_7); //STBY=0
    }
}
```

由于电机转速大小与电枢电压有直接关系,因此调整电枢电压即可实现电机速度调整,而电枢电压 $V \approx V_m \times \delta$,其中 V_m 表示驱动芯片最大工作电压。因此,通过调整占空比可以实现电机速度调整。由于占空比取值为 0%~100%,为使程序方便处理,PID 计算后的占空比先放大 100 倍,使其取值变为 0~100。电机速度及 PWM 占空比调整参考代码如下。

```c
unsigned char SaveDuty_c;        //上一轮占空比
void SetMotorSpeed()             //设置占空比
{
    //根据PWM调制模式选择CurrCMP_Num
    unsigned int CurrCMP_Num;
```

```
    float TempNum=0.0;
    unsigned char CurrDuty_c;    //表示当前需要设置的占空比
    CurrDuty_c=(unsigned char) FDuty_c;
    if(SaveDuty_c!= CurrDuty_c)
    {
      SaveDuty_c = CurrDuty_c;
      TempNum= (float)(SaveDuty_c*(PWMP_N +1))*0.01;  //缩小100倍
      CurrCMP_Num = (unsigned int)TempNum;
      if(CurrCMP_Num< PWMP_N)   //占空比<100%
          TIM_SetCompare3 (TIM2, CurrCMP_Num);
      else
          TIM_SetCompare3 (TIM2, PWMP_N); //占空比为100%
    }
}
```

上述程序中，变量 PWMP_N 等于 P_N，在 Timer2 初始化程序中已经定义。此外，当比较值大于或等于周期内计数的脉冲数目时，其占空比为 100%，通过程序强制将比较值置为 PWMP_N 即可。当通过 PID 计算得到的占空比参数 CurrDuty_c 和上一次的占空比参数 SaveDuty_c 不相等时，电机运行控制函数重新设置 PWM 占空比，否则本次不进行 PWM 占空比修改。

8. 主程序设计

结合主程序结构，主程序代码如下。

```
int main()
{
    SetSysClock();
    Timer3_Init_Config();
    GPIO_configuration();
    TIM1_Configuration();
    TIMER2_PWM_Init(1999,35);//PWM,1kHz
    While(1)
    {
      KeyTask();
      ReadSpeed();
      DispTask();
      PIDControl();
      MotorRun();//使电机处于运行或待机状态
    }
}
```

本例中，由于电机经过了减速机构，其转速较慢（额定转速约为 240 r/min），电机编码器旋转一周所产生的最大脉冲数目为 360，为了在低速阶段提高电机速度测量精度，将电机速度采集周期设置为 1s。在电机测控应用场景中，具体多长时间采集一次传感器的脉冲数目，取决于传感器在给定时间内所产生的脉冲数目。如果给定时间内采集的脉冲数目过少，则速度计算误差会较大，可以选用每转能够发出较多脉冲的编码器，增加采集周期的脉冲数目从而使测速结果更加准确。测试过程中，如果速度采集周期较长，可能会对电机控制精度产生影响。因此，不同电机和测速传感器在应用时，需要根据实际情况确定电机速度采集周期。

本章小结

利用单片机进行实际工程项目开发时，需要全面考虑硬件和软件的科学性和合理性。首先需要结合应用场景功能及需求进行分析，选择合理的单片机，本章前面两个应用案例由于功能和复杂度较低，采用 MCS-51 单片机即可实现，而第三个案例涉及实时速度采集、计算等，选用了 32 位单片机。其次，针对控制电路电源类型及功率配置方案，需要以实际控制电路及其外围驱动、传感器等对象所需的最大功率为基准进行考虑；在有模拟电路和数字电路同时存在的情况下需要分析是否需要单独进行供电，考虑模拟电路与数字电路中信号传输是否需要隔离处理等，从而确保电源电路设计可靠。再次，充分利用现代先进仿真工具来验证软件和硬件设计方案的可行性，避免在开发及后期测试过程中发现前期方案有较大缺陷，导致最终无法实现目标。最后，需要考虑仿真软件中存在的局限性，如按键消抖过程，仿真过程中无法准确反映消抖时间长短，需要在仿真基础上结合实际按键效果优化按键消抖延时；模拟电路中常用的运算放大器和其他无源器件（电阻、电容及电感）取值可能与仿真电路参数有差异，因此在实际电路中需要基于仿真结果优化各个元器件参数选取，以获得最佳效果。

思考题与习题

12.1 针对工业控制应用场合中的不同需求，查阅资料，分析单片机、PLC（可编程逻辑控制）和工控机（工业控制计算机）作为控制器在使用中的差异。

12.2 设计一款 LED 照明控制器，以光敏电阻实现环境亮度采集，控制器能够根据环境亮度实现 LED 开关控制和亮度调节，完成硬件和软件设计，并通过 Proteus 验证软件和硬件方案的可行性。

12.3 结合我国微电子技术和通信技术的发展现状及未来趋势，阐述单片机在各行业应用的发展趋势，以及给社会发展和居民生产、生活带来的影响。

参 考 文 献

[1] 向敏，等. 微控制器原理及应用[M]. 北京：人民邮电出版社，2012.
[2] 蔡菲娜. 单片微型计算机原理和应用[M]. 杭州：浙江大学出版社，2009.
[3] 张淑清，等. 嵌入式单片机 STM32 原理及应用[M]. 北京：机械工业出版社，2020.
[4] 申忠如，等. MCS-51 单片机原理及系统设计[M]. 西安：西安交通大学出版社，2008.
[5] 陶春鸣. 单片机实用技术[M]. 北京：人民邮电出版社，2008.
[6] 胡汉才. 单片机原理及其接口技术[M]. 北京：清华大学出版社，2010.
[7] 林立. 单片机原理及应用：基于 Proteus 和 Keil C[M]. 北京：电子工业出版社，2018.
[8] 赫建国，等. 单片机在电子电路设计中的应用[M]. 北京：清华大学出版社，2006.
[9] 黄智伟. 基于 NI Multisim 的电子电路计算机仿真设计与分析[M]. 北京：电子工业出版社，2017.
[10] 张毅刚，等. 单片机原理及应用[M]. 北京：高等教育出版社，2008.
[11] 杨居义，等. 单片机原理与工程应用[M]. 北京：清华大学出版社出版，2009.
[12] 周润景. 单片机技术及应用[M]. 北京：电子工业出版社，2017.
[13] 刘和平，等. 32 位单片机原理及应用[M]. 北京：北京航空航天大学出版社，2014.
[14] 杨文显. 现代微型计算机原理与接口技术[M]. 北京：人民邮电出版社，2010.
[15] 刘鲲，等. 单片机 C 语言入门[M]. 北京：人民邮电出版社，2008.
[16] 张志良. 80C51 单片机实用教程——基于 Keil C 和 Proteus[M]. 北京：高等教育出版社，2016.

反侵权盗版声明

电子工业出版社依法对本作品享有专有出版权。任何未经权利人书面许可，复制、销售或通过信息网络传播本作品的行为；歪曲、篡改、剽窃本作品的行为，均违反《中华人民共和国著作权法》，其行为人应承担相应的民事责任和行政责任，构成犯罪的，将被依法追究刑事责任。

为了维护市场秩序，保护权利人的合法权益，我社将依法查处和打击侵权盗版的单位和个人。欢迎社会各界人士积极举报侵权盗版行为，本社将奖励举报有功人员，并保证举报人的信息不被泄露。

举报电话：（010）88254396；（010）88258888

传　　真：（010）88254397

E-mail：　dbqq@phei.com.cn

通信地址：北京市万寿路173信箱
　　　　　电子工业出版社总编办公室

邮　　编：100036